全国高等教育自学考试指定教材

建 筑 施 工

（含：建筑施工自学考试大纲）

（2023 年版）

全国高等教育自学考试指导委员会　组编

编　著　穆静波

北京大学出版社

PEKING UNIVERSITY PRESS

图书在版编目（CIP）数据

建筑施工 / 穆静波编著 . —北京：北京大学出版社，2023.10
全国高等教育自学考试指定教材
ISBN 978-7-301-34433-0

Ⅰ . ①建… Ⅱ . ①穆… Ⅲ . ①建筑工程－工程施工－高等教育－自学考试－教材 Ⅳ . ① TU7

中国国家版本馆 CIP 数据核字 (2023) 第 174742 号

书 名	建筑施工
	JIANZHU SHIGONG
著作责任者	穆静波 编著
策 划 编 辑	赵思儒 吴迪
责 任 编 辑	赵思儒
数 字 编 辑	蒙俞材
标 准 书 号	ISBN 978-7-301-34433-0
出 版 发 行	北京大学出版社
地 址	北京市海淀区成府路 205 号 100871
网 址	http : //www.pup.cn 新浪微博：@ 北京大学出版社
电 子 邮 箱	编辑部 pup6@pup.cn 总编室 zpup@pup.cn
电 话	邮购部 010-62752015 发行部 010-62750672 编辑部 010-62750667
印 刷 者	北京鑫海金澳胶印有限公司
经 销 者	新华书店
	787 毫米 × 1092 毫米 16 开本 23 印张 552 千字
	2023 年 10 月第 1 版 2023 年 10 月第 1 次印刷
定 价	59.50 元

组 编 前 言

21 世纪是一个变幻难测的世纪，是一个催人奋进的时代。科学技术飞速发展，知识更替日新月异。希望、困惑、机遇、挑战，随时随地都有可能出现在每一个社会成员的生活之中。抓住机遇、寻求发展、迎接挑战、适应变化的制胜法宝就是学习——依靠自己学习、终身学习。

作为我国高等教育组成部分的自学考试，其职责就是在高等教育这个水平上倡导自学、鼓励自学、帮助自学、推动自学，为每一个自学者铺就成才之路。组织编写供读者学习的教材就是履行这个职责的重要环节。毫无疑问，这种教材应当适合自学，应当有利于学习者掌握和了解新知识、新信息，有利于学习者增强创新意识，培养实践能力，形成自学能力，也有利于学习者学以致用，解决实际工作中所遇到的问题。具有如此特点的书，我们虽然沿用了"教材"这个概念，但它与那种仅供教师讲、学生听，教师不讲、学生不懂，以"教"为中心的教科书相比，已经在内容安排、编写体例、行文风格等方面都大不相同了。希望读者对此有所了解，以便从一开始就树立起依靠自己学习的坚定信念，不断探索适合自己的学习方法，充分利用自己已有的知识基础和实际工作经验，最大限度地发挥自己的潜能，达到学习的目标。

欢迎读者提出意见和建议。

祝每一位读者自学成功。

全国高等教育自学考试指导委员会

2022 年 8 月

目　录

建筑施工自学考试大纲

建筑施工

全国高等教育自学考试

建筑施工
自学考试大纲

（含考核目标）

全国高等教育自学考试指导委员会　制定

大纲前言

为了适应社会主义现代化建设事业的需要，鼓励自学成才，我国在 20 世纪 80 代初建立了高等教育自学考试制度。高等教育自学考试是个人自学、社会助学和国家考试相结合的一种高等教育形式。应考者通过规定的专业课程考试并经思想品德鉴定达到毕业要求的，可获得毕业证书；国家承认学历并按照规定享有与普通高等学校毕业生同等的有关待遇。经过 40 多年的发展，高等教育自学考试为国家培养造就了大批专门人才。

课程自学考试大纲是国家规范自学者学习范围、要求和考试标准的文件。它是按照专业考试计划的要求，具体指导个人自学、社会助学、国家考试及编写教材的依据。

为更新教育观念，深化教学内容、考试制度、质量评价制度改革，更好地提高自学考试人才培养的质量，全国考委各专业委员会按照专业考试计划的要求，组织编写了课程自学考试大纲。

新编写的大纲，在层次上，本科参照一般普通高校本科水平，专科参照一般普通高校专科或高职院校的水平；在内容上，及时反映学科的发展变化以及自然科学和社会科学近年来研究的成果，以更好地指导应考者学习使用。

全国高等教育自学考试指导委员会
2023 年 5 月

I 课程性质与课程目标

一、课程性质及特点

"建筑施工"是建筑工程技术专业、建设工程管理专业、工程造价专业的必设课程，是一门重要的专业课程。它研究的是一般房屋建筑工程的施工工艺原理、施工方法和技术要求，是一门发展迅速、实践性和综合性很强的应用型学科。

二、课程目标

通过本课程的学习，使学生掌握建筑施工的基本知识和基本原理，了解施工规范和施工规程，具有独立分析和解决建筑施工技术问题的初步能力。从而为在将来的工作中运用先进的工艺和技术、选择合理的施工方法、保证工程质量与安全等方面创造条件，同时也为能确定合理的工程造价、进行有效的工程组织与管理打下基础。

三、与相关课程的联系与区别

本课程的主要特点之一是综合性强，它需要理解并能运用相关课程（如工程测量、建筑材料、结构力学、房屋建筑学、土力学及地基基础、混凝土及砌体结构等课程）的基本概念和基本知识，才有利于掌握本课程内容，并有助于分析、处理或解决建筑工程施工中的技术问题。因此，上述课程是本课程的先修课。此外，工程计量与计价、施工管理类课程与本课程也具有密切关系，可与本课程同时或延后学习。

本课程与其他课程的主要区别在于实践性强，它来源于实践又要应用于实践。因此，学习过程中应紧密结合实际工程，并通过现场实习和课程设计等实践环节增加感性认知，加深对相关知识的理解，提高综合应用能力。

四、课程的重点

本课程的重点章节为土方工程、混凝土结构工程、结构安装工程三章。各章的重点内容，见本考试大纲各章"学习目的和要求"中提出的要求"掌握"的内容。

Ⅱ 考核目标

本大纲的考核目标按照识记、领会、应用三个层次，规定应达到的能力要求。三个能力层次是递进的关系，后者必须建立在前者的基础上。具体要求如下。

识记：能识别和记忆大纲中规定的考核知识点的有关定义、公式、原则、步骤、特点、适用范围及工艺流程等，能正确地表述、选择和判断。

领会：能领悟和理解大纲中规定的有关考核知识点的内涵和外延，理解施工的原理、方法、要求等，熟悉其内容要点和它们之间的区别与联系，并能正确地解释、说明和论述。

应用：能运用大纲中规定的知识点分析和解决应用问题，如计算、绘图、分析、论证、编写施工要求、制定施工方案等。

Ⅲ 课程内容与考核要求

第1章 土方工程

一、学习目的与要求

了解土的工程分类与性质，了解土方工程施工的准备工作。理解基坑边坡稳定的原理及其措施，了解基坑支护结构的类型、组成及其适用范围，掌握常用支护结构的施工方法。了解地下水控制的不同方法及适用范围，理解流砂现象发生的原因及防治方法，掌握集水明排法的设置要求，掌握轻型井点降水的布置、设计计算、施工与使用方法，理解降水的危害及预防措施。了解土方工程机械的类型、特点及适用范围，掌握土方量计算方法，能正确选择基坑土方开挖的施工方案，理解基坑土方开挖的原则、方法与要求。理解填土压实方法及影响压实质量的主要因素，掌握填土的土料选择、填筑方法及压实质量的检验方法。

二、课程内容

1. 概述
2. 土方边坡与基坑支护
3. 地下水控制
4. 土方开挖机械与施工
5. 土方填筑

三、考核知识点与考核要求

1. 土的工程分类、性质及施工准备工作

识记：（1）土的类别及开挖方法；（2）土的密度及可松性系数的范围；（3）土方施工准备的内容。

领会：（1）土的质量密度、含水率、渗透性、可松性的意义、特点及对施工的影响；（2）土的最佳含水率。

应用：考虑土的可松性时，挖运及回填土方量计算。

2. 土方边坡

识记：（1）临时性挖方放坡的规定；（2）边坡的保护方法。

领会：（1）边坡坡度与坡度系数的区别；（2）边坡稳定条件及影响因素；（3）边坡失稳的原因。

应用：边坡坡度的确定方法。

3. 基坑支护

识记：（1）支护结构的分类、选择依据与设计要求；（2）土钉墙、水泥土墙、支挡型结构的各自构成；（3）挡土围护墙的类型及特点；（4）挡土围护墙支撑结构的形式及适用范围。

领会：（1）不同支护结构的原理及功能；（2）土钉墙的施工顺序；（3）水泥土墙的施工工艺；（4）各种挡土围护墙的构造及适用范围；（5）土层锚杆及水平支撑的构造及施工顺序。

应用：（1）土钉墙及水泥土墙的施工方法与要求；（2）分析土层锚杆施工的质量关键；（3）挡土围护墙的施工方法；（4）内撑式支护结构与拉锚式支护结构的特点比较及选用。

4. 地下水控制

识记：（1）地下水控制的意义与方法；（2）集水明排法的含义；（3）井点降水法的含义；（4）水井类型的划分；（5）截水法的含义；（6）回灌法的含义。

领会：（1）集水明排法与井点降水法的区别及各自适用范围；（2）流砂发生的原因及防治方法；（3）井点降水法的类型及其适用范围；（4）轻型井点、喷射井点与管井井点的区别与安装特点。

应用：（1）轻型井点系统降水的布置、计算、施工与使用；（2）降水对基坑周边环境的不良影响及预防措施。

5. 土方开挖机械与施工

识记：（1）土方开挖机械的种类；（2）开挖方法。

领会：（1）推土机、铲运机的适用范围及提高作业效率的方法；（2）挖土机的类型及各自工作特点及适用范围；（3）不同开挖方法的特点及各自适用范围；（4）基坑开挖原则与施工要点。

应用：（1）基坑、基槽土方量计算；（2）场地平整及土方开挖机械的选择与配套计算；（3）正铲、反铲挖土机开挖方式的选择；（4）基坑开挖施工避免超挖和保护基底土的对策。

6. 土方填筑

识记：（1）填土压实方法；（2）填土压实质量检验方法。

领会：（1）影响填土压实的主要因素；（2）填筑方法；（3）填土压实质量检验的内容。

应用：（1）基坑回填土的土料选择；（2）填土压实质量的控制要点。

四、本章重点、难点

1.基坑支护不同形式的特点及适用范围，如何选择，施工的主要要求。

2. 不同地下水控制方法的适用范围，轻型井点的布置与设计。

3. 场地平整及土方开挖机械的选择，土方量及机械配套的计算，基坑开挖的要求。

4. 土方填筑对土料的要求、填土压实机械的选择、填土压实质量控制与检验。

第2章　桩基础工程

一、学习目的与要求

了解预制桩的制作方法及质量要求，掌握正确的沉桩顺序，了解桩锤的种类和选择方法，了解锤击沉桩、静压沉桩与振动沉桩的特点及适用范围，掌握锤击沉桩与静力压桩的方法及打桩质量要求，理解沉桩对周围环境的影响及预防措施。

了解传统干作业成孔灌注桩施工工艺、成孔方法，掌握压灌混凝土桩成桩工艺及施工质量要求；掌握泥浆护壁成孔灌注桩施工工艺及质量要求，了解施工中常见的问题及处理方法；掌握沉管灌注桩施工方法及提高质量的工艺方法。

二、课程内容

1. 预制桩施工
2. 灌注桩施工

三、考核知识点与考核要求

1. 桩的制作

识记：预制桩的接桩方法与要求。

领会：（1）预制桩的制作方法及质量要求；（2）确定预制桩吊点位置的原则与方法。

2. 沉桩准备

识记：沉桩的准备工作。

领会：确定沉桩顺序的原则。

3. 锤击沉桩

识记：（1）锤击沉桩常用桩锤的类型、特点与适用范围；（2）最后贯入度的含义；（3）锤击沉桩的接桩方法。

领会：（1）选择桩锤重量时遵循的原则与考虑的因素；（2）锤击沉桩的工艺与要求。

应用：（1）终止锤击控制指标与标准；（2）打桩过程应注意的问题。

4. 静压沉桩

识记：（1）静压沉桩的主要特点及适用范围；（2）静压沉桩的工艺流程。

领会：（1）静压沉桩的工艺要求；（2）静压沉桩的施工要点及终沉控制。

5. 振动沉桩

识记：振动沉桩的设备及其特点。

领会：（1）振动沉桩的原理及适用范围；（2）振动沉桩的终沉控制。

6. 沉桩质量要求

识记：沉桩质量的允许偏差。

领会：沉桩质量的检验内容。

7. 沉桩对周围环境的影响及防治

领会：分析沉桩对周围环境造成的影响及防治措施。

8. 灌注桩施工

领会：灌注桩施工的特点。

应用：灌注桩的成孔方法。

9. 干作业成孔灌注桩施工

识记：干作业成孔灌注桩的成孔设备及适用土质。

领会：（1）压灌成桩与传统成桩工艺的区别；（2）压灌成桩的优点。

应用：干作业成孔灌注桩施工的主要要求。

10. 泥浆护壁成孔灌注桩施工

识记：（1）泥浆护壁成孔灌注桩的主要施工过程及适用范围；（2）护筒及泥浆的作用与要求。

领会：（1）泥浆护壁成孔灌注桩的成孔方法及各自适用范围；（2）清孔方法及质量要求；（3）水下灌注混凝土的方法及质量要求。

应用：（1）正、反循环排渣法的特点及应用；（2）泥浆护壁成孔灌注桩施工的常见质量问题及处理方法。

11. 沉管灌注桩施工

识记：（1）沉管灌注桩施工过程及施工特点；（2）沉管灌注桩的适用范围。

领会：（1）单打法、反插法、复打法的区别与施工要求；（2）反插、复打的作用与适用土层。

应用：沉管灌注桩不同工艺的选择。

12. 灌注桩施工的质量要求

识记：灌注桩孔深控制要求。

领会：灌注桩施工的检验内容与质量要求。

四、本章重点、难点

1. 预制桩的制作、吊运、接桩的方法与要求，打桩前的准备工作（特别是打桩顺序的确定）。

2. 预制桩的沉桩方法、特点与适用范围，锤击沉桩和静压沉桩的施工工艺，停止沉桩的控制及质量要求。

3. 灌注桩的特点，钻孔灌注桩和沉管灌注桩的工艺方法、适用条件、质量要求。

第 3 章　脚手架与砌筑工程

一、学习目的与要求

了解脚手架的分类与基本要求，了解常用脚手架的类型、构造及适用范围，掌握扣件式外脚手架搭设与拆除要点，理解脚手架搭设的一般要求。了解砌体结构施工垂直运输设备的种类、构造及选择。了解砌筑用砂浆的技术要求。理解砖砌体的砌筑工艺，掌握砌筑施工要点及质量要求。了解小砌块墙施工准备，掌握砌块结构墙体及填充墙的施工要求。了解石砌体的施工方法与要求。了解冬期施工的时间、方法与要求。

二、课程内容

1. 脚手架工程
2. 砌筑材料与垂直运输
3. 砖砌体施工
4. 砌块砌体施工
5. 石砌体施工
6. 砌体的冬期施工

三、考核知识点与考核要求

1. 脚手架工程概述

识记：脚手架分类。

领会：（1）对脚手架的基本要求；（2）脚手架搭设的要求。

2. 落地式脚手架

识记：（1）落地式脚手架的种类；（2）扣件式钢管脚手架的主要组成部件；（3）碗扣式、盘扣式、门式钢管脚手架的构造及特点。

领会：（1）扣件式钢管脚手架构造要求；（2）对脚手架连墙件设置的要求；（3）碗扣式钢管脚手架的搭设要求；（4）盘扣式钢管脚手架的搭设要求；（5）门式钢管外脚手架及里脚手架的搭设要求。

应用：扣件式钢管外脚手架搭设与拆除要点。

3. 挑式、吊式脚手架

识记：（1）挑、吊式脚手架的特点；（2）悬挑式脚手架的组成及搭设高度限制。

领会：（1）悬挑式脚手架的搭设要求；（2）吊篮脚手架的安装与使用要点。

4.附着式升降脚手架

识记：附着式升降脚手架的构造与搭设要求。

领会：附着式升降脚手架的使用要求。

5.砌筑材料

识记：（1）砌筑用块体的种类及进场检验要求；（2）砂浆种类与性能特点、对原材料的要求。

领会：（1）砂浆拌制及使用要求；（2）砂浆试块留置及强度检验。

6.垂直运输设备选择

领会：（1）井架、门架的构造及应用；（2）施工电梯的用途与性能。

7.砖砌体施工

识记：（1）砖的龄期，浇水湿润的作用与要求；（2）砖砌体的组砌方式。

领会：（1）砖墙砌筑施工工艺；（2）砖砌体砌筑施工要点；（3）砖砌体砌筑质量要求。

应用：（1）砖砌体留槎与接槎的要求；（2）提出保证砖砌体施工质量的措施。

8.砌块砌体施工

识记：砌块砌体施工的材料准备与要求。

领会：（1）结构墙体砌筑施工要求；（2）填充墙砌筑施工要点。

应用：砌块排块图编绘的原则与要求。

9.石砌体施工

识记：石砌体施工材料要求、砌筑方法。

领会：（1）石砌体施工要求；（2）石砌体施工质量要求。

10.砌体的冬期施工

识记：（1）砌体冬期施工的起始时间；（2）砌体冬期施工时材料温度的要求。

领会：（1）砌体冬期施工对块材及砂浆的要求；（2）砌体冬期施工常用施工方法的原理、适用范围与要求。

四、本章重点、难点

1.对脚手架的基本要求及搭设的要求。

2.落地式、悬挑式脚手架的构造、搭设要求。悬吊式脚手架的安装与使用要求。

3.对砌筑砂浆的原材料、拌制及使用的要求，质量检验方法。

4.砖砌体的施工工艺、质量控制与要求。

5.砌块砌体的施工要求，填充墙的构造及施工要求。

6.砌体的冬期施工的主要要求。

第4章 混凝土结构工程

一、学习目的与要求

了解钢筋混凝土结构的施工工艺过程，了解钢筋的进场检验方法，熟悉钢筋的加工方法、设备与要求，理解钢筋焊接及机械连接原理，掌握钢筋连接的方法、适用范围及质量要求，掌握钢筋的配料计算、代换方法及安装要求。熟悉模板的类型、特点及构造组成，掌握模板的设计内容及荷载计算、安装及拆模要求。掌握混凝土配料、搅拌、运输、浇筑捣实和养护的方法与要求。了解混凝土冬期施工原理及方法，掌握冬期施工的主要要求。熟悉混凝土的质量检验要求。

二、课程内容

1. 概述
2. 钢筋工程
3. 模板工程
4. 混凝土工程

三、考核知识点与考核要求

1. 概述

识记：（1）混凝土现浇结构与装配式结构施工的优缺点；（2）钢筋混凝土工程的组成、主要工艺流程。

2. 钢筋的性能与检验

识记：（1）钢筋的性能；（2）钢筋进场检验需检查的内容。

领会：（1）钢筋外观检查的要求；（2）原料钢筋、成品钢筋抽样检验的内容。

3. 钢筋的连接

识记：（1）钢筋连接的方法；（2）焊接方法与适用范围；（3）电弧焊的接头形式；（4）冷挤压连接、直螺纹连接的适用范围；（5）电阻点焊的质量要求。

领会：（1）钢筋连接的一般规定；（2）闪光对焊、电弧焊、电渣压力焊、电阻点焊的原理；（3）冷挤压连接原理与工艺；（4）钢筋等强直螺纹连接原理与工艺。

应用：（1）闪光对焊工艺的选择与质量检验；（2）电弧焊的接头的焊缝检验；（3）冷挤压连接、直螺纹连接的质量检验。

4. 钢筋的配料

识记：（1）钢筋配料的内容；（2）钢筋弯曲时对弯心直径的要求；（3）钢筋45°、90°弯折的量度差值；（4）HPB300钢筋180°弯钩增加值；（5）箍筋弯钩平直段的长度要求。

领会：（1）钢筋下料长度计算中的量度差值；（2）钢筋下料长度计算中的弯钩增加值。

应用：钢筋下料长度计算及编制钢筋下料单。

5. 钢筋的代换

领会：钢筋代换注意事项。

应用：钢筋代换的方法与原则。

6. 钢筋的加工与安装

识记：（1）钢筋加工的内容、方法与要求；（2）钢筋安装的净距要求。

领会：（1）钢筋安装的搭接长度规律；（2）钢筋的最小保护层厚度要求。

应用：（1）钢筋搭接位置错开要求；（2）钢筋保护层厚度的保证方法与要求。

7. 钢筋的验收

识记：钢筋验收检查的内容。

领会：钢筋隐蔽工程验收要求。

8. 模板工程概述

识记：模板的组成与分类。

领会：对模板的基本要求。

9. 一般现浇构件模板的构造

识记：基础、柱、梁、板、墙与楼梯模板的构造。

领会：基础、柱、梁、板、墙与楼梯模板的安装要求。

应用：梁、板模板起拱与检查。

10. 组合式模板

识记：（1）组合式模板的特点与种类；（2）组合式钢模板的组成。

领会：（1）组合式钢模板的代号及含义；（2）组合式钢模板的拼装方法；（3）组合式铝合金模板及钢框胶合板模板的特点。

应用：用组合式钢模板配装柱、梁、板的模板。

11. 工具式模板

识记：（1）大模板的特点、构造；（2）爬模、滑模、台模、模壳的特点与构造。

领会：（1）大模板的传力途径；（2）大模板安装、拆除要点；（3）模板早拆体系的原理及优点。

12. 永久式模板

识记：（1）永久式模板的常用种类；（2）永久式模板的特点。

领会：（1）压型钢板模板的安装、固定方法；（2）混凝土薄板模板的特点及与叠合层的结合方式。

13. 模板的设计

识记：（1）模板设计的内容；（2）模板及支架承受荷载的种类及计算规定。

领会：（1）荷载标准值与荷载效应组合；（2）模板设计时应注意的问题。

应用：墙体、柱新浇混凝土侧压力及有效压头高度的计算。

14. 模板的安装与拆除

识记：模板拆除的顺序、要求。

领会：（1）模板安装要求；（2）拆模时对混凝土强度要求的规定。

15. 混凝土的制备

识记：（1）自落式、强制式搅拌机各自特点及选择；（2）混凝土搅拌时间。

领会：（1）混凝土配制强度调整的目的；（2）投料顺序的种类与特点。

应用：混凝土施工配合比换算及搅拌材料投料量计算。

16. 混凝土的运输

识记：（1）混凝土运输的基本要求；（2）混凝土运输工具选择；（3）搅拌运输车运输的特点。

领会：（1）混凝土泵送运输设备及选用；（2）泵送混凝土配制要求与工艺要求。

17. 混凝土的浇筑

识记：（1）混凝土浇筑准备工作；（2）防止混凝土离析的方法；（3）混凝土施工缝的定义；（4）混凝土分层浇筑法；（5）混凝土振捣机械；（6）自密实混凝土的施工要求。

领会：（1）混凝土浇筑的一般规定；（2）施工缝留置与处理；（3）混凝土分层浇筑原理；（4）混凝土振动捣实原理；（5）大体积混凝土定义及温度裂缝与预防措施；（6）混凝土振捣要求。

应用：（1）混凝土框架、剪力墙结构的浇筑顺序与要求；（2）大体积混凝土浇筑方案的确定与计算。

18. 混凝土养护

识记：（1）混凝土养护的原理与方法；（2）蒸汽养护的特点与用途。

领会：（1）自然养护的规定；（2）养护的时间要求。

19. 混凝土冬期施工

识记：（1）混凝土冬期施工的起止时间；（2）混凝土受冻临界强度的概念与规定；（3）冬期施工混凝土拌制与运输的要求。

领会：（1）混凝土冬期施工原理；（2）冬期施工材料的选择与加热要求；（3）混凝土冬期施工不同养护方法的特点与适用范围。

20. 混凝土质量检查

识记：（1）混凝土在拌制和浇筑过程中质量检查的规定；（2）混凝土强度评定方法。

领会：（1）混凝土试块留置规定；（2）混凝土结构实体质量检验的部位、内容与要求。

应用：（1）混凝土强度代表值的确定；（2）现浇结构的外观检查内容与处理要求。

四、本章重点、难点

1. 钢筋的进场验收与抽样检验内容。

2. 连接的一般规定；钢筋焊接连接的方法、工艺、适用范围及质量要求。

3. 钢筋机械连接的方法、工艺、适用范围及质量要求。

4. 钢筋配料的下料长度计算、下料单的编制。

5. 钢筋代换方法与原则、代换需注意问题。

6. 钢筋加工的方法与要求，绑扎安装的要求，质量验收的内容。

7. 对模板及支架的基本要求及安全控制。

8. 一般现浇结构构件的模板构造及安装要求；组合式、工具式、永久式模板的特点、构造及适用范围。

9. 模板的设计计算（包括荷载取值、效应组合、承载力、变形计算等）与绘图。

10. 模板拆除的时间、顺序与要求。

11. 混凝土试配强度、施工配合比调整及配料量计算。

12. 混凝土搅拌设备的选择，搅拌制度的确定。

13. 混凝土运输与输送的方法、设备与要求。

14. 混凝土浇筑的一般规定，施工缝的留设与处理，框架及剪力墙结构、大体积混凝土浇筑的方法与要求。

15. 混凝土密实成型的方法、原理、施工要求。

16. 混凝土养护方法与要求。

17. 冬期施工的方法与要求。

18. 混凝土结构施工质量检查的内容与要求。

第5章　预应力混凝土工程

一、学习目的与要求

了解后张法、先张法施工的工艺特点及适用范围，了解后张法常用锚具、张拉设备的种类、配套与使用要求。掌握孔道留设的要求与方法，掌握预应力筋下料长度计算、张拉力计算，理解预应力筋的张拉程序、顺序与要求。掌握孔道灌浆的方法与要求；了解封端方法与要求。理解无黏结预应力的特点、施工工艺及适用范围。了解缓黏结预应力施工原理和特点。了解先张法施工的设备、张拉要求，掌握放张的条件、顺序与方法。

二、课程内容

1. 后张法施工
2. 先张法施工

三、考核知识点与考核要求

1. 后张法施工

识记：（1）后张法的定义；（2）后张法的施工过程；（3）后张法的特点及适用范围。

2. 预应力筋

识记：（1）预应力筋的种类；（2）预应力筋进场时的检验要求。
领会：钢丝束与钢绞线的异同。

3. 锚具

识记：（1）锚具的选用；（2）螺纹钢筋锚具、镦头锚具、钢质锥形锚具、夹片锚具的组成及特点。
领会：（1）锚具的作用及基本要求；（2）各种锚具的锚固原理及用途。

4. 后张法的张拉设备

识记：张拉千斤顶的种类及各自适用范围。
领会：（1）张拉千斤顶的作用原理；（2）前置内卡式千斤顶的特点。
应用：预应力筋、锚具与张拉千斤顶的正确配套使用。

5. 孔道留设

识记：（1）孔道的作用；（2）钢管抽芯法与胶管抽芯法的区别与特点及其施工要求。
领会：（1）孔道留设的基本要求；（2）孔道留设方法及各自适用范围。
应用：（1）波纹管的连接、安装与固定；（2）灌浆孔、排气孔和泌水孔留设要求。

6. 预应力筋的制作

识记：采用镦头锚具时钢丝束制作的工序、钢丝的下料方法。
应用：两端张拉时，钢绞线束下料长度计算。

7. 预应力筋的张拉

识记：（1）张拉控制应力和最大超张拉应力的取值；（2）预应力筋的张拉条件、程序。
领会：（1）超张拉的目的；（2）预应力筋张拉的顺序和避免应力不足的措施。
应用：预应力筋张拉的方式与要求。

8. 孔道灌浆与封锚

识记：（1）孔道灌浆的作用与要求；（2）孔道灌浆对材料的要求。

领会：（1）保证孔道灌浆施工质量的措施；（2）封锚方法与要求。

9. 无黏结预应力施工

识记：（1）无黏结的定义；（2）无黏结预应力混凝土的施工过程；（3）无黏结预应力的特点及适应范围。

领会：（1）无黏结预应力筋的铺设与张拉；（2）无黏结预应力筋端部处理。

应用：比较无黏结与有黏结预应力施工的差异。

10. 后张缓黏结预应力施工

识记：后张缓黏结预应力的优点及原理。

11. 先张法施工

识记：（1）先张法的施工过程；（2）先张法的特点及适用范围；（3）台座的形式及作用；（4）张拉机具与夹具的种类、作用及要求。

领会：（1）张拉要求；（2）混凝土施工注意问题；（3）预应力筋放张的条件、顺序和方法。

四、本章重点、难点

1. 预应力混凝土结构构件的施工方法及各自适用范围。
2. 后张法施工工艺与特点，预应力筋、锚具及张拉设备的配套、要求。
3. 后张法孔道留设的方法、特点、各自适用范围及施工要求。
4. 预应力筋下料长度计算，制作要求。
5. 张拉力的计算，张拉程序、顺序、张拉要求。
6. 孔道灌浆要求及封端处理。无黏结预应力铺设、张拉及端部处理。
7. 先张法施工的工艺过程与要求。

第6章　结构安装工程

一、学习目的与要求

了解各种起重机械与设备的特点、技术性能和使用要点，掌握起重机的选用方法。掌握钢丝绳容许拉力验算方法。了解混凝土结构单层工业厂房安装前的准备工作、掌握构件吊装工艺与方法。掌握单层工业厂房结构吊装方案。了解多高层结构吊装机械的选择与布置、吊装方法与顺序及构件的平面布置，掌握混凝土框架结构、墙板结构安装的主要方法、工艺流程及构件安装与连接要点。理解钢框架结构的安装工艺与要求。

二、课程内容

1. 概述
2. 起重机械与设备

3. 单层工业厂房结构安装

4. 多高层装配式房屋结构安装

三、考核知识点与考核要求

1. 概述

识记：（1）结构安装工程的概念；（2）结构安装工程的施工特点。

2. 自行杆式起重机

识记：履带式起重机、轮胎式起重机、汽车式起重机、全地面式起重机的特点。

领会：自行杆式起重机技术性能参数及其含义、相互关系。

应用：查看起重性能曲线和性能参数表。

3. 塔式起重机

识记：塔式起重机的构造组成、特点、分类。

领会：（1）塔式起重机的技术性能参数；（2）塔式起重机的安装方法、升高原理；（3）轨行式塔式起重机、附着式塔式起重机、爬升式塔式起重机的特点及用途。

4. 桅杆式起重机

识记：桅杆式起重机的优缺点、用途。

领会：桅杆式起重机的分类与特点。

5. 索具设备

识记：卷扬机、千斤顶、钢丝绳、滑轮组、地锚、吊具的用途及使用注意事项。

应用：钢丝绳的选择与计算。

6. 单层工业厂房安装前的准备

识记：（1）安装前的准备工作内容；（2）构件运输、存放要求；（3）构件质量及强度要求。

领会：（1）弹线与编号的目的；（2）杯底抄平依据与目的。

7. 单层工业厂房构件吊装工艺

识记：（1）构件吊装工艺过程；（2）吊车梁吊装条件、绑扎、校正与固定方法。

领会：（1）柱绑扎、校正与固定方法；（2）屋面板安装顺序与焊接固定。

应用：（1）柱旋转法、滑行法起吊及其布置；（2）屋架的绑扎、临时固定及校正方法。

8. 单层工业厂房结构安装方案

识记：（1）结构安装方案的主要内容；（2）起重机类型的选择。

领会：（1）分件吊装法和综合吊装法的区别与特点；（2）所需起重机的最小臂长。

应用：（1）起重机型号的选择与计算；（2）柱子及屋架的吊装布置。

9. 多高层吊装机械的选择与布置

识记：起重机类型选择。

领会：（1）起重机型号选择；（2）起重机布置形式及其所需起重半径。

10. 多高层结构吊装方法与吊装顺序

领会：（1）分件吊装法的施工顺序；（2）综合吊装法的施工顺序及缺点。

11. 多高层构件的平面布置与排放

领会：构件布置应遵循的原则及要求。

12. 多高层混凝土结构的安装

识记：（1）混凝土结构的安装顺序；（2）节点浇筑要求。

领会：（1）吊装工艺要点；（2）接头方法与施工要求；（3）对预制墙板支撑及支架的要求。

应用：混凝土结构吊装在保护构件及保证安全方面应采取的措施。

13. 多高层钢框架结构的安装

识记：（1）钢框架结构安装的准备工作；（2）钢框架结构吊装的基础准备及标高控制；（3）钢框架结构的安装顺序。

领会：（1）钢柱、钢梁安装工艺方法；（2）钢框架结构连接固定的方法与要求（焊接、高强螺栓）。

四、本章重点、难点

1. 自行杆式起重机的种类、各自特点、起重性能参数及相互关系。
2. 塔式起重机的类型、各自特点、适用情况。
3. 卷扬机的安装及使用要求，钢丝绳的选用与计算，对地锚及滑轮组的要求。
4. 单层工业厂房构件吊装的工艺，结构安装起重机的选择与计算，结构安装方法的特点、构件平面布置。
5. 多高层混凝土框架结构、墙板结构的吊装工艺与连接要求。
6. 多高层钢框架结构安装的方法与要求。

第7章　防水工程

一、学习目的与要求

了解地下工程防水的等级与构造，理解防水混凝土种类、材料及配制要求，掌握防水薄弱部位的处理方法、防水混凝土的施工要求，掌握防水层外贴法与内贴法的施工顺序、优缺点及适用范围，掌握卷材铺贴方法及质量要求，了解保护层的做法与要求，理解涂膜防水层施工方法与要求。

了解屋面防水等级和设防要求，理解找平层的材料选择及施工要求，掌握卷材防水层的施工条件、环境、铺贴方法与要求，了解涂膜防水的施工方法与要求，理解细部处理及保护层的构造与施工要求。

二、课程内容

1. 概述
2. 地下防水工程
3. 屋面防水工程

三、考核知识点与考核要求

1. 概述

识记：（1）工程防水的设计工作年限；（2）工程防水的分类与等级要求；（3）对主要防水材料的要求。

领会：（1）地下及屋面工程防水的材料及构造要求；（2）防水工程施工的一般要求。

2. 地下防水工程

识记：（1）地下防水的施工原则；（2）地下工程防水的构造做法。

3. 地下防水混凝土结构施工

识记：防水混凝土的种类与抗渗等级。

领会：（1）防水混凝土的材料要求与配制要求；（2）防水混凝土的细部处理；（3）防水混凝土的施工要求。

应用：分析保证地下防水混凝土结构施工质量的主要技术措施。

4. 地下结构卷材防水层施工

识记：（1）卷材防水层的材料要求；（2）卷材防水层施工工艺流程；（3）卷材防水层的基层处理要点；（4）卷材防水保护层做法。

领会：（1）外防外贴法及外防内贴法的含义；（2）卷材防水层施工要求。

应用：比较外防外贴法与外防内贴法的异同及其选用。

5. 地下结构涂膜防水层施工

识记：涂膜防水的特点，防水涂料的种类、特点与适用部位。

领会：（1）防水涂料施工的环境要求；（2）涂膜防水施工准备工作；（3）涂膜防水施工工艺与要求；（4）涂膜防水质量检查。

6. 屋面防水

识记：屋面防水工程的施工顺序。

7. 屋面防水的施工条件与基层找平

识记：屋面找平层的材料做法与适用的基层。

领会：（1）屋面防水的施工条件；（2）屋面找平层的施工要求。

应用：提出保证屋面找平层施工质量的措施。

8.屋面卷材防水层施工

识记：（1）屋面卷材防水的基层处理与环境要求；（2）屋面卷材搭接错缝要求；（3）屋面卷材粘贴形式与要求。

领会：（1）屋面防水卷材铺贴顺序与铺设方向；（2）屋面卷材搭接要求与粘贴要求；（3）屋面卷材保护层做法与留缝目的。

应用：分析卷材防水屋面渗漏的原因及预防渗漏的主要措施。

9.屋面涂膜防水层施工

识记：（1）屋面涂膜防水层施工的工艺流程；（2）屋面涂膜防水层的基层处理与施工环境要求。

领会：（1）屋面涂膜防水层的施工顺序；（2）屋面涂膜防水层的涂刷方向及胎体铺设方向；（3）屋面涂膜防水层的施工要点。

10.屋面细部处理与保护层施工

识记：（1）屋面防水薄弱的部位及验收要求；（2）屋面防水保护层的作用。

领会：（1）屋面防水薄弱部位的加强构造与施工要求；（2）常用屋面防水保护层的施工要求。

11.屋面及防水施工质量验收

识记：屋面防水质量的检查方法。

领会：屋面工程的质量要求。

四、本章重点、难点

1.地下防水、屋面防水的等级与构造。

2.防水混凝土的材料与配合比要求，施工要点。

3.防水卷材的施工方法与铺贴要求。

4.屋面防水层基层的做法与施工要求。

5.屋面防水卷材的铺贴及防水涂料施工的主要要求。

6.地下防水、屋面防水的细部构造与施工要求，保护层施工要求。

第8章　装饰装修工程

一、学习目的与要求

　　了解建筑装饰装修工程包括的主要内容、作用及特点；了解抹灰的组成、分类分级、基体处理及材料要求，掌握一般抹灰和装饰抹灰的主要工艺和质量要求；掌握常见饰面板（砖）安装的主要构造与工艺要点；理解幕墙、门窗及吊顶安装的主要方法与要求；掌握一般涂饰及裱糊施工的要点。

二、课程内容

1. 概述
2. 抹灰工程
3. 饰面与幕墙工程
4. 门窗与吊顶工程
5. 涂饰与裱糊工程

三、考核知识点与考核要求

1. 概述

识记：装饰装修工程的内容、作用及主要特点。

2. 抹灰概述

识记：（1）抹灰层的组成及作用；（2）抹灰的分类及一般抹灰的分级。

领会：（1）抹灰前基体表面处理的要求；（2）抹灰对材料质量的要求。

应用：比较普通抹灰与高级抹灰的不同做法及质量要求。

3. 一般抹灰

识记：（1）墙面一般抹灰的厚度及工艺要求、施工方法；（2）楼地面抹灰对材料的要求、工艺流程、养护要求。

领会：（1）抹灰中设置标志和标筋的作用；（2）护角的作用与做法；（3）冲软筋的目的。

应用：（1）墙面抹灰的施工要点及质量要求；（2）楼地面抹灰压光的遍数与时机。

4. 装饰抹灰

识记：水刷石、干粘石、斩假石、水磨石面层施工的主要工序、施工方法。

领会：（1）水刷石面层的水刷时机与要求；（2）水磨石面层的磨石次数、时机与要求。

5. 饰面砖粘贴

识记：（1）常用饰面砖的种类及质量要求；（2）内外墙砖施工工艺流程、粘贴方法与要求；（3）地砖及石材楼地面铺贴的施工方法及注意事项。

领会：（1）饰面砖粘贴时对基层的要求；（2）内外墙砖排布及粘贴要求的差异；（3）地砖与石材施工准备的异同。

应用：墙体及楼地面的排砖。

6. 饰面板安装

识记：（1）常用饰面板的种类；（2）饰面板安装直接干挂法的施工工艺流程。

领会：（1）石材饰面板的安装方法及质量要求；（2）干挂法较湿粘法的优点；（3）干挂法板材单独连接安装的优点。

7. 幕墙安装

识记：幕墙的种类、常见构造。

领会：幕墙的安装方法与一般工艺流程。

8. 门窗工程

识记：（1）对门窗材料及安装的基本要求；（2）塑料及铝合金门窗安装的工艺流程与准备工作；（3）防火门安装的工艺流程。

领会：（1）塑料及铝合金门窗安装的施工方法与要求；（2）防火门安装的施工要点。

9. 吊顶工程

识记：吊顶的工艺流程。

领会：吊顶安装的方法、要求与施工注意问题。

应用：吊顶施工条件的确定。

10. 涂饰工程

识记：涂料施工前对混凝土和抹灰表面的基层处理要求。

领会：（1）涂饰施工的条件；（2）涂料的施涂方法及质量要求。

11. 裱糊工程

识记：（1）裱糊施工的条件；（2）裱糊的工艺流程。

领会：（1）对基层处理的要求；（2）裱糊的施工方法及质量要求。

四、本章重点、难点

1. 抹灰工程的基体处理与墙、地面一般抹灰的施工要求。

2. 墙体面砖粘贴工艺与要求。

3. 地面砖及石材铺贴的构造与施工要求。

4. 石材饰面板安装的方法、特点与主要要求。

5. 塑料门窗、铝合金门窗安装的施工顺序与安装要求。

6. 吊顶工程施工的工艺要点与注意问题。

7. 涂饰与裱糊工程的施工条件、基层处理、施工要点。

Ⅳ　关于大纲的说明与考核实施要求

一、自学考试大纲的目的和作用

课程自学考试大纲是根据专业自学考试计划的要求，结合自学考试的特点而制定的。其目的是对个人自学、社会助学和课程考试命题进行指导和规定。

课程自学考试大纲明确了课程学习的内容以及深度和广度，规定了课程自学考试的范围和标准。因此，它是编写自学考试教材和辅导书的依据，是社会助学组织进行自学辅导的依据，是自学者学习教材、掌握课程内容知识范围和程度的依据，也是进行自学考试命题的依据。

二、课程自学考试大纲与教材的关系

课程自学考试大纲是进行学习和考核的依据，教材是学习掌握课程知识的基本内容与范围，教材的内容是大纲所规定的课程知识和内容的扩展与发挥。课程内容在教材中可以体现一定的深度或难度，但在大纲中对考核的要求要适当。

大纲与教材所体现的课程内容应基本一致；大纲里面的课程内容和考核知识点，教材里一般也要有。反过来教材里有的内容，大纲里就不一定体现。

三、关于自学教材

《建筑施工》，全国高等教育自学考试指导委员会组编，穆静波编著，北京大学出版社，2023年版。

四、关于自学要求及自学方法的指导

本大纲的课程基本要求是依据专业考试计划和专业培养目标而确定的。课程基本要求还明确了课程的基本内容，以及对基本内容掌握的程度。基本要求中的知识点构成了课程内容的主体部分。因此，课程基本内容掌握程度、课程考核知识点是高等教育自学考试考核的主要内容。

为有效地指导个人自学和社会助学，本大纲已指明了课程的重点，在章节的基本要求中一般也指明了章节内容的重点和难点。

本课程共7学分（包括课程设计1学分）。

本课程属于应用型学科，其特点之一是综合性强。学习中要学会综合运用专业理论知识及施工规范、规程来处理和解决建筑工程施工中的问题。课程内容涉及从建筑基础、主体结构到屋面及装饰装修等各个分部分项工程，知识范围广泛，各章内容之间既有联系，又有较大区别，有的还相对独立，系统性较差。多数章节中叙述性内容较多，自学时，看懂较容易，但真正理解、掌握与正确应用则较困难。对本课程这一特点要有足够的认识，并给予应有的重视。

本课程的另一特点是与生产实际联系紧密、实践性强。若缺乏感性认识、光靠教材文字学习，是不容易学好的。学习时要理论联系实际，除多看几遍相关内容的视频外，还要有意识地选择一些典型的建筑工地，结合学习内容进行现场参观学习（如钢筋的绑扎、模板的构造与安装、脚手架、锚具、预应力筋张拉等），也可适当搜集网络上的相关视频、动画和图片等进行辅助性学习，以增强感性知识，加深对理论知识的理解和掌握。

学生应先全面系统地学习各章节内容，在通读教材的基础上，对各章重点内容尤其对重点章的重点内容要精读、细读，真正做到对重点内容和难点能多读几遍，以求得真正的理解和掌握，并能正确地运用。学完每一章节后，对重点内容要扼要地加以归纳整理，写出读书笔记，以利于复习、巩固。必须指出：学生应在全面系统学习的基础上，有目的地深入学习重点内容，掌握重点内容，切忌在没有全面学习教材的情况下孤立地去抓重点。

学习课程内容时，还要与习题作业、现场实习、课程设计等实践性环节结合，以加深对理论知识的理解，提高自己分析问题和解决问题的能力，提升专业素质。

五、应考指导

1. 如何学习

很好的计划和组织是你学习成功的法宝。如果你正在接受助学指导，一定要在课前预习（大致了解课程内容并通过教材视频等建立感性认识）、课后复习并跟紧课程完成作业。如果你全部自学，应根据考试时间制定可行的"行动计划"，并留有一定余地的学习、复习"行动计划"。为了在考试中做出满意的回答，你必须对所学课程内容有很好的理解，并通过作业和反复练习达到熟练掌握。使用"行动计划表"来监控你的学习进展。当你学习课本时可以做学习笔记。如有需要重点注意的内容，可以用彩笔来标注，如：红色代表重点；绿色代表需要深入研究的领域；黄色代表可以运用在工作之中，也可以在空白处记录相关网站、文章等。

2. 如何考试

卷面整洁非常重要。书写工整，段落与间距合理，卷面赏心悦目有助于教师评分，因为教师只能为他能看懂的内容打分。回答问题要看清题目，回答所问的问题，而不是回答你自己乐意回答的问题，避免超过问题的范围或答非所问。对计算或绘图题，要思路明确、步骤清晰，写出公式，再代入数据进行计算，即便结果有误，教师也能根据你的思路、完成的步骤等情况酌情给分。

3. 如何处理紧张情绪

要正面思考，正确处理对失败的紧张情绪。如果可能，可以请教已经通过该科目考试的人，问他们一些问题。做深呼吸放松，这有助于使头脑清醒，缓解紧张情绪。考试前合理膳食，保持旺盛精力，保持冷静。

4.如何克服心理障碍

考试时出现一定的心理障碍，这是一个普遍问题！如果你在考试中出现过这种情况，试试这个方法——"线索"纸条。进入考场之前，在脑海中形成记忆"线索"。当你阅读考卷时，一旦有了"线索"就快速记下。按自己的步调进行答卷，为每个部分或考题分配合理时间，并按此时间安排进行，绝不能纠缠于一两道难题而不自拔。

六、对社会助学的要求

（1）社会助学者应熟知本大纲规定的课程内容和考核目标，准确理解各知识点要求达到的能力层次和考核要求，对自学应考者进行切实的辅导，帮助他们掌握这些要求。

（2）要正确处理基础知识和应用能力的关系，努力引导学生将识记、领会同应用联系起来，把基础知识和理论转化为能力，在全面辅导的基础上，着重培养和提高学生分析问题和解决问题的能力。

（3）社会助学者应指导学生全面系统地学习教材，深入了解本考试大纲对各章各知识点的考核要求，在此基础上再突出各章的重点内容。要正确处理重点和一般的关系，在突出重点内容学习的同时，必须注意兼顾一般，切勿孤立地抓重点，把学生引向猜题押题的误区。

（4）根据本课程与生产实际联系紧密、实践性强的特点，在社会助学过程中，注意理论联系实际。尽可能结合当地具体条件，选择一些典型的建筑工地进行现场参观学习，以增加感性认识。对部分课程内容可以组织现场教学，以提高学习效果。

（5）助学单位在安排本课程辅导时，授课时间建议不少于60课时。

七、对考核内容的说明

本课程要求考生学习和掌握的知识点内容都作为考核的内容。课程中各章的内容均由若干知识点组成，在自学考试中成为考核知识点。因此，课程自学考试大纲中所规定的考试内容是以分解为考核知识点的方式给出的。由于各知识点在课程中的地位、作用以及知识自身的特点不同，对各知识点分别按识记、领会、应用三个认知（或能力）层次确定其考核要求。

八、关于命题考试的若干规定

（1）本大纲各章所规定的基本要求、知识点及知识点下的知识细目，都属于考核的内容。考试命题应覆盖到章，并侧重课程重点章及各章重点内容部分，加大重点内容的覆盖度，体现本课程的内容重点。

（2）命题不应有超出大纲中考核知识点范围的题目，考核目标不得高于大纲中所规定的相应的最高能力层次要求。命题应着重考核自学者对基本概念、基本知识和基本理论是否了解或掌握，对基本方法是否会用或熟练。不应出与基本要求不符的偏题或怪题。

（3）本课程在试卷中对不同能力层次要求的分数比例大致为：识记占 30%，领会占 40%，应用占 30%。

（4）要合理安排试题的难易程度。试题的难易度可分为易、较易、较难和难四个等级。每份试卷中不同难度试题的分数比例一般为 2∶3∶3∶2。必须注意试题的难易程度与能力层次二者不是等同的概念。在各个能力层次中都会存在不同难度的问题，切勿混淆。

（5）本课程考试命题的题型有单项选择题、填空题、术语解释题、简答题、计算绘图题等。各种题型的具体形式及所占分数比例可参见本大纲附录 1。

（6）本课程考试方法为闭卷考试，考试时间为 150 分钟，考试时可携带无存储功能的计算器。

在命题工作中必须按照本课程大纲中所规定的题型命制，考试试卷使用的题型可以略少，但不应超出本课程大纲规定的题型。

附录1 考试题型举例

一、单项选择题

1. 某基坑距离河道较近，土层为砂卵石，需降水深度为 3m，宜采用的降水井点是（　　）。

A. 轻型井点
B. 电渗井点
C. 喷射井点
D. 管井井点

2. 反铲挖土机的工作特点是（　　）。

A. 前进向上，强制切土
B. 后退向下，强制切土
C. 后退向下，自重切土
D. 直上直下，自重切土

3. 某工程灌注桩采用泥浆护壁成孔。灌注混凝土前检测，有 4 根桩孔底沉渣厚度分别如下。其中，符合要求的是（　　）。

A. 端承桩 60mm
B. 端承桩 100mm
C. 摩擦桩 100mm
D. 摩擦桩 120mm

4. 关于砌筑砂浆使用说法正确的是（　　）。

A. 不同种类的砌筑砂浆可混合拌匀后使用
B. 用建筑生石灰粉制作石灰膏时，浸泡时间不得少于 2d
C. 砂浆拌制后的使用时间不得超过 4h
D. 浇灌芯柱混凝土时，砌体的砂浆强度不得低于 0.5MPa

5. 当受拉钢筋采用焊接连接时，在长度为钢筋直径 35 倍且不小于 500mm 的区段范围内，有接头钢筋截面面积占全部钢筋截面面积的比值应不大于（　　）。

A. 25%　　B. 50%　　C. 60%　　D. 70%

6. 现浇混凝土肋形楼盖的施工缝宜留设在（　　）。

A. 主梁中间 1/3 跨度内
B. 主梁端部 1/3 跨度内
C. 次梁中间 1/3 跨度内
D. 次梁端部 1/3 跨度内

7. 后张法施工时，下列适用于钢铰线的锚具是（　　）。

A. 螺杆锚具
B. 多孔夹片式锚具
C. 钢质锥形锚具
D. 镦头锚具

8. 在其他条件相同的情况下，履带式起重机的起重量 Q、起重幅度 R 以及起重高度 H 三者之间的关系是（　　）。

A. R 减小，则 Q 增大、H 增大
B. R 减小，则 Q 减小、H 增大
C. R 增大，则 Q 增大、H 增大
D. R 减小，则 Q 增大、H 减小

9. 对连续多跨和有高低跨的屋面铺贴防水卷材,其次序应为(   )。

A. 先高跨后低跨,先远后近   B. 先低跨后高跨,先近后远

C. 先屋脊后屋檐,先远后近   D. 先屋檐后屋脊,先近后远

10. 关于门窗工程施工的说法,正确的是(   )。

A. 门窗安装前对门窗相邻洞口的位置偏差可不进行检验

B. 铝合金门窗应先安装,然后再砌筑墙体

C. 在砌体上安装门窗宜采用射钉固定

D. 推拉门窗扇必须安装防脱落装置

二、填空题

11. 若回填土所用土料的渗透性不同,填筑时应将渗透系数小的土料填在_____,以免填方内形成_____。

12. 为了满足设计承载力要求,预制钢筋混凝土打入桩施工时,对摩擦桩要以控制_____为主,以_____作为参考。

13. 高层脚手架应在外侧_____连续设置剪刀撑,高度在 24m 以下的脚手架在两端、转角必须设置,中间间隔不超过_____。

14. 常温下砌筑砌块砌体时,每日砌筑高度宜控制在_____m 或_____高度内。

15. 钢筋连接点宜在_____处,且其末端距弯折点的距离不得少于_____。

16. 后张法施工中,对于长度大于_____m 的曲线预应力筋和长度大于_____m 的直线预应力筋,应两端张拉。

17. 采用滑行法吊装柱子时,柱子的布置应使绑扎点靠近基础,且使_____与_____共弧。

18. 钢结构安装时,高强度螺栓拧紧应分_____两次进行,每次均应按从螺栓群_____的顺序进行。

19. 在地下防水工程中,按卷材防水层与结构墙体施工的先后顺序不同,可分为外贴法和_____两种。其中外贴法是先施工_____。

20. 墙体抹灰时,对墙、柱及门洞口的阳角处应先_____,其高度不小于_____。

三、术语解释题

21. 流砂现象

22. 永久式模板

23. 混凝土受冻临界强度

24. 分件吊装

25. 干挂法

四、简答题

26. 试简述土钉墙主要的施工过程及土钉的施工要求。

27. 简述对脚手架的基本要求。

28. 简述钢筋代换的方法及代换时应注意的问题。

29. 屋面找平层的材料如何选择？施工有何要求？

30. 吊顶施工应重点注意哪些问题？

五、计算绘图题

31. 某混凝土基础长 30m，宽 25m，深 1.5m，为 C25 混凝土，要求整体连续浇筑。拟采取全面水平分层浇筑方案，每层厚 0.3m。已知混凝土初凝时间为 3.5h，每台混凝土泵车的浇筑能力为 45m³/h，由混凝土搅拌运输车供料，总运输时间为 30min。试求：

（1）该基础混凝土的最小浇筑强度（m³/h）；

（2）确定混凝土泵车的数量；

（3）该基础浇筑的可能最短时间与允许的最长时间。

32. 某单层工业厂房结构剖面如 32 题图所示。已知吊车梁高度为 0.6m，长 6m，重 28kN，索具重 2kN，索具绑扎点距梁两端均为 1m。屋架重 65kN，索具重 5kN，临时加固材料重 3kN；屋面板厚 0.24m。结构吊装时，场地相对标高为 −0.5m。试求：

（1）吊装吊车梁所需的最小起重量及最小起重高度；

（2）吊装屋架所需的最小起重量及最小起重高度。

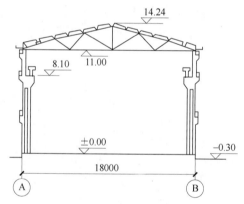

32 题图　某厂房结构剖面

参考答案

一、单项选择题

1. D	2. B	3. C	4. B	5. B
6. C	7. B	8. A	9. A	10. D

二、填空题

11. 上部，水囊　　　　　　　　12. 桩端标高，贯入度
13. 立面，15m　　　　　　　　14. 1.4，一步脚手架
15. 受力较小，10d（钢筋直径）　16. 20，35
17. 绑扎点，基础杯口中心　　　18. 初拧和终拧，中央向外
19. 内贴法，结构墙体　　　　　20. 抹不低于 M20 的水泥砂浆护角，2m

三、术语解释题

21. 答：在水位较高的基坑开挖中，当动水压力 G_D 等于或大于土的浸水密度时，土颗粒处于悬浮状态，并随地下水一起流入基坑，即发生流砂现象。流砂现象常发生在细砂、粉砂及砂质粉土的土层中。

22. 答：永久式模板是在浇混凝土时起模板作用，而施工后不需拆除，并可成为结构的一部分的预制模板。其种类有压型金属薄板、混凝土薄板等。

23. 答：浇筑后的混凝土遭到冻结，其最终强度损失不超过 5%，则受冻前的预养强度值称为混凝土受冻临界强度。

24. 答：起重机每开行一次仅吊装一种类型的构件，经过多次开行完成结构吊装的吊装方法。

25. 答：干挂法是将石材等饰面板通过连接件固定于结构表面的安装方法。该法安装的饰面板受结构变形影响较小，抗震能力强，并可避免泛碱现象；安装时无需间歇等待，施工速度快。

四、简答题

26. 答：

（1）土钉墙的主要施工过程为：分段、分层开挖工作面，修整坡面；钻土钉孔；插入土钉钢筋及注浆管；土钉孔注浆；绑扎钢筋网；安装加强筋并与土钉钢筋焊接；喷射面板混凝土。

（2）土钉施工要求如下。

① 成孔时孔径和倾角应符合设计要求，孔深为土钉钢筋长度加 300mm。

② 土钉钢筋应设置对中定位支架再插入孔内。支架应每 2～3m 设置一点。注浆管应与土钉钢筋虚扎，并同时插入土钉孔。

③ 土钉注浆应采用两次注浆工艺。第一次灌注水泥砂浆，灌浆量不小于钻孔体积的 1.2 倍，待其初凝后进行二次注浆。第二次应压注纯水泥浆，注浆量为第一次的 30%～40%，注满后，应堵塞孔口并维持压力 2min。注浆时，应使浆液由孔底向孔口流动，拔管时要保证管口始终埋在浆内。注浆完成后孔口要及时封闭。

27. 答：

（1）脚手架架体的宽度、高度及步距应能满足使用要求。

（2）应具有足够的承载能力、刚度和稳固性。

（3）架体构造合理、搭拆方便，便于使用和维护。

（4）应能多次周转使用，以降低工程费用。

28.答：

（1）钢筋代换方法包括等强代换和等面积代换。前者用于经计算配筋的钢筋，保证代换后抗力不减；后者用于按最小配筋率或构造配筋的钢筋或同级别钢筋的代换。

（2）代换注意事项。

① 对重要构件，不宜用光圆钢筋代换带肋钢筋。

② 钢筋代换后，应满足钢筋的最小直径、间距、根数、锚固长度等构造要求。

③ 各钢筋的直径差不大于5mm，以免构件受力不匀。

④ 受力不同的钢筋应分别代换。

⑤ 当构件受抗裂或挠度控制时，钢筋代换后应进行抗裂度或挠度验算。

⑥ 预制构件的吊环，必须采用HPB300级热轧钢筋制作，严禁以其他钢筋代换。

⑦ 钢筋代换应征得设计单位同意。

29.答：

（1）找平层材料的选择：当在整体现浇混凝土板或整体材料保温层上做找平层时，可采用水泥砂浆；当在装配式混凝土板或板块材料保温层等整体性及刚度较差的块体或散碎材料上做找平层时，应采用细石混凝土。

（2）施工要求：①找平层应留设分格缝，纵横缝的间距均不大于6m，缝宽宜为5～20mm。起出分格条后，缝内嵌填密封材料。②找平层与突出屋面结构的连接处、管根处及基层的转角处均应做成圆弧。③找平层应在初凝前压实、抹平，终凝前完成压光，并及时取出分格条。④终凝后应及时进行养护，时间不少于7d。

30.答：

（1）吊顶龙骨不得悬吊在设备、管线上。较大灯具处应做加强龙骨，重型灯具、吊扇及有振动荷载的设备应单独悬挂，严禁安装在吊顶龙骨上。

（2）吊杆长度大于1.5m时，应设置反支撑。当吊杆与设备相遇时，应调整并增设吊杆或采用型钢支架。

（3）吊顶工程的预埋件、钢吊杆等均应进行防锈处理；木质材料必须进行防火处理。

（4）罩面板安装，需在吊顶内的管线及设备安装、调试及验收完成后进行。

（5）整体面层吊顶的石膏板、水泥纤维板的接缝应按要求进行板缝防裂处理。安装双层板时，面层板与基层板的接缝应错开，且不得在同一根龙骨上接缝。

五、计算绘图题

31.解：

（1）计算为保证整体连续浇筑的最小浇筑强度 Q：

已知每层浇筑厚度为0.3m，混凝土初凝时间为3.5h，运输时间0.5h，则

$$最小浇筑强度\ Q=\frac{FH}{T}=75（m^3/h）$$

（2）需要泵车的数量 N：

$$N=75 \div 45 \approx 1.67（台），取 2 台。$$

（3）浇筑时间

① 可能最短时间（2 台泵车正常作业）：

$$T_1=30 \times 25 \times 1.5 \div（45 \times 2）=12.5（h）$$

② 允许的最长时间：

$$T_2=30 \times 25 \times 1.5 \div 75=15（h）$$

32. 解：

（1）吊装吊车梁

① 所需最小起重量：

$$Q=Q_1+Q_2=28+2=30（kN）$$

②所需最小起重高度：

吊车梁索具绑扎见 32 题解图 1。规范规定，吊索与水平面的夹角不得小于 45°，故取 45°。可知吊钩至绑扎点垂直距离为 $h_4=2m$，则所需最小起重高度为：

$$H=h_1+h_2+h_3+h_4=（8.10+0.50）+0.3+0.6+2=11.50（m）$$

（2）吊装屋架

① 所需最小起重量：

$$Q'=Q_1'+Q_2'=65+（5+3）=73（kN）$$

② 所需最小起重高度：

屋架绑扎见 32 题解图 2。屋架跨中高度为 14.24−0.24−11.00=3（m），外侧绑扎点处高度为 1m。取外侧绑扎点的吊索与水平面夹角为 45°，则最小起重高度为：

$$H'=h_1'+h_2'+h_3'+h_4'=（11.00+0.50）+0.3+1+6=18.80（m）$$

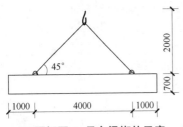

32 题解图 1- 吊车梁绑扎示意

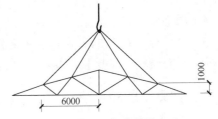

32 题解图 2- 屋架绑扎示意

附录2 课程设计选题

可完成以下任一题目。

题目1 基础与防水工程施工方案

（一）课程设计题目

某高层建筑的基础为两层箱形基础，其平面轴线尺寸及局部剖面见图1。底板厚600mm，外墙厚300mm，内墙厚200mm，底层人防顶板厚300mm，设备层顶板厚200mm。外墙及底板混凝土均为C30（抗渗等级为P8），内墙及顶板混凝土为C30，垫层为100mm厚C20混凝土。防水层采用外包外贴法，底板下及外墙外侧均做4mm+3mm双层SBS改性沥青防水卷材；底板下的防水层及混凝土保护层厚度为60mm；外墙防水层的保护墙，下部为360mm厚砖墙，上部为60mm厚挤塑板。

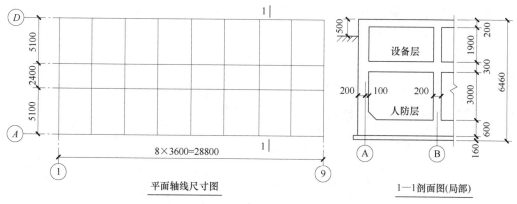

图1 某住宅楼箱形基础尺寸及构造图

该工程地表下2.0m以内深度为杂填土；2～9m为黏土、粉土，中间有中砂、粗砂夹层。潜水层位于地面以下4.5m，土层渗透系数K=12m/d。土的平均可松性系数K_s=1.18，K_s'=1.08。

（注：以上工程概况及图纸、数据仅供参考，具体《课程设计任务书（含工程概况及图纸、数据等）及指导书》由课程主考单位编制并提供。）

（二）设计内容

完成如下任务并阐述选择或确定的理由。

1. 降低地下水位

（1）选择降水方法。

（2）进行井点降水设计。

（3）绘制平面和高程布置图。

2. 土壁支护

（1）选择支护方法，确定支护构造并绘出构造图。

（2）写出支护施工要点。

3. 基坑开挖

（1）计算土方工程量，包括：挖方工程量（基坑体积）；预留回填土方量（松土）；外运土方量（松土）。

（2）确定开挖方法，选择开挖机械。

（3）提出开挖要求。

4. 地下结构及防水施工

（1）列出垫层混凝土浇筑后的施工顺序。

（2）提出防水混凝土的施工措施与要求（支模、扎筋、薄弱部位处理、混凝土浇筑、养护、检查验收等）。

（3）确定防水层粘贴方法与铺贴要求（顺序、搭接、黏结等）。

（4）保护层施工方法与要求。

5. 基坑回填

（1）选择回填机械、夯实机械。

（2）确定回填方法，提出夯实要求和质量检查要求。

（三）成果要求

（1）施工设计图纸：不小于 A4。

（2）施工方案文字、简图及计算：6000～8000 字。

题目 2　混凝土结构施工

（一）课程设计题目

某办公楼为四层现浇钢筋混凝土框架结构，标准层平面如图 2，层高 3.9m。柱的断面尺寸为 450mm×450mm，梁为 300mm×700mm，板厚 150mm；柱混凝土为 C40，梁板混凝土为 C30。梁、柱纵向受力钢筋为直径 25～32mm 的 HRB400 钢筋，箍筋为直径 10～14mm 的 HPB300 钢筋；楼板为直径 14～20mm 的 HRB400 双层双向钢筋。设计要求直径 25mm 及以上钢筋采用直螺纹连接，直径 22mm 及以下钢筋采用绑扎搭接。

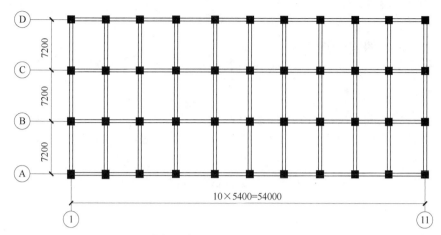

图2 某办公楼标准层框架结构布置平面图

　　每层拟分两段施工，施工顺序为：扎柱筋→支柱模→浇筑柱子混凝土→支梁底模→扎梁筋→支梁侧模、板底模→扎板筋→浇梁、板混凝土→养护→上一层（同前）。柱子混凝土采用现场搅拌，塔式起重机运输。C40混凝土的试验配合比为1：1.85：3.55，水灰比为0.55，水泥用量为350kg／m³，现场砂石含水率为3%和2%。梁板采用商品混凝土，搅拌运输车运至现场后泵车浇筑。

　　（注：以上工程概况及图纸、数据仅供参考，具体《课程设计任务书（含工程概况及图纸、数据等）及指导书》由课程主考单位编制并提供。）

（二）设计内容

完成如下任务并阐述选择或确定的理由。

1. 模板工程

（1）确定柱、梁、板的模板及支撑的材料，绘制模板支设构造图。

（2）计算柱子根部模板受力并确定柱箍材料及拉杆。

（3）提出模板支设及检查的要求。

（4）确定拆模的时间，提出拆模的要求。

2. 钢筋工程

（1）确定钢筋加工与连接的方法及要求。

（2）提出各构件钢筋绑扎安装的方法与要求。

（3）提出钢筋隐蔽工程验收的内容与要求。

3. 混凝土工程

（1）选择搅拌机的类型及型号，计算施工配合比及每盘配料量。

（2）确定柱及梁板施工缝的位置，留槎、接槎的方法和要求。

（3）提出各构件的浇筑顺序与浇筑要求。

（4）混凝土养护方法与要求。

4. 脚手架工程

（1）选择脚手架的种类、形式。

（2）提出脚手架搭设、使用及拆除要求。

5. 选择塔式起重机

（1）确定塔式起重机的类型和安装位置。

（2）依据柱子浇筑所用吊斗（容量可为 0.4m³、0.6m³、0.8m³ 等）计算所需的起重参数。

（3）选择塔式起重机型号并绘制平面布置图（包括安装位置、服务范围等）。

（三）成果要求

（1）施工设计图纸：不小于 A4。

（2）施工方案文字、简图及计算：6000 ～ 8000 字。

附录3 现场实习大纲

一、实习的目的

现场实习的目的是使学生通过了解施工现场工作与施工过程的实践，加深对课程中有关的基本理论和专业技术知识的理解，熟悉建筑工程的施工工艺、施工方法和施工机械等内容，进而培养运用所学理论知识解决生产实际问题的初步能力。

二、实习的内容

在现场实习期间，学生在工程技术人员的指导下，完成以下内容。

（1）熟悉有关设计图纸，参加图纸会审或深化、翻样等工作。

（2）参加不少于3个分项工程（如砌筑工程、模板工程、钢筋工程、混凝土工程、结构安装等）施工全过程的实际工作，学习该工程的施工技术和方法；学习如何解决工程施工中出现的技术问题；学习并掌握工程施工的质量标准及验收方法。对分项工程的具体要求见后文。

（3）学习施工单位编制的单位工程施工组织设计和施工方案，了解工地施工组织设计及施工方案的实施情况，并了解实施中出现的问题及解决的方法。

三、实习的方式

现场实习期间，在工地工程技术人员的指导下，参加工地的技术管理工作和现场施工工作，并适当参观其他工地，以补充本工地的不足，完成大纲规定的实习内容。

通过参加技术科室的工作，完成实习内容的第（1）、（3）项要求，使学生对施工的技术管理工作有所了解并完成内业训练。

通过参加分项工程全过程的实际工作，完成实习内容的第（2）项要求，增加感性知识，深化学习生产实际知识和经验，培养运用所学知识解决生产实际问题的初步能力。

四、关于实习的几项具体规定

（1）实习时间不少于一个月。

（2）实习应在3级以上建筑企业，在工程技术人员的指导下进行。

（3）学生应持本单位或所在地自学考试办公室介绍信自行联系，并在实习前将实习时间、地点、工程内容及指导者姓名、职务等报主考院校同意后，方可进行实习。

（4）凡在建筑施工部门生产第一线从事工业与民用建筑工程施工管理或现场施工工

作满三年者，提出业务总结，经本单位证明确已掌握本大纲规定内容的，可申请免修。申请免修须经主考院校批准。

五、成绩考核

学生在现场实习结束后，应按本大纲规定的内容要求，提交现场实习总结报告（图文并茂且不少于 5000 字）。负责指导实习的工程技术人员应对实习者在实习期间的表现、所从事的工作和业务能力写出评语，并由实习单位签署意见，报主考院校。经审核认为达到本大纲要求者，予以通过。报省、自治区、直辖市高等教育自学考试办公室批准，发给单科合格证书。

六、对分项工程实习的具体要求

1. 砌筑工程

（1）了解主体砌筑的施工工艺过程、砌体组砌规则及施工操作规程。

（2）砌筑前的准备工作，砖或砌块、砌筑砂浆的质量要求及检验方法。

（3）砌筑工艺与砌筑方法。

（4）砌体的质量要求及保证质量的措施。

（5）砌筑工程的分层、分段流水施工组织及施工现场平面布置。

（6）砌筑用的脚手架及垂直运输设备等。

2. 模板工程

（1）模板的种类及各种结构构件模板的构造。

（2）模板的安装方法及质量要求。

（3）模板拆除时的混凝土强度要求与确定，模板拆除顺序与方法等。

3. 钢筋工程

（1）钢筋的进场验收、存放及管理。

（2）钢筋的配料方法，钢筋的连接方法与要求。

（3）钢筋的加工、绑扎、安装的方法与质量要求，隐蔽工程验收等。

4. 混凝土工程

（1）混凝土组成材料的质量要求及检验方法，外加剂的应用。

（2）混凝土的制备（配料、机械设备、质量要求）。

（3）混凝土的运输与输送方法、要求及技术措施。

（4）混凝土的浇灌、振捣、养护方法及质量保证措施。

（5）施工缝的留设位置、留设方法及处理方法。

（6）混凝土工程质量检查及验收等。

5. 装配式结构安装

（1）构件运输与安装机械设备。

（2）构件进场检查与存放。

（3）结构构件安装前的准备工作。

（4）结构构件安装工艺方法。

（5）构件安装的临时支撑、连接、固定方法与要求。

（6）结构安装质量控制及检查验收。

大纲后记

    《建筑施工自学考试大纲》是根据《高等教育自学考试专业基本规范（2021 年）》的要求，由全国高等教育自学考试指导委员会土木水利矿业环境类专业委员会组织制定的。

    全国高等教育自学考试指导委员会土木水利矿业环境类专业委员会对本大纲组织审稿，根据审稿会意见由编者做了修改，最后由土木水利矿业环境类专业委员会定稿。

    本大纲由北京建筑大学穆静波教授担任主编，参加审稿并提出修改意见的有福建理工大学蔡雪峰教授、华南理工大学张原教授、青岛理工大学曲成平教授。

    对参与本大纲编写和审稿的各位专家表示感谢。

全国高等教育自学考试指导委员会
土木水利矿业环境类专业委员会
2023 年 5 月

全国高等教育自学考试指定教材

建筑施工

全国高等教育自学考试指导委员会　组编

编 者 的 话

　　本教材是根据全国高等教育自学考试指导委员会最新制定的《建筑施工自学考试大纲》编写的自学考试指定教材。

　　本教材本着理论知识够用为度，体现时代特征，突出实用性、创新性、操作性的指导思想，结合建筑工程施工的特点，将基本理论与工程实践，基本原理与新技术、新方法的发展紧密结合。考虑到自学考试及本课程的特点，本教材设置了教学视频近120段，读者用手机等终端设备扫描教材上的二维码即可观看与教材内容紧密相关的动画演示或施工录像片段，以增强对施工工艺、机具、材料、施工方法与技术要求等的感性认识，利于对课程内容的理解和掌握。为了便于自学，每章前设有包含本章内容及学习要求的"知识结构图"，每章后设有模拟考试题型的"习题"（含教材习题及数字资源习题各170余道）及参考答案，引导读者自主学习、深入思考和适应考题环境、掌握课程内容。

　　本教材共有八章，内容包括：土方工程、桩基础工程、脚手架与砌筑工程、混凝土结构工程、预应力混凝土工程、结构安装工程、防水工程、装饰装修工程。通过上述内容的学习及课程设计和现场实习等实践环节的强化，力求使读者掌握建筑施工的基本知识和基本原理，理解建筑工程主要分部分项工程的施工方法、技术要求，具备主要工种的工艺、操作知识，了解施工规范规程及质量验收标准，具有独立分析和解决建筑施工技术问题的初步能力，能够从事建筑工程施工技术与管理的相关工作。

　　本教材由北京建筑大学穆静波教授编写。在编写过程中，得到了业界专业人士的热情帮助与支持；在教材所配视频中，使用了刘津明教授等制作的动画演示，也参考使用了许多文献资料和网络图片、视频资料。

　　本教材由全国高等教育自学考试指导委员会土木水利矿业环境类专业委员会聘请福建理工大学蔡雪峰教授担任主审，华南理工大学张原教授、青岛理工大学曲成平教授参审。他们在审稿过程中提出了许多指导性和具体的意见。

　　在此对参与本教材审稿工作的各位教授表示衷心的感谢！对文献资料提供者、协助者表示衷心的感谢！

　　限于编者的水平，书中难免有不足之处，敬请读者批评指正。

编　者

2023 年 5 月

资源索引

绪　　论

一、建筑施工课程的研究对象

建筑施工是房屋建造的生产活动，是将设计图纸转化为建筑物实体的过程。而作为一门学科，本课程主要研究建筑工程施工中的工艺原理、施工方法与技术要求。

现代建筑工程施工是一项涉及多工种、多专业的复杂的系统工程。如何根据施工对象的特点、规模、环境条件，选择合理的施工方法、制定有效的技术措施，在确保建设方的要求及设计者的意图与构思得以实现的前提下，达到使工程的实施安全可靠，产品质量好、施工工期短、消耗费用低的目标，是建筑施工课程的研究对象。

二、课程的性质与设置目的

"建筑施工"是建筑工程技术、建设工程管理、工程造价专业的必设课程，是一门重要的专业课程。一栋建筑物的施工过程，包含了多个分部（子分部）、分项工程（如土方工程、基础工程、砌体工程、混凝土结构工程、装饰装修工程等）。本课程是以各分部分项工程施工为对象，研究其施工工艺原理、施工方法和技术要求，研究最有效地建造房屋的理论、方法和基本规律，因而是相关专业人才培养所必需的重要课程。

设置本课程的目的是使自学应考者通过学习，掌握建筑施工的基本知识、基本原理和基本方法，了解国内外建筑施工领域的新技术和发展动态，了解各主要分部分项工程的施工工艺和国家规范的规定与要求，提高工程素质，形成并提升解决施工技术问题的能力，从而为在将来的工作中运用先进的工艺和技术、选择合理的施工方案和方法、保证工程质量与安全等方面创造条件，同时也为能确定合理的工程造价、进行有效的工程组织与管理打下基础。

三、本课程与其他课程的关系

"建筑施工"是一门专业应用型课程，它要综合运用相关课程（如工程测量、建筑材料、结构力学、房屋建筑学、土力学及地基基础、混凝土及砌体结构等课程）的有关知识，分析、理解或解决施工的技术问题。因此，上述相关课程是本课程的先修课。此外，建筑工程计量与计价课程也与本课程有着密切的关系，是相互配合的课程，它可以与本课程同时学习，以利于加深理解和掌握。

四、课程的特点与学习方法

本课程是一门综合性强、实践性强的专业课。课程内容涉及从基础、主体结构到装饰装修等工程施工的各个方面，知识范围广泛，各章节内容之间既有联系，又有较大区别，有的内容还有相对的独立性。有些章节中叙述性内容较多，自学时，看懂似乎较容易，但要真正理解、掌握与正确应用，又比较困难。对于本课程的这一特点，自学应考者要有足够的认识和应有的重视。

本课程与生产实际联系紧密，很多内容来自工程实践，最终又将服务于工程，因而其实践性很强。在缺乏工程实践的情况下，光啃教材文字是不易学好的。因此，学习时要结合视频演示及相关图片以增强感性认识、加强对课程内容的理解和掌握。同时，最好能结合教材中的相关内容，有意识地就近选择一些典型的建筑工地进行现场参观学习；也可适当搜集网络上的相关视频、动画和图片进行辅助性学习，以理论联系实际、增加感性知识，有助于课程内容的掌握和工程经验的积累。

本课程的重点章为土方工程、混凝土结构工程、结构安装工程三章。自学应考者应先全面系统地学习本教材各章节的内容，在通读教材的基础上，对各章重点内容，尤其对重点章节的重点内容（见自学考试大纲各章"学习目的与要求"中提出要"掌握"的内容），要精读、细读，做到对重点和难点内容真正理解和掌握，并能正确地运用。必须指出：自学应考者应在全面系统学习的基础上，有目的地深入学习、理解和掌握重点内容，切忌仅仅孤立地去抓重点。

在学完每一章节后，尤其是对重点内容应扼要地加以归纳整理，写出读书笔记，以利于复习、巩固。另外要注意两个方面：一是注意"学"与"习"的关系，即在学过某章节内容后应及时完成相关内容的习题作业，通过思考、重复、运用，以利于知识的掌握；二是注意"学以致用"，即在课程学习后，认真完成课程设计、现场实习等实践环节，通过实际应用、检验，加深对所学知识的理解、提高分析和解决问题的能力、提升专业素质。

五、建筑施工的发展

我国是一个历史悠久和文化发达的国家，在建筑及施工技术发展史上有着巨大的成就。秦砖汉瓦、万里长城、古桥古塔、宫殿王陵……，无不体现我国古代劳动人民的智慧和卓越的技术水平。

随着我国的经济发展和大规模建设，近些年来，北京奥运工程、上海世博工程，以及数量居全球首位的高层、超高层建筑和巨型房屋等一大批颇具影响的建筑相继落成，标志着我国施工技术和建造水平的不断提高。如基础埋深达32.5m，独具特色的国家大剧院；1.05×10^4t钢屋盖整体提升、一次到位的首都机场A380机库；体形独特，用钢量达1.29×10^5t的中央电视台总部大楼；每平方米用钢量达0.7t的国家体育场（"鸟巢"）；高度为632m的上海中心大厦、599m的深圳平安金融大厦、530m的广州东塔、528m的北京中国尊等高度超过200m的摩天大楼1200余栋。这些建筑不但体现了我国的综合实力，也反映了施工技术和组织管理达到了较高的水平。

在施工技术方面，我国不但掌握了大型工业设施和高层民用建筑的成

远大15天建30层酒店

套施工技术，而且在地基处理和深基础工程方面推广了如大直径灌注桩、超长灌注桩及打入桩、旋喷或深层搅拌法、深基坑支护、地下连续墙和逆作法等应用技术，在钢筋混凝土工程中新型模板、粗钢筋连接、大体积混凝土浇筑等技术得到迅速发展，在装配式结构、预应力结构、大跨度结构及高耸结构施工和墙体保温、新型防水材料及装饰材料的应用，以及建筑信息模型（BIM）技术、虚拟仿真技术、计算机控制技术、绿色施工与智能建造等方面都有了长足的发展和应用。

但也应看到，在施工技术、工程质量、环境保护、安全与文明施工等方面，我们与世界先进水平还存在差距。随着时代的进步，人们的要求与期望在不断发展，仍需要新一代工程技术人员与管理者努力地追求和探索。

六、施工规范与规程简介

建筑施工课程内容涉及数十本规范、规程。"规范"是由国家建设行政主管部门颁发的、施工中必须执行的一种重要法规，主要包括施工规范和质量验收规范（或标准）两大类。其目的是加强工程的技术管理和统一施工验收标准，以达到提高施工技术水平、保证工程质量和降低工程成本的目的。

沉痛的教训——丰城电厂事故

"规程（规定）"一般由地方行政主管部门、行业协（学）会或重要的科研单位编制，呈报规范的管理单位批准或备案后发布执行。它主要是为了及时推广一些新结构、新材料、新工艺而制订的标准。其要求应不低于规范，内容不能与规范相抵触，如有不同，应以规范为准。

规范按条文的重要性分为"一般性条文"和必须严格执行的"强制性条文"，按质量检查内容的重要程度分为"主控项目"和"一般项目"。在工程设计、施工和质量验收时均应遵守相应的工程技术规范、施工规范和质量验收规范（或标准）。随着施工和设计水平的提高，每隔一定时间，规范会有相应的修订。由于我国幅员辽阔，地质及环境有较大差异，在使用国家规范时还应结合当地的地方规程（规定）。

自2016年以来，为了适应国际技术法规与技术标准通行规则，住房和城乡建设部提出"政府制定强制性标准、社会团体制定自愿采用性标准"的工程建设标准化工作改革，将逐步形成覆盖工程建设领域各类建设工程项目的强制性工程建设规范体系。现已取得较大进展。

强制性工程建设规范包括工程项目类规范（简称项目规范）和通用技术类规范（简称通用规范）。项目规范是以工程建设项目整体为对象，以项目的规模、布局、功能、性能和关键技术措施五大要素为主要内容。通用规范是以实现工程建设项目功能、性能要求的各专业通用技术为对象，以勘察、设计、施工、维修、养护等通用技术要求为主要内容，如《民用建筑通用规范》《建筑与市政地基基础通用规范》《砌体结构通用规范》《混凝土结构通用规范》《施工脚手架通用规范》《建筑与市政工程防水通用规范》等。通用规范全文均为强制性条文，而与其相关的现有专业性规范中所列强制性条文全部作废，仅作为一般性条文使用。

（说明：①教材中未注明的长度单位均为mm。②本教材所附视频与纸质教材编制时间不同，为辅助学习资料；若视频与纸质教材有差异，以纸质教材为准。）

第 1 章

土 方 工 程

知识结构图

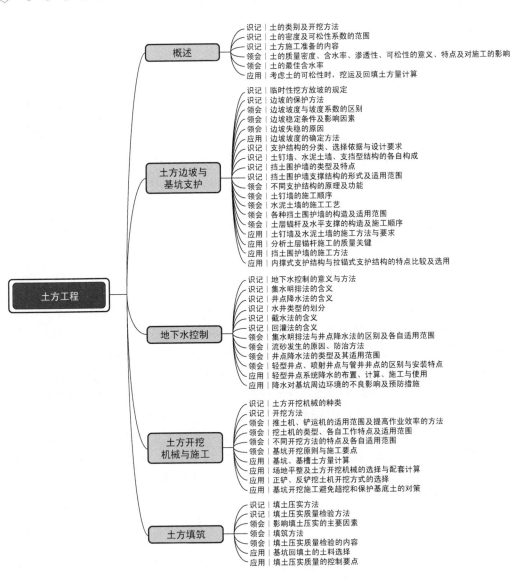

土方工程

概述
- 识记｜土的类别及开挖方法
- 识记｜土的密度及可松性系数的范围
- 识记｜土方施工准备的内容
- 领会｜土的质量密度、含水率、渗透性、可松性的意义、特点及对施工的影响
- 领会｜土的最佳含水率
- 应用｜考虑土的可松性时，挖运及回填土方量计算

土方边坡与基坑支护
- 识记｜临时性挖方放坡的规定
- 识记｜边坡的保护方法
- 领会｜边坡坡度与坡度系数的区别
- 领会｜边坡稳定条件及影响因素
- 领会｜边坡失稳的原因
- 应用｜边坡坡度的确定方法
- 识记｜支护结构的分类、选择依据与设计要求
- 识记｜土钉墙、水泥土墙、支挡型结构的各自构成
- 识记｜挡土围护墙的类型及特点
- 识记｜挡土围护墙支撑结构的形式及适用范围
- 领会｜不同支护结构的原理及功能
- 领会｜土钉墙的施工顺序
- 领会｜水泥土墙的施工工艺
- 领会｜各种挡土围护墙的构造及适用范围
- 领会｜土层锚杆及水平支撑的构造及施工顺序
- 应用｜土钉墙及水泥土墙的施工方法与要求
- 应用｜分析土层锚杆施工的质量关键
- 应用｜挡土围护墙的施工方法
- 应用｜内撑式支护结构与拉锚式支护结构的特点比较及选用

地下水控制
- 识记｜地下水控制的意义与方法
- 识记｜集水明排法的含义
- 识记｜井点降水法的含义
- 识记｜水井类型的划分
- 识记｜截水法的含义
- 识记｜回灌法的含义
- 领会｜集水明排法与井点降水法的区别及各自适用范围
- 领会｜流砂发生的原因、防治方法
- 领会｜井点降水法的类型及其适用范围
- 领会｜轻型井点、喷射井点与管井井点的区别与安装特点
- 应用｜轻型井点系统降水的布置、计算、施工与使用
- 应用｜降水对基坑周边环境的不良影响及预防措施

土方开挖机械与施工
- 识记｜土方开挖机械的种类
- 识记｜开挖方法
- 领会｜推土机、铲运机的适用范围及提高作业效率的方法
- 领会｜挖土机的类型、各自工作特点及适用范围
- 领会｜不同开挖方法的特点及各自适用范围
- 领会｜基坑开挖原则与施工要点
- 应用｜基坑、基槽土方量计算
- 应用｜场地平整及土方开挖机械的选择与配套计算
- 应用｜正铲、反铲挖土机开挖方式的选择
- 应用｜基坑开挖施工避免超挖和保护基底土的对策

土方填筑
- 识记｜填土压实方法
- 识记｜填土压实质量检验方法
- 领会｜影响填土压实的主要因素
- 领会｜填筑方法
- 领会｜填土压实质量检验的内容
- 应用｜基坑回填土的土料选择
- 应用｜填土压实质量的控制要点

土方工程是建筑施工的首项工程。其内容包括场地平整、基坑（槽）开挖、土方填筑等主要分项工程和土方边坡与基坑支护、地下水控制等辅助性分项工程。土方工程具有量大面广、劳动繁重和施工条件复杂等特点，又受气候、水文、地质、地下障碍、周围环境等因素影响较大，不确定因素多，存在较大的危险性。因此在施工前必须做好调查研究，选择合适的施工时期，制定合理的施工方案和可靠的措施，并采用先进的施工方法和机械化施工，以保证工程的质量与安全，获得较好的效益。

1.1 概　　述

1.1.1 土的工程分类及性质

1. 土的工程分类

土石的分类方法较多，按粒径大小分为岩石、碎石土、砂土、粉土、黏性土五种；按开挖的难易程度分为八类（表 1-1）。其中前四类为土，可由人工或机械直接开挖；后四类为岩石，需爆破开挖。

表 1-1　土石的工程分类及性质

类别	土石名称	开挖方法	密度 / (t/m³)	可松性系数	
				K_s	K'_s
一类土（松软土）	砂土，粉土，冲积砂土层，种植土，泥炭（淤泥）	用锹、锄头挖掘	0.6～1.5	1.08～1.17	1.01～1.04
二类土（普通土）	粉质黏土，潮湿的黄土，夹有碎石、卵石的砂，种植土，填筑土和粉土	用锹、锄头挖掘，少许用镐翻松	1.1～1.6	1.14～1.28	1.02～1.05
三类土（坚土）	软及中等密实黏土，重粉质黏土，粗砾石，干黄土及含碎石、卵石的黄土，粉质黏土，压实的填土	主要用镐，少许用锹、锄头，部分用撬棍	1.75～1.9	1.24～1.30	1.04～1.07
四类土（砾砂坚土）	重黏土及含碎石、卵石的黏土，粗卵石，密实的黄土，天然级配砂石，软泥灰岩及蛋白石	主要用镐、撬棍，部分用楔子及大锤	1.9	1.26～1.37	1.06～1.09

续表

类别	土石名称	开挖方法	密度 / (t/m³)	可松性系数	
				K_s	K_s'
五类土（软石）	硬石炭纪黏土，中等密实的页岩、泥灰岩、白垩土，胶结不紧的砾岩，软的石灰岩	用镐或撬棍、大锤，部分用爆破方法	1.1～2.7	1.30～1.45	1.10～1.20
六类土（次坚石）	泥岩，砂岩，砾岩，坚实的页岩、泥灰岩，密实的石灰岩，风化花岗岩、片麻岩	用爆破方法，部分用风镐	2.2～2.9	1.30～1.45	1.10～1.20
七类土（坚石）	大理岩，辉绿岩，玢岩，粗、中粒花岗岩，坚实的白云岩、砾岩、砂岩、片麻岩、石灰岩，有风化痕迹的安山岩、玄武岩	用爆破方法	2.5～3.1	1.30～1.45	1.10～1.20
八类土（特坚石）	安山岩，玄武岩，花岗片麻岩，坚实的细粒花岗岩、闪长岩、石英岩、辉长岩、辉绿岩、玢岩、角闪岩	用爆破方法	2.7～3.3	1.45～1.50	1.20～1.30

2. 土的工程性质

土有多种工程性质，对施工影响较大的是质量密度、含水率、渗透性和可松性。

（1）土的质量密度

土的质量密度分天然密度和干密度。土的天然密度，是指在天然状态下单位体积的质量，用 ρ 表示。土的干密度，是指单位体积土中固体颗粒的质量，用 ρ_d 表示，是检验填土压实质量（密实度）的控制指标。

（2）土的含水率

土的含水率 ω 是土中所含的水与其固体颗粒的质量比，以百分数表示。

$$\omega = \frac{G_湿 - G_干}{G_干} \times 100\% \tag{1-1}$$

式中　$G_湿$——含水状态下土的质量（g）；

　　　$G_干$——烘干后土的质量（g）。

土的含水率包括天然含水率和最佳含水率。最佳含水率是指在压实填土时能够获得最大密实度的含水率。

土的含水率影响土方的施工方法选择、边坡的稳定和回填土的质量，如土的含水率超过25%～30%时，机械化施工就难以进行；土的含水率超过20%时，运土汽车就容易打滑、陷车。而在填土时，要控制土的含水率在最佳范围内（如砂土 8% ～ 12%，黏土 19% ～ 23%）。

（3）土的渗透性

土的渗透性是指土体中水可以渗流的性能，一般以渗透系数 K 表示。从达西地下水流动速度公式 $v=KI$，可以看出渗透系数 K 的物理意义，即：当水力坡度 I（如图 1.1 中水头差 Δh 与渗流距离 L 之比）为 1 时地下水的渗透速度。K 值大小反映了土渗透性的强弱，它与土质紧密相关。如黏土的渗透系数 $K<0.005\text{m/d}$，粉土为 0.1 ～ 1.0m/d，细砂为 5 ～ 10m/d，粗砂为 25 ～ 50m/d，而砾石则为 100 ～ 200m/d。

土层的渗透系数对确定降水方案和计算涌水量，以及确定填土铺填顺序等具有重要意义。

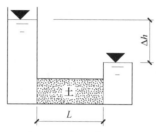

图 1.1　水力坡度示意

（4）土的可松性

土具有可松性，即处于天然状态下的土经开挖后，其体积因松散而增加，后虽经回填压实，仍不能恢复其原来的体积。土的可松性程度用可松性系数表示，即：

$$K_{s} = \frac{V_{2}}{V_{1}} ; \quad K_{s}' = \frac{V_{3}}{V_{1}} \qquad （1\text{-}2）$$

式中　K_{s}——最初可松性系数；

　　　K_{s}'——最终可松性系数；

　　　V_{1}——土在天然状态下的体积（m³）；

　　　V_{2}——土经开挖后的松散体积（m³）；

　　　V_{3}——土经填铺压实后的体积（m³）。

土的可松性对土方量的平衡、调配，确定运土机具数量和堆场面积，以及计算填方所需的挖土、预留土量均有重要意义。土的可松性与土质及其密实度有关，见表 1-1。

【例 1-1】某条形基础施工，基槽开挖深度为 1.2m，槽底宽为 2.0m，边坡坡度为 1：0.5（图 1.2）。地基为粉土，$K_{s}=1.25$，$K_{s}'=1.05$。槽内基础截面面积为 1.5m²。计算 100m 长的基槽挖方量、填方需留松土量和弃土量。

解：　　　挖方量 $V_{1} = \dfrac{2+（2+2\times1.2\times0.5）}{2}\times1.2\times100 = 312$（m³）

填方量 $V_{3}=312-1.5\times100=162$（m³）

填方需留松土量 $V_{2留} = \dfrac{V_3}{K'_s} K_s = \dfrac{162 \times 1.25}{1.05} \approx 192.9$（$m^3$）

弃土量（松散）$V_{2弃} = V_1 K_s - V_{2留} = 312 \times 1.25 - 192.9 = 197.1$（$m^3$）

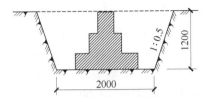

图 1.2　某条形基础基槽与基础剖面图

土方施工的准备工作

土方工程施工前应做好各种准备工作，主要包括：

（1）制订施工方案。根据勘察文件、工程特点及现场条件等，确定场地平整、地下水控制、土壁稳定与支护、开挖顺序与方法、土方调配与存放、回填时间与方法的方案，并绘制施工平面布置图、编制施工进度计划等。

（2）做好现场准备。其中包括清理地面及地下各种障碍，排除地面水，修筑好临时道路及供水、供电等临时设施，设置测量控制网及进行建（构）筑物的定位放线，并做好材料、机具、物资及人员的准备工作等。

1.2　土方边坡与基坑支护

保证土壁稳定是土方工程的关键。土壁稳定主要是依靠土体内颗粒间的内摩擦力和黏聚力所构成的抗剪力 C，来平衡外荷载 P、q 及土体重力 G 所产生的下滑力 T（图 1.3）。一旦在外力作用下失去平衡，土壁就会坍塌或滑坡，不仅妨碍土方及基础、地下结构的施工，还可能危及附近建筑物、道路及地下管线的安全，甚至造成伤亡事故。为了保证土壁稳定，对一定高度的土壁常要保留一定的斜面，这个斜面被称为土方边坡。当地质条件较差或因周围环境限制而不放坡时，则应设置支护结构。

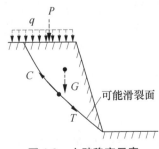

图 1.3　土壁稳定示意

1.2.1 土方边坡

1. 边坡稳定条件及影响因素

边坡稳定条件是在土体的重力及外荷载作用下所产生的下滑力小于土体的抗剪力（图1.3），即$T<C$，使得滑裂面处土体所受的剪应力小于土体的抗剪强度。土体的下滑力T，主要由下滑土体重力的分力构成，它受坡上荷载、含水率、静水及动水压力的影响。而土体的抗剪力C则主要由土质决定，且受气候、含水率及动水压力的影响。因此，在确定土方边坡坡度时应考虑土质、挖方深度或填方高度、边坡留置时间、排水情况、边坡上的荷载情况以及土方施工方法等因素。

2. 放坡与护面

1）坡度表示

坡度常用 1：m 表示（图1.4），其物理意义为：

$$边坡坡度 = \frac{H}{B} = \frac{1}{B/H} = 1 ： m \tag{1-3}$$

式中 m——坡度系数。当边坡高度H为已知时，边坡宽度B则等于mH。

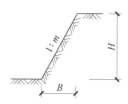

图1.4 边坡坡度示意

2）边坡形式

土方边坡常用形式如图1.4所示。当土层类别不同或考虑施工需要，边坡也可做成折线形或阶梯形，如图1.5所示。

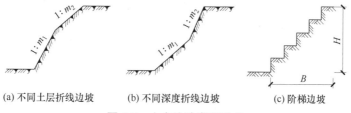

(a) 不同土层折线边坡   (b) 不同深度折线边坡   (c) 阶梯边坡

图1.5 土方边坡常用形式

3）坡度的确定

对土质均匀、开挖范围内无地下水、土的含水率正常且施工期很短的挖方，可垂直下挖、不做边坡且不加设支护的深度限制：较密实的砂土为1m、粉土或粉质黏土为1.25m、黏土或碎石土为1.5m、坚硬黏土为2.0m。

临时性挖方边坡坡度应根据工程地质和开挖深度，并结合当地同类土的稳定坡度来确定。当地质条件良好、土质均匀，高度在 3m 以内的临时性挖方边坡宜按表 1-2 规定放坡。

表 1-2　临时性挖方边坡坡度

土　的　类　别		边　坡　坡　度
砂土	不包括细砂、粉砂	1 : 1.50 ～ 1 : 1.25
一般黏性土	坚　硬	1 : 1.00 ～ 1 : 0.75
	硬　塑	1 : 1.25 ～ 1 : 1.00
碎石类土	密实、中密	1 : 1.00 ～ 1 : 0.50
	稍密	1 : 1.50 ～ 1 : 1.00

对于深度较大或留置时间较长的挖、填方边坡，则应进行设计计算，按设计要求施工。

4）边坡的失稳与保护

在一般情况下，土方边坡失稳、发生滑动，其主要原因是土质及外界因素的影响，使土体的抗剪强度降低或剪应力增加所致。引起抗剪强度降低的原因有：因风化、气候使土质变松；黏土中的夹层浸水而产生润滑作用；细砂土、粉砂土因振动而液化；等等。引起剪应力增加的原因有：坡顶堆放重物或存在动载；雨水、地面水浸入或污水管线渗漏使土的含水率提高而增加了土体自重；水的渗流而产生动水压力；等等。因此施工中应注意防范。

当边坡留置的时间较长或气候不利时，应做好边坡保护。常用方法有：覆盖法、挂网法、挂网抹面或喷射混凝土法、砂袋或打木桩钉挡土板压挡坡脚法等。

1.2.2 基坑支护

基坑开挖与
网喷护坡

开挖基坑时，如地质条件及周围环境许可，采用放坡开挖较为经济。但当在建筑稠密地区施工、基坑深度较大、放坡不能保证安全或现场无放坡条件时，就需要采取支护措施。

基坑支护必须能够保证基坑周边建（构）筑物、地下管线及道路的安全和正常使用，并保证地下部位施工对空间的要求。设计支护结构时，应按其破坏后果的严重程度确定其安全等级（分一、二、三级），从而采取相应的支护结构形式。对于支护结构安全等级为一级、二级的基坑工程，应对支护结构变形及基坑周边土体的变形进行计算，并应进行周边环境影响的分析评价；在基坑开挖过程与支护结构使用期内，必须进行支护结构的水平位移监测和基坑开挖影响范围内建（构）筑物、地面的沉降监测。

常用基坑支护结构按作用原理分为稳定型（如土钉墙）、重力型（如水泥土墙）、支挡型结构三大类。选择支护结构时，应依据土的性状及地下水条件、基坑深度及周边环境、地下结构或基础的形式及施工方法、基坑平面形状及尺寸、场地条件和工期，以及经济效益、环保要求等综合考虑。

1. 土钉墙

土钉墙是由随基坑分层开挖时在侧壁上设置的密布土钉群、喷射混凝土墙面板及原位土体所组成的复合式支护结构。它能有效提高边坡的稳定性，增强土体破坏的延性，对边坡起到加固和保护作用。由于施工简单、造价较低，近些年来得到广泛应用。

1）构造要求

土钉墙支护构造如图 1.6、图 1.7 所示，墙面的坡度不宜大于 1∶0.2。土钉是在土壁钻孔后插入钢筋、注入水泥浆或水泥砂浆而形成的。对难以成孔的砂、填土等，也可打入带有压浆孔的钢管，即经压浆而形成"管锚"。土钉长度宜为基坑深度的 0.5～1.2 倍，竖向及水平间距宜为 1～2m，且呈梅花形布置，与水平面夹角宜为 5°～20°。土钉钻孔直径宜为 70～120mm，插筋宜采用直径 16～32mm 的带肋钢筋，注浆强度不得低于 20MPa。墙面板由喷射 80～100mm 厚 C20 以上混凝土形成，墙面板内应配置直径 6～10mm、间距 150～250mm 的钢筋网。为使混凝土墙面板与土钉有效连接，应设置承压板或直径 14～20mm 的加强钢筋，与土钉钢筋焊接并压住钢筋网。在土钉墙的顶部，墙体应向平面延伸不少于 1m，并在坡顶和坡脚设挡、排水设施，坡面上可根据具体情况设置泄水管，以防墙面板后部积水。

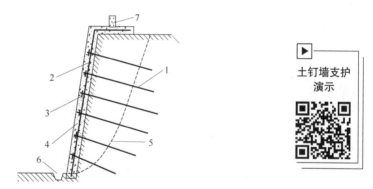

土钉墙支护演示

1—土钉；2—钢筋网；3—垫板或加强钢筋；4—混凝土墙面板；5—可能滑坡面；6—排水沟；7—挡水台。

图 1.6　土钉墙支护剖面构造

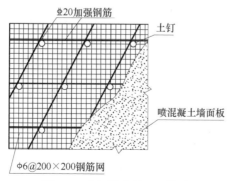

图 1.7　土钉墙支护立面构造

2）土钉墙的施工

土钉墙的施工顺序为：按设计要求自上而下分段分层开挖工作面，修整坡面→钻土成孔→插入土钉钢筋→土钉注浆→绑扎钢筋网→安装加强筋并与土钉钢筋焊接→喷射混凝土墙面板，并设置坡顶、坡面和坡脚的排水系统。若土质较差，可在修整后的坡面先喷一层混凝土再进行土钉施工。施工要点如下。

（1）开挖工作面。基坑开挖应按设计要求分层分段进行，每层开挖高度由土钉的竖向间距确定，挖至土钉以下不大于0.5m；每段长度按土体能维持不塌的自稳时间和保证施工流程相互衔接要求而定，一般可取10～20m。每层每段开挖后24h（淤泥质土12h）内应完成土钉墙施工。上层土钉注浆完成48h以后方可进行下一层土方的开挖。

（2）钻土成孔。当孔深小于6m时可用洛阳铲等人工凿挖，孔深大于等于6m时则需用螺旋钻、冲击钻或工程钻等机械钻孔；孔径和倾角应符合设计要求；成孔的允许偏差为：孔位50mm，孔径±15mm，倾斜角±2°，孔深为土钉钢筋长度加300mm。

（3）插入土钉钢筋。土钉钢筋应设置对中定位支架再插入孔内。支架常采用$\phi6$～$\phi8$钢筋弯成船形与土钉钢筋焊接，每2～3m设置一点，每点3个，互成120°角。注浆管应与土钉钢筋虚扎，并同时插入土钉孔，以利于注浆饱满和顺利拔出。

（4）土钉注浆。土钉注浆应采用两次注浆工艺。第一次灌注水泥砂浆，注浆量不小于钻孔体积的1.2倍，待其初凝后方可进行二次注浆。第二次压注纯水泥浆，注浆量为第一次的30%～40%，注满后，应堵塞孔口并维持压力2min。拌制注浆的浆液宜采用普通硅酸盐水泥，水灰比宜为0.4～0.5，并掺加水泥用量的0.035%的早强剂。水泥砂浆的配合比宜为1:3～1:2。浆体应拌和均匀，随拌随用，并在初凝前用完。注浆时，应使浆液由孔底向孔口流动，拔管时要保证管口始终埋在浆液内。注浆完成后孔口要及时封闭。

（5）绑扎钢筋网和加强钢筋。墙面板中的钢筋网宜先喷射一层混凝土后再铺设。钢筋网与土层坡面净距应大于20mm，钢筋网搭接长度应不小于300mm。采用双层钢筋网时，第二层钢筋网应在第一层钢筋网被混凝土覆盖后铺设。钢筋网用插入土壁中的钢筋固定，并与加强钢筋绑扎或焊接牢固，喷射混凝土时不得晃动。

（6）喷射混凝土墙面板。喷射混凝土优先选用不低于32.5MPa的普通硅酸盐水泥，石子粒径不大于15mm，水泥与砂石的质量比宜为1:4.5～1:4，砂率宜为45%～55%，水灰比为0.40～0.45。喷射作业应分段进行，同一分段内喷射顺序应自下而上，一次喷射厚度宜为30～80mm。喷射混凝土时，喷头与受喷面应保持垂直，距离宜为0.8～1.0m。喷射混凝土的回弹率不应大于15%；喷射表面应平整，呈湿润光泽，无干斑、流淌现象。混凝土终凝2h后，应喷水养护3～7d。

3）特点与适用范围

土钉墙支护具有构造简单、施工方便、速度快、节省材料、费用较低等优点。其适用于淤泥质土、黏土、粉土、砂土等土质，且无地下水、开挖深度在12m以内的基坑。

当基坑较深、开挖时稳定性差、需要挡水时，可加设锚杆、微型桩、水泥土墙等而构成复合式土钉墙。

2. 水泥土墙

水泥土墙是通过沉入地下设备将喷入的水泥与土进行掺和，形成柱状的水泥土桩并相互搭接而成。靠其自重和刚度进行挡土护壁，且具有截水功能。

1）构造要求

水泥土墙的平面布置多采用连续式和格栅式（图 1.8）。当采用格栅式时，水泥土的置换率（水泥土面积与格栅总面积的百分比）为 60% ～ 80%，格栅内侧的长宽比不宜大于 2。在软土地区，当基坑开挖深度 $h \leqslant 5m$ 时，可据土质情况，取墙体宽度 $B=(0.6 \sim 0.8)h$，嵌入基底以下的深度 $h_d=(0.8 \sim 1.3)h$。水泥土桩之间的搭接宽度不宜小于 200mm。水泥土墙的顶面宜设置厚度不小于 200mm 的 C25 混凝土连续面板。

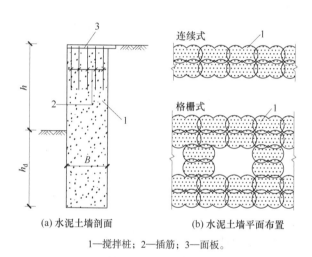

(a) 水泥土墙剖面　　　　(b) 水泥土墙平面布置

1—搅拌桩；2—插筋；3—面板。

图 1.8　双轴搅拌水泥土墙的一般构造

水泥土的水泥掺入比依土质而定，一般为 12% ～ 20%，宜采用不低于 32.5 级的普通硅酸盐水泥，可掺外加剂改善水泥土的性能和提高早期强度。

2）水泥土墙的施工

水泥土墙常采用深层搅拌或旋喷等方法成墙。深层搅拌法常用双轴或三轴搅拌机和注浆设备作业，其施工工艺分为一喷二搅（一次喷浆、二次搅拌）或二喷三搅，当水泥掺入比较小、土质较松时可用前者，反之用后者。一喷二搅的施工流程如图 1.9 所示。当采用二喷三搅工艺时，可在图示 e 步骤时再次注浆，之后再重复 d 和 e 步骤。施工要点如下。

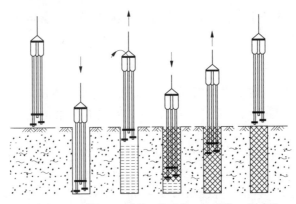

(a) 定位　(b) 预搅　(c) 提升　(d) 重复　(e) 重复　(f) 成桩
　　　　　　下沉　喷浆搅拌　下沉搅拌　提升搅拌　结束

图 1.9　一喷二搅的施工流程

（1）施工前，应进行成桩工艺及水泥掺入量或水泥浆的配合比试验，以确定相应的水泥掺入比和水泥浆水灰比。

（2）施工中应控制水泥浆喷射速率与提升速度的关系，保证每根桩的水泥浆喷注量和均匀性，以满足桩身强度。搅拌时提升速度不应大于 0.8m/min。

（3）为保证水泥土墙连接可靠，顶部插筋应在成桩后 16h 内施工完毕；相邻桩施工的间隔时间应不大于 24h。施工始末的头尾搭接处，应采取加强措施，消除搭接沟缝。

（4）墙体水泥土应达到 70% 设计强度或成桩 14d 后，方能进行基坑开挖。

3）特点与适用范围

水泥土墙支护具有挡土、截水双重功能，坑内无支撑，便于机械化挖土作业。施工机具较简单，成桩速度快，造价较低。但相对位移较大，当基坑长度大时，要采取中间加墩、起拱等措施，以减少位移。

水泥土墙适用于淤泥、淤泥质土、素填土、粉土、无流动地下水的砂土、软塑黏性土等土体，基坑开挖深度不大于 6m 且基坑周边环境对变形要求不高的支护工程。

3. 支挡型结构

支挡型结构是以挡土围护墙或再加设锚杆、支撑等形成的支护结构。它主要是依靠支护结构本身来抵抗坑壁土体下滑并限制其变形。该种支护结构种类较多，属于非重力型支护结构。挡土围护墙按有无截水功能，分为透水式和止水式两类。

1）挡土围护墙的形式

（1）钢板桩围护墙。

钢板桩的截面形状有 U 形、Z 形（图 1.10）及多种组合形式，由带锁口或钳口的热轧型钢制成。钢板桩互相联结地打入地下，形成连续钢板桩墙，既能起到挡土围护的作用，又能起到截水帷幕的作用，可作为坑壁支护、防水围堰等。它打设方便，水平承载力较大，可重复使用，有较好的经济效益。但其刚度较小，沉桩时易产生噪声。

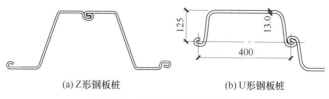

125	13.0
	400

(a) Z形钢板桩   (b) U形钢板桩

图 1.10   常用钢板桩截面形式

钢板桩围护墙的常用支撑形式有悬臂式和锚撑式。悬臂式是依靠入土部分的土压力维持其稳定，悬臂长度不得大于 5m。锚撑式是在板桩中上部用锚杆、拉锚或内部支撑加以固定，以提高其支护能力，可用于 5 ～ 10m 深的基坑。

钢板桩沉入时应在两侧设置导架，以固定桩位和保证垂直度。常采用液压插板机、振动锤或打桩机等沉桩；当邻近建（构）筑物及地下管线时，应采用静力压桩法施工。

（2）型钢水泥土墙。

型钢水泥土墙是在水泥土墙内插入型钢而成的复合挡土止水结构（图 1.11）。型钢承受土的侧压力，而水泥土具有良好的抗渗性能，因此型钢水泥土墙具有挡土与止水的双重作用。其特点是构造简单，止水性能好，工期短，造价低（型钢可回收），环境污染小。

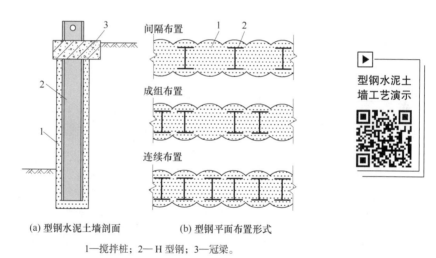

间隔布置

成组布置

连续布置

型钢水泥土墙工艺演示

(a) 型钢水泥土墙剖面   (b) 型钢平面布置形式

1—搅拌桩；2— H 型钢；3—冠梁。

图 1.11   型钢水泥土墙构造

水泥土墙厚度一般为 650 ～ 1000mm，水泥土的抗压强度不低于 0.5MPa，内部插入 H500mm×200mm ～ H850mm×300mm 的 H 型钢。水泥土墙底部应深于型钢 0.5 ～ 1m。顶部浇筑钢筋混凝土冠梁，其截面高度不小于 600mm，宽度较墙厚大 350mm 以上。

水泥土墙可采用搅拌、铣削等方法施工。搅拌法宜采用三轴搅拌设备，常采取跳打或单侧挤压方式保证足够搭接，以提高防渗效果。施工中，搅拌下沉和搅拌提升过程中均应注入水灰比为 1.5 ～ 2 的水泥浆液，并控制下沉速度不大于 1m/min、提升速度不大于 2m/min，并保持匀速。在桩底部需多次搅拌注浆予以加强。型钢应在搅拌桩施工结束后 30min 内靠自重下插至设计标高。型钢顶部需露出冠梁不少于 500mm。型钢插入前应在表面涂刷减摩材料，与冠梁接触部分还需设置泡沫塑料片等硬质隔离材料，以利于拔出回收。型钢拔出后的空隙应及时注浆填充。

型钢水泥土墙适用于填土、淤泥质土、黏性土、粉土、砂土、饱和黄土等地层，深度为 8～10m，甚至更深的基坑支护。

（3）混凝土排桩围护墙。

混凝土排桩围护墙常用钻孔灌注桩、挖孔灌注桩等，在基坑开挖前设置于基坑周边形成桩排，并通过顶部浇筑的冠梁等相互联系而成。混凝土排桩围护墙挡土能力强，适用范围广。

混凝土排桩围护墙的灌注桩常用机械成孔，而后下放钢筋笼、灌注混凝土成桩（螺旋钻机钻孔可用压灌混凝土后插筋法），平面排列形式有间隔式、连续式、交错式和咬合式等 [图 1.12（a）（b）]。

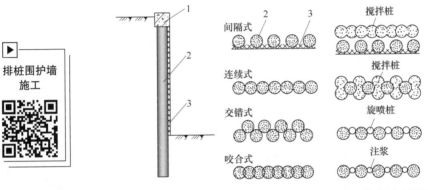

排桩围护墙施工

(a) 混凝土排桩围护墙剖面　(b) 灌注桩平面排列形式 (c) 间隔排列的止水措施

1—冠梁（连梁）；2—灌注桩；3—钢丝网混凝土护面。

图 1.12　混凝土排桩围护墙构造

间隔式设置时，桩间土起土拱作用将土压力传到桩上。为防止表土塌落，应在桩间表面铺钉钢筋网或钢丝网，并喷射不小于 50mm 厚的 C20 混凝土进行防护。

灌注桩间距、桩径、桩长、埋深及配筋等，应根据基坑开挖深度、土质、地下水位高度以及所承受的土压力经计算确定。常用桩径为 800～1500mm，桩的中心距不宜大于桩径的 2 倍。桩身混凝土强度等级不低于 C25。钢筋笼纵向受力钢筋一般不少于 8 根；箍筋做成螺旋状，间距为 100～200mm；每 1～2m 在钢筋笼内部设置一道焊接加强箍，以增加其刚度，利于成型和起吊绑扎。纵向钢筋的保护层厚度应不小于 35mm，水下灌注混凝土时不小于 50mm。冠梁的宽度不得小于桩径，高度不小于桩径的 0.6 倍，并按需配筋。桩的施工方法见第 2 章。

为防止塌孔和影响桩体质量，灌注桩排桩应采用间隔成桩的施工顺序，间隔距离应大于 4 倍桩径，或施工时间间隔大于 36h。

混凝土排桩围护墙具有刚度较大、抗弯强度高、变形较小、安全度高、施工方便、噪声小、振动小等优点。但一次性投资较大，桩不能回收利用；间隔设置无止水功能，必要时，应通过搅拌、旋喷的水泥土桩或注浆等止水措施予以封闭［图 1.12（c）］。

混凝土排桩围护墙适于黏性土、砂土，开挖面积较大、深度大于 6m 的基坑，以及邻近有建筑物，不允许附近地基有较大下沉、位移时采用。土质较好时，外露悬臂高度可达到 7～8m；设置支撑或锚杆时，可用于 10～30m 或更深基坑的支护。

（4）地下连续墙。

地下连续墙是在待开挖的基坑周围，修筑一圈厚度 600mm 以上连续的钢筋混凝土墙体，以满足基坑开挖及地下施工过程中的挡土、截水、防渗要求，还可用于逆作法施工。其特点是刚度大、整体性好、施工无振动且噪声低，但工艺、技术复杂，费用高，常作为地下结构的一部分以降低造价。地下连续墙适用于黏土、砂砾石土、软土等多种地质条件，地下水位高、施工场地较小且周围环境限制严格的深基坑工程。

地下连续墙的主要施工过程（图 1.13），是在设计位置墙体的两侧先修筑导墙、灌注泥浆，在泥浆护壁条件下分单元槽段进行开挖、清渣、吊入接头构件及钢筋笼（或钢筋笼与接头构件的结合体）、插入导管并进行水下灌注混凝土，再间隔施工下一个单元槽段。槽段接头采用接头管法时，应待混凝土初凝后将管拔出。待临近两个槽段的混凝土具有足够强度后，施作其间的连接槽段，直至形成整体闭合的连续墙体。

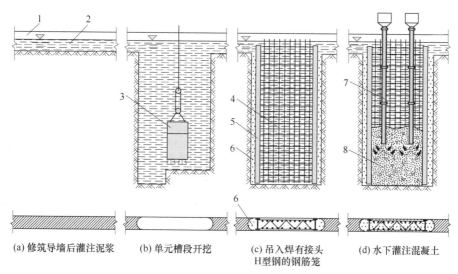

(a) 修筑导墙后灌注泥浆　(b) 单元槽段开挖　(c) 吊入焊有接头　(d) 水下灌注混凝土
　　　　　　　　　　　　　　　　　　　　H型钢的钢筋笼

1—导墙；2—泥浆；3—成槽机；4—钢筋笼；5—H 型钢接头；
6—充填苯板及沙包；7—导管；8—灌注的混凝土。

图 1.13　地下连续墙施工过程示意

导墙常用现浇钢筋混凝土结构，厚度不小于 200mm，高度不少于 1.2m 且进入原状土，每侧形状有"Γ"形或"⊏"形，顶面高于施工地面 100mm、高于地下水位 0.5m 以上，外侧应用黏性土填实。导墙具有为连续墙定位、为挖槽导向、保护槽壁、存蓄泥浆等作用。两侧导墙的间距，应为地下连续墙的厚度再加 40mm 的施工余量。

地下连续墙单元槽段长度宜为 4～6m。常用的挖槽设备有液压抓槽机、导杆式抓斗、铣槽机和多头钻等。挖槽需在泥浆护壁下进行（图1.14），泥浆最好使用膨润土，亦可就地取用黏土造浆。为增强泥浆的效能，可加入加重剂、增黏剂、防漏剂、分散剂等掺合物。槽内泥浆面应不低于导墙面0.3m，且始终高于地下水位0.5m以上。

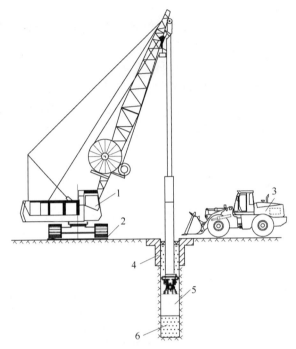

1—成槽机；2—钢跑板；3—装载机；4—导墙；5—液压抓斗；6—墙槽。

图1.14　墙槽开挖剖面示意

挖至设计标高后，应及时清刷相邻段混凝土的端面，再采用泵吸法清底并进行泥浆置换，至泥浆相对密度在1.15以下、沉渣厚度不大于100mm为止。清槽后尽快下放钢筋笼、浇筑混凝土，以防槽壁坍塌。永久性结构的地下墙，在钢筋笼沉放后，应做二次清底。混凝土强度等级应不低于C30，坍落度宜为200（±20）mm，并应富有黏性和良好的流动性。基坑外侧的纵向受力钢筋的混凝土保护层厚度不应小于70mm。水下浇筑应采用导管法，使混凝土从底部开始不断上升而排出泥浆。一个单元槽段至少设置2根导管，同时等速浇筑，且浇筑上升速度不小于3m/h。混凝土需超浇30～50cm高度，以便凿去浮浆层后，墙顶标高满足设计要求。

2）挡土围护墙的支撑结构

（1）挡土围护墙的支撑形式。

挡土围护墙的支撑形式，按构造特点可分为悬臂（自立）式、竖向斜撑式、拉锚式、锚杆式、水平支撑式五种（图1.15）。

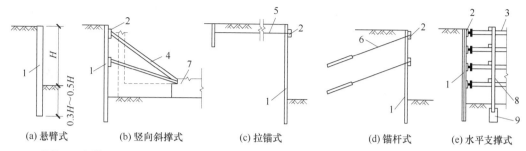

(a) 悬臂式　　(b) 竖向斜撑式　　(c) 拉锚式　　(d) 锚杆式　　(e) 水平支撑式

1—挡墙；2—围檩（连梁）；3—支撑；4—斜撑；5—拉锚；6—锚杆；7—先施工的基础；8—支承柱；9—灌注桩。

图 1.15　挡土围护墙的支撑形式

① 悬臂（自立）式。

该形式的挡土围护墙不设支撑或拉锚，主要通过下部嵌固以抵抗土的推力，故所需埋深大；且墙体承受的弯矩、剪力较大且集中，承载能力差，易变形，不适用于过深的基坑。

② 竖向斜撑式。

竖向斜撑式的挡土围护墙受力较合理，但围护墙根部的土需滞后开挖，对基础及地下结构施工有一定影响，并需注意做好后期的换撑工作。其适用于土质较差、面积大的基坑。

③ 拉锚式。

拉锚式支撑结构由拉杆和锚桩组成，抗拉能力强，围护墙位移小、受力较合理；锚桩长度一般不少于基坑深度的 0.3 ～ 0.5 倍，其打设位置应距基坑有足够远的距离，因此需有宽裕的场地。由于拉锚只能在地面附近设置一道，故基坑深度不宜超过 12m。

④ 锚杆式。

锚杆式支撑结构具有较强的锚拉能力，且可依据基坑深度随开挖设置多道，常施加预应力，能提高土壁的稳定性，减少围护墙的位移和变形，同时不影响基坑开挖和基础施工，费用较低。该支撑形式常用于土质较好且周围无障碍的基坑支护结构中，多道设置时基坑深度可超过 30m。

⑤ 水平支撑式。

水平支撑是设置在基坑内的由钢或混凝土组成的支撑部件，可依据基坑深度随开挖设置多道。其刚度大、支承能力强、安全可靠，易于控制围护墙的位移和变形。但该形式会给坑内挖土和地下结构施工带来不便，且需随地下结构施工进行换撑作业，费用也较高。该支撑形式适用于深度较大，周围环境不允许设置锚杆或软土地区的深基坑支护结构。

（2）常用撑锚的构造与施工。

① 土层锚杆。

土层锚杆由设置在钻孔内的拉杆、锚固体和外锚头组成，拉杆一端埋入稳定土层中的锚固体内，另一端通过冠梁或腰梁与挡土围护墙相连。土层锚杆按使用年限，可分为临时性和永久性锚杆；按锚固体受力状态

土层锚杆施工演示

分为拉力型和压力型（可回收钢绞线拉杆）锚杆，按施工方式分为钻孔灌浆式和自钻式锚杆。

A. 土层锚杆的构造。

土层锚杆（图 1.16）由锚头、拉杆和锚固体组成。锚头由锚具、承压板和台座组成；拉杆采用钢绞线或钢筋制成；锚固体是由水泥浆或水泥砂浆将拉杆与土体连接成一体的抗拔构件。

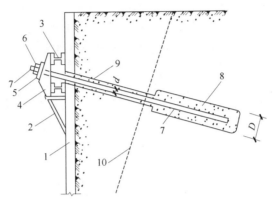

1—挡墙；2—承托支架；3—腰梁；4—台座；5—承压板；6—锚具；7—拉杆；
8—水泥浆或砂浆锚固体；9—非锚固段；10—滑动面；D—锚固体直径；d—拉杆直径。

图 1.16　土层锚杆构造

锚杆以土的主动滑动面为界，分为非锚固段（自由段）和锚固段。非锚固段处在可能滑动的不稳定土层中，可以自由伸缩，其作用是将锚头所承受的荷载传递到主动滑动面外的锚固段。锚固段处在稳定土层中，与周围土层牢固结合，将荷载分散到稳定土体中去。非锚固段长度不宜小于 5m，且进入稳定土层不少于 1.5m。锚固段不应设置在未经处理的软弱土层、不稳定土层和不良地质作用地段。

锚杆的埋深要使锚杆的覆土厚度不小于 4m，以避免地面出现隆起现象。锚杆上下层间距不宜小于 2m，水平间距不宜小于 1.5m，避免产生群锚效应而降低承载力。锚杆的倾角宜为 15°～ 25°，不应大于 45°，也不小于 10°，应根据地层结构确定，使其锚固体处于较好的土层中。锚杆钻孔直径一般为 100～ 150mm。

B. 土层锚杆的施工。

咬合桩帷幕墙锚杆演示

土层锚杆施工需在挡土围护墙施工完成、土方开挖过程中进行。当每层土挖至土层锚杆标高后，施工该层锚杆，待预应力张拉后再挖下层土，如此反复，逐层向下设置，直至完成。

土层锚杆的施工程序为：土方开挖→放线定位→钻孔→清孔→插钢筋（或钢绞线）及注浆管→压力注浆→养护→安放横梁→张拉→锚固。

土层锚杆的成孔方法主要有套管跟进护壁成孔、螺旋钻杆干成孔、浆液护壁成孔等。套管法施工对土体扰动及对环境影响小，孔壁稳定，锚杆承载力高，适应土层广。施工时，钻孔的位置、直径、角度应符合设计要求，深度应大于锚杆设计长度 300～ 500mm。

拉杆插入孔洞前，应沿拉杆全长设置对中隔离架，间距不大于2m，使各根拉杆相互分离、注浆管居中，且保证钢绞线的浆体保护层厚度不小于10mm。拉杆的自由段应涂润滑油或防腐漆，外设隔离套管。

压力注浆是土层锚杆施工的重要工序，分一次常压注浆和二次压力注浆。一次常压注浆可采用水灰比0.5～0.55的水泥浆或灰砂比0.5～1、水灰比0.4～0.45的水泥砂浆，浆内常掺入早强和微膨胀型外加剂，通过重力填满锚杆孔。对软弱、复杂地层宜采用二次压力注浆，随插筋应同时插入排气管和两根注浆管，其中二次注浆管应在锚杆末端1/4～1/3锚固段长度范围内，每0.5～0.8m设置一道注浆孔（每道2个孔），并有止逆构造。第一次灌注宜为水泥砂浆，注浆压力0.4～0.6MPa，孔口溢浆后用止浆塞堵实，稳压5min后拔出注浆管。第二次压注水泥浆，应待第一次注浆初凝后进行，注浆压力2～3MPa，至孔口溢出浆液或排气管不再排气时停止。二次压力注浆能扩大锚固体直径、提高周围地层的力学性能、增加锚固能力。

锚杆钻孔及插筋

预应力锚杆张拉锚固，应在锚固段浆体强度大于15MPa且达到设计强度等级的75%后方可进行。张拉顺序应考虑对邻近锚杆的影响，采取分级加载，取设计拉力值的10%～20%预张拉1～2次，使各部位接触紧密，锚筋平直，再张拉至设计拉力值的1.05～1.1倍并保持10～15min后，卸荷至设计锁定值锁定。

② 水平支撑。

水平支撑一般指坑内水平支撑，是由挡土构件的冠梁或周边围檩（横档）、内部水平支撑及支撑柱等组成的内撑式支撑结构。其平面布置形式由基坑的开挖深度、平面形状及尺寸、周围环境保护要求、地下结构的形式及施工程序、土方开挖的顺序和方法而定，常用形式如图1.17所示。具体结构构造应通过设计计算确定。

混凝土支撑与钢支撑

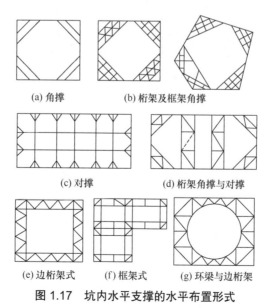

(a) 角撑　　(b) 桁架及框架角撑

(c) 对撑　　(d) 桁架角撑与对撑

(e) 边桁架式　(f) 框架式　(g) 环梁与边桁架

图1.17 坑内水平支撑的水平布置形式

A. 水平支撑的构造。

水平支撑杆件常采用 H 型钢、钢管或钢筋混凝土制作。钢支撑主要用于对撑、角撑等形式，具有质量轻、强度高、稳定性好、可施加预应力、施工速度快和能重复使用等特点。常用钢管有壁厚为 12 ~ 16mm、直径为 609mm、580mm、406mm 等规格，H 型钢有焊接或轧制成型等形式。混凝土支撑一般在现场浇筑，除可用于对撑、角撑外，还可构成框架式、桁架式、环形式及组合式支撑等多种形式，具有设计灵活（能形成较大的挖土、运输空间）、整体性好、可靠度高、节点易处理等优点，但也存在施工工序多、需待混凝土达到设计强度后方可开挖其下部的土方、使用后需进行机械或爆破拆除等缺点。

支撑柱是用以承托内部水平支撑并保证其抗压能力的重要设施，常采用型钢或格构式钢柱，并以大直径灌注桩作为基础。支撑柱应提前设置，其位置应在纵横向支撑的交点或桁架支撑的节点处，并避开主体结构梁、柱及承重墙的位置。支撑柱的间距不宜超过 15m。

B. 水平支撑的施工。

水平支撑是在挡土构件施工后，在基坑内开始设置，并随基坑开挖向下逐道加设。最上层水平支撑可与挡土构件的冠梁结合，最低不得低于自然地面以下 3m；中间层水平支撑应与上下层对正，层距不宜小于 3m；最下层水平支撑在不影响基础底板施工的前提下尽量降低。施工中，必须保证先撑后挖，且在支撑能力足够后再向下开挖。

1.3　地下水控制

在土方开挖过程中，当基坑底面标高低于地下水位时，由于土的含水层被切断，地下水会不断渗入坑内。如果未采取截水、降水措施或及时排走流入坑内的地下水，不但会使施工条件恶化，还会造成边坡塌方和地基承载能力下降；在降低地下水位时，也可能引起周围地面及建筑物沉降而造成隐患。因此，在基坑土方开挖和基础施工过程中，必须通过排水、降水、截水、回灌等方法控制地下水。

1.3.1　集水明排法

集水明排法是在基坑开挖过程中，沿坑底四周或中央开挖排水沟，并在基坑边角处设置集水井的方法，从而将水汇入集水井内，用水泵抽走（图 1.18）。在开挖疏干土层的同时，加深和调整沟、井，直至开挖完成。开挖结束后，保留明沟或填碎石而形成盲沟，继续排水。

集水明排法演示

1. 排水沟的设置

排水沟底宽应不少于 0.3m，沟底设有 0.3% 的纵坡，使水流不致阻塞。在开挖阶段，排水沟深度应始终保持比挖土面低 0.3 ~ 0.6m；在基础施工阶段，排水沟距边坡坡脚及拟建基础均不小于 0.4m，并适当保护和清理，以保证排水畅通。

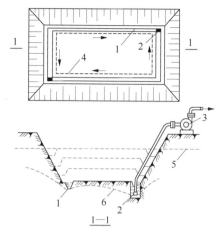

1—排水沟；2—集水井；3—离心泵；4—基础边线；5—原地下水位线；6—降低后地下水位线。

图 1.18　集水明排法示意

2. 集水井的设置

集水井应设置在基础范围以外的边角处。集水井的间距应根据水量大小、基坑平面形状及水泵能力确定，一般为 30 ～ 40m。集水井的直径一般为 0.6 ～ 0.8m。其深度要随着挖土的加深而加深，保持井底低于挖土面 0.8 ～ 1m。井壁可用木板、钢筋笼或砖砌等做简易加固。当基坑挖至设计标高后，井底应低于基坑底 1m，并铺设碎石滤水层，以防止扰动井底土。

3. 排水设备的选用

排水设备主要为离心泵、潜水泵和泥浆泵等。离心泵的安装位置要合理，其最大吸水扬程一般为 3.5 ～ 8.5m。潜水泵应完全浸在水中，泵体小、重量轻，具有移动方便、安装简单和开泵时不需引水等优点，因此，在基坑排水及管井井点降水中常被采用。泥浆泵耐堵塞、耐磨损能力较强，有潜水和在水面作业等种类。水泵的排水量宜为基坑涌水量的 1.5 ～ 2 倍。

4. 特点及适用范围

集水明排法设备简单、费用较低，可用于放坡开挖基坑的排水和降水。但当土层为细砂和粉砂时，地下水渗流会带走细粒，易导致边坡坍塌或流砂现象；当地下水位较高且基底为黏土层时，易引起基底隆起。故该方法仅适用于深度不大于 3m、放坡面为粗粒土层或渗水量小的黏性土的基坑。

1.3.2 流砂及其防治

当基坑开挖到地下水位以下时，基底土会呈流动状态，随地下水涌入基坑，这种现象称为流砂现象。此时，基底土完全丧失承载能力，土边挖边冒，施工条件恶化，严重时会造成边坡塌方，甚至危及邻近建筑物。

1. 流砂发生的原因

动水压力是流砂发生的重要条件。地下水流动受到土颗粒的阻力，而水对土颗粒具有冲动力，这个力即称为动水压力，动水压力 $G_D=\gamma_w I=\gamma_w \cdot \Delta h/L$。它与水力坡度 I 成正比，水位差 Δh 越大，动水压力越大；而渗透路程 L 越长，则动水压力越小。动水压力的方向与水流方向一致。

处于基坑底部的土颗粒，不仅受到水的浮力 F，还受动水压力 G_D 的作用，有向上举的趋势（图 1.19），当动水压力等于或大于土的浸水密度（$Q-F$）时，土颗粒处于悬浮状态，并随地下水一起流入基坑，即发生流砂现象。

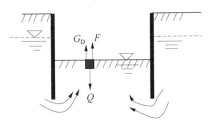

图 1.19　流砂现象原理示意

流砂现象一般发生在细砂、粉砂及砂质粉土中。在粗大砂砾中，因其孔隙大，水在其间流过时阻力小，动水压力也小，不易发生流砂现象。而在黏性土中，由于土颗粒间内聚力较大，也不会发生流砂现象，但有时在承压水作用下会出现整体隆起现象。

2. 流砂的防治方法

防治流砂的主要途径是减小、平衡、消除动水压力或改变其方向。具体措施为：

（1）加深挡土围护墙法。通过加大具有截水功能的挡土围护墙的深度，增加地下水流入坑内的渗流路程，从而减小动水压力。

（2）水下挖土法。采用不排水挖土（如沉井施工），使坑内水压与地下水压平衡，抵消动水压力。

（3）截水封闭法。将基坑周围挡水墙体做至坑底以下具有足够厚度的不透水土层或注浆封底层内，避免地下水向开挖后的基坑内渗流，从而消除动水压力，杜绝流砂现象。

（4）井点降水法。通过降低地下水位改变动水压力的方向，这是防止流砂的有效措施。

1.3.3　井点降水法

井点降水法就是在坑槽开挖前，预先在其四周设置一定数量的滤水管（井），利用抽水设备从中抽水，使地下水位降落到坑底以下 0.5m 之下，并保持至回填完成或地下结构有足够的抗浮能力为止。其优点是，可使开挖的土始终保持干燥状态，从根本上防止流砂发生，可避免地基隆起、改善工作条件、提高边坡的稳定性或降低支护结构的侧压力，并可加大坡度而减少挖土量。此外，还可以加速地基土的固结，提高地基土的承载力。其缺点是可能造成周围地面沉降和影响环境。

井点类型有：轻型井点、喷射井点、电渗井点及管井井点等，可根据土层的渗透系数、降低水位的深度、工程特点、设备条件及经济效益等，参照表 1-3 选择。其中轻型井点、管井井点应用较广。

井点降水原理演示

表 1-3　井点类型、适用范围及主要原理

井点类型	土类	水文地质特征	渗透系数 /（m/d）	降水深度 / m	最大井距 / m	主要原理
轻型井点	填土、黏土、粉土、砂土	上层滞水或潜水	0.1～20	单级≤6 多级 6～10	1.6～2	地上真空泵或喷射嘴真空吸水
喷射井点			0.1～20	8～20	2～3	水下喷射嘴真空吸水
电渗井点			＜0.1	6～10	1（极距）	钢筋阳极加速渗流
管井井点	黏土、黄土、粉土、砂土、碎石土	含水丰富的潜水、承压水、裂隙水	0.1～200	＞6	25	离心泵或潜水泵排水

1. 轻型井点

轻型井点是沿基坑的四周将许多直径较小的井点管埋入地下含水层内，井点管的上端通过弯联管与总管相连接，利用抽水设备将地下水从井点管内不断抽出，以达到降水目的，如图 1.20 所示。

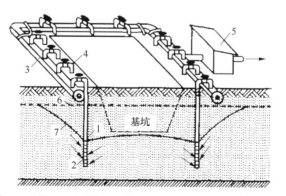

轻型井点降水施工

1—井管；2—滤管；3—总管；4—弯联管；5—水泵房；6—原有地下水位线；7—降低后地下水位线。

图 1.20　轻型井点降低地下水位全貌图

1）轻型井点设备

轻型井点设备是由管路系统和抽水设备组成。管路系统包括：井点管（由井管和滤管连接而成）、弯联管及总管等。

（1）井点管。井点管宜采用直径为38mm或51mm的钢管，其长度为5～7m，上端用弯联管与总管相连。其中滤管是井点的进水设施，其构造对抽水效果影响较大。滤管可采用直径38～110mm的金属管，长度为1.0～1.5m。管壁上渗水孔直径为12～18mm，呈梅花状排列，孔隙率应大于15%。滤管外包两层金属或尼龙滤网（图1.21），内层网为30～80目，外层网为3～10目。为使水流畅通，在管壁与滤网间缠绕塑料管或金属丝隔开，滤网外应再绕一层粗金属丝保护。滤管的下端为一铸铁堵头，上端用管箍与井管连接。

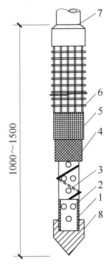

1—钢管；2—管壁上的渗水孔；3—缠绕的塑料管；4—细滤网；5—粗滤网；6—粗铁丝保护网；7—井管；8—铸铁堵头。

图1.21　滤管构造

（2）弯联管。弯联管用于连接井点管和总管，常用带钢丝衬的橡胶管或塑料管。

（3）总管。总管宜采用直径为100mm或127mm的钢管，每节长度为4～6m，其上每隔0.8m、1m或1.2m设有一个与井点管连接的短接头。

（4）抽水设备。常用的抽水设备有真空泵和射流泵井点设备，其工作原理简介如下。

① 真空泵井点设备。真空泵井点设备由真空泵、离心泵和水气分离箱等组成。其工作原理（图1.22）是：开动真空泵（18），将水气分离箱（10）内部抽成一定程度的真空，在真空度吸力作用下，地下水经滤管（1）、井管（2）吸入总管（5），再经过滤室（8）滤掉泥砂，进入水气分离箱。水气分离箱内有一浮筒（11），沿中间导杆升降，当箱内的水使浮筒上升，即可开动离心泵（23）将水排出，浮筒则可关闭阀门（12），避免水被吸入真空泵。副水气分离箱（15）也是为了避免将空气中的水分吸入真空泵。为对真空泵进行冷却，特设一冷却循环水泵（22）。

该种设备真空度较高，降水深度较大。一套井点设备能负荷的总管长度为

100 ～ 120m。但设备较复杂，耗电较多。

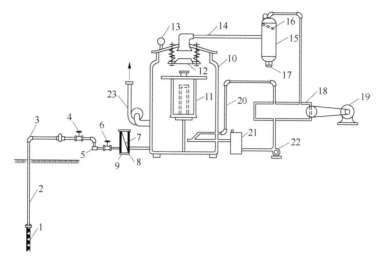

1—滤管；2—井管；3—弯联管；4—阀门；5—总管；6—闸门；7—滤网；

8—过滤室；9—淘砂孔；10—水气分离箱；11—浮筒；12—阀门；13—真空计；14—进水管；

15—副水气分离箱；16—挡水板；17—放水口；18—真空泵；19—电动机；

20—冷却水管；21—冷却水箱；22—循环水泵；23—离心泵。

图 1.22　真空泵井点设备工作原理简图

② 射流泵井点设备。射流泵井点设备由射流器 ［图 1.23（b）］、离心泵和循环水箱（罐）组成。

射流泵井点设备的工作原理 ［图 1.23（a）］是：利用离心泵（1）将循环水箱（罐）（6）中的水变成压力水送至射流器（2）内，由喷嘴（11）喷出。由于喷嘴断面收缩而使水流速度骤增，压力骤降，射流器空腔内产生部分真空，从而把井点管（5）内的气、水吸上来进入循环水箱（罐）。循环水箱（罐）内的水滤清后一部分经由离心泵参与循环，多余部分由循环水箱（罐）上部的泄水口（8）排出。

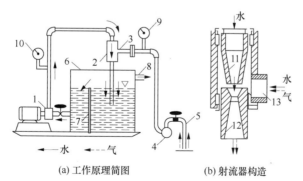

(a) 工作原理简图　　(b) 射流器构造

1—离心泵；2—射流器；3—进水管；4—总管；5—井点管；6—循环水箱（罐）；7—隔板；8—泄水口；

9—真空表；10—压力表；11—喷嘴；12—喷管；13—接进水管。

图 1.23　射流泵井点设备工作原理简图及射流器构造

射流泵井点设备的降水深度可达 6m，但一套设备仅可带 25 ～ 40 根井点管，总管长度为 30 ～ 50m。若采用两台离心泵和两个射流器联合工作，能带动井点管 70 根，总管长度为 100m。这种设备具有结构简单、耗电少、使用及检修方便等优点，应用较广，适用于在粉砂、粉土等渗透系数较小的土层中降水。

2）轻型井点布置

轻型井点的布置应根据基坑平面形状及尺寸、基坑的深度、土质、地下水位及流向、降水深度要求等确定。

（1）平面布置

当基坑或沟槽宽度小于 6m，且降水深度不超过 5m 时，可采用单排井点［图 1.24（a）］布置在地下水流的上游一侧，其两端的延伸长度不应小于基坑（槽）宽度。当基坑（槽）宽度大于 6m 或土质不良时，则宜采用双排井点（排距不大于 20m）。当基坑面积较大时，宜采用环形井点［图 1.25（a）］。当有预留运土坡道等要求时，环形井点可不封闭，但要将开口留在地下水流的下游方向处。井点管距离坑壁一般不宜小于 0.7m，以防局部发生漏气。井点管间距应根据土质、降水深度、工程性质等按计算或经验确定。在靠近河流及基坑转角部位，井点应适当加密。

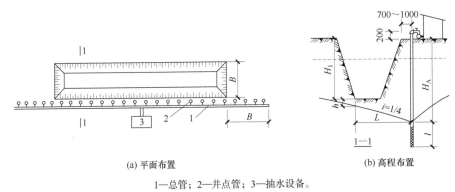

(a) 平面布置　　　　　　　　　　　　　(b) 高程布置

1—总管；2—井点管；3—抽水设备。

图 1.24　单排井点布置简图

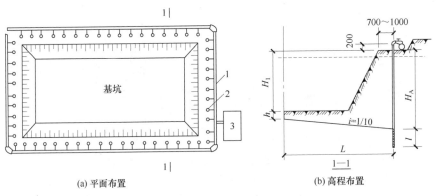

(a) 平面布置　　　　　　　　　　　　　(b) 高程布置

1—总管；2—井点管；3—抽水设备。

图 1.25　环形井点布置简图

　　采用多套抽水设备时，井点系统要分段设置，各段长度应大致相等。其分段地点宜选择在基坑角部，以减少总管弯头数量和水流阻力。抽水设备宜设置在各段总管的中部，使两边水流平衡。采用封闭环形总管时，宜装设阀门将总管断开，以防止水流紊乱。对多套井点设备，应在各套之间的总管上装设阀门，既可独立运行，也可在某套抽水设备发生故障时，开启阀门，借助邻近的抽水设备来维持抽水。

　　（2）高程布置

　　轻型井点多利用真空原理抽吸地下水，理论上的抽水深度可达 10.3m。但由于土层透气及抽水设备的水头损失等因素，井点管处的降水深度往往不超过 6m。

　　井管的埋深 H_A，可按下式计算［图 1.24（b）、图 1.25（b）］：

$$H_A \geq H_1 + h + iL \tag{1-4}$$

式中　H_1——总管平台面至基坑底面的距离（m）；

　　　　h——基坑中心线底面至降低后的地下水位线的距离，一般取 0.5～1.0m；

　　　　i——水流坡度，根据实测，环形井点为 1/10，单排线状井点为 1/4；

　　　　L——井点管至基坑中心线的水平距离（m）。

　　当计算出的 H_A 值大于降水深度 6m 时，则应降低总管安装平台面标高，以满足降水深度要求。此外在确定井管埋深时，还要考虑井管的长度，井管通常需露出地面 0.2～0.3m 来满足连接需要。滤管必须埋在含水层内。

　　为了充分利用抽水设备的抽吸能力，总管平台面标高宜接近原有地下水水位线（要事先挖槽或基坑至一定深度），水泵轴心标高宜与总管齐平或略低于总管。总管应具有 0.25%～0.5% 的坡度坡向泵房。

　　当一级轻型井点达不到降水深度要求时，可先用集水明排法降水，然后将总管安装在原有地下水位线以下；或采用二级（二层）轻型井点（图 1.26）。

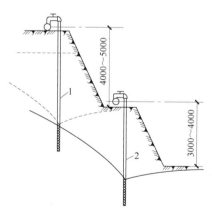

1—第一层井点管；2—第二层井点管。

图 1.26　二级轻型井点

　3）轻型井点计算

　　轻型井点的计算内容包括：井型判定、涌水量计算、井点数量与井距的确定，以及抽水设备选用等。由于受水文地质和井点设备等多种因素影响，计算出的涌水量只能是近似值。

（1）井型判定

井点系统涌水量计算是按水井理论进行的。根据井底是否达到不透水层，水井分为完整井与不完整井（图 1.27）；井底到达含水层下面的不透水层的井称为完整井，否则称为不完整井。根据所抽取的地下水层有无压力，又分为无压井与承压井。各类井的涌水量计算方法不同，其中以无压完整井的理论较为完善。

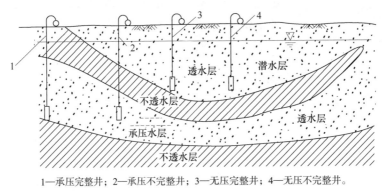

1—承压完整井；2—承压不完整井；3—无压完整井；4—无压不完整井。

图 1.27　水井的分类

（2）涌水量计算

① 无压完整井涌水量。无压完整井环形井点在抽水时，水位的变化如图 1.28（a）所示。当抽水一定时间后，井周围的水面最后将会降落成渐趋稳定的漏斗状曲面，称之为降落漏斗。水井轴至漏斗外缘的水平距离称为抽水影响半径 R。根据达西定律以及群井的相互干扰作用，可推导出涌水量计算公式。对远离地面水源的无压完整井，涌水量 Q 的计算公式为

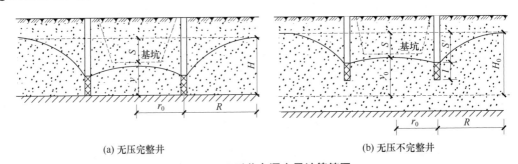

(a) 无压完整井　　　　　　　　　　(b) 无压不完整井

图 1.28　环形井点涌水量计算简图

$$Q = 1.366K \frac{(2H-S)\,S}{\lg\left(1+\dfrac{R}{r_0}\right)} \tag{1-5}$$

式中　Q ——涌水量（m³/d）；

　　　K ——土的渗透系数（m/d）；

　　　H ——含水层厚度（m）；

　　　S ——基坑水位降低值（m）；

　　　R ——抽水影响半径（m），对潜水层取 $R = 2S\sqrt{HK}$；

　　　r_0 ——环形井点的等效半径（m）。对圆形基坑，r_0 取圆半径；对矩形基坑，$r_0 = 0.29(a+b)$，a、b 为井点所围矩形的边长；对不规则的基坑，$r_0 = \sqrt{A/\pi}$，A 为井点所围面积。

土的渗透系数 K 值准确与否，对计算结果影响较大。其测定方法有现场抽水试验和实验室试验两种。对重大的工程，宜采用现场抽水试验，以获得较为准确的渗透系数值，方法是在现场设置抽水孔，并在距抽水孔为 x_1 与 x_2 处设两个观测井（三者在同一直线上），根据抽水稳定后，观测井的水深 y_1 与 y_2 及抽水孔相应的抽水量 Q，按下式计算。

$$K = \frac{Q \cdot \lg\frac{x_1}{x_2}}{1.366\left(y_2^2 - y_1^2\right)} \qquad (1\text{-}6)$$

表 1-4 列出几种土的渗透系数 K 值，仅供参考。

表 1-4　土的渗透系数 K 值

土的种类	黏土	粉质黏土	粉土	粉砂	细砂	中砂	粗砂	粗砂夹石	砾石
K/(m/d)	<0.005	0.005～0.1	0.1～1.0	1.0～5.0	5～10	10～25	25～50	50～100	100～200

抽水影响半径 R 与土的渗透系数、含水层厚度、基坑水位降低值及抽水时间等因素有关。一般在抽水 2～5d 后，水位降落漏斗基本稳定。

② 无压不完整井涌水量。在实际工程中，常会遇到无压不完整井环形井点 [图 1.28（b）]，其涌水量计算较为复杂。为了简化计算，仍可采用式（1-5），但需将式中含水层厚度 H 换成有效深度 H_0，即

$$Q = 1.366K\frac{(2H_0\text{-}S)S}{\lg\left(1+\frac{R}{r_0}\right)} \qquad (1\text{-}7)$$

其中，有效深度 H_0 系经验数值，可查表 1-5 得到。须注意，在计算抽水影响半径 R 时，也需以 H_0 代入。

表1-5 有效深度 H_0 值

$S'/(S'+l)$	0.2	0.3	0.5	0.8
H_0	1.3 $(S'+l)$	1.5 $(S'+l)$	1.7 $(S'+l)$	1.85 $(S'+l)$

注：表中 S' 为井管内水位降低深度；l 为滤管长度。

③ 承压完整井涌水量。承压完整井环形井点涌水量计算公式为

$$Q = 2.73K \frac{MS}{\lg\left(1+\dfrac{R}{r_0}\right)} \qquad (1\text{-}8)$$

式中　M ——承压含水层厚度（m）；

　　　R ——抽水影响半径（m），对承压水层取 $R = 10S\sqrt{K}$。

（3）确定井点管数量与井距

① 单井最大出水量 q。单井的最大出水量主要取决于土的渗透系数、滤管的构造与尺寸，其计算公式为

$$q = 65\pi dl \cdot \sqrt[3]{K} \qquad (1\text{-}9)$$

式中　q ——最大出水量（m^3/d）；

　　　d ——滤管直径（m）；

　　　l ——滤管长度（m）；

　　　K ——渗透系数（m/d）。

② 最少井数 $n_{\min}$。其计算公式为

$$n_{\min} = 1.1 \frac{Q}{q} \qquad (1\text{-}10)$$

式中　$n_{\min}$ ——最少井数（根）；

　　　1.1——备用系数，考虑井点管堵塞等因素。

③ 最大井距 $D_{\max}$。其计算公式为

$$D_{\max} = \frac{P}{n_{\min}} \qquad (1\text{-}11)$$

式中　$D_{\max}$ ——最大井距（m）；

　　　P ——环形井点所包围面积的周长（m）。

确定井点管间距时，还应注意：①井距必须大于15倍管径，以免彼此干扰大，影响出水量；②在渗透系数小的土中井距宜小些，否则水位降落时间过长；③靠近河流处，井点宜适当加密；④井距应能与总管上的接头间距相配合。

根据实际采用的井点管间距，最后确定所需的井点管数量。

4）轻型井点的施工与使用

轻型井点的施工，主要包括施工准备和井点系统的埋设、安装、使用与拆除。

施工准备包括：井点设备、动力、水源及必要材料的准备，排水沟的开挖，附近建筑物的标高观测以及防止其沉降措施的实施。

井点系统的埋设与安装的程序是：放线定位→打井孔→埋设井点管→安装总管→用弯联管将井点管与总管接通→安装抽水设备。

轻型井点的井孔常采用回转钻成孔法、水冲或套管水冲成孔法进行冲孔［图1.29（a）］。成孔直径一般为200～300mm，以保证井管周围有一定厚度的砂滤层，井孔的深度宜超过滤管底0.5m左右，使滤管下有砂滤层。

井孔成孔后，应立即居中插入井点管，并在井点管与孔壁之间迅速填灌砂滤层，以防孔壁塌土［图1.29（b）］。砂滤层宜选用干净粗砂，填灌均匀，并至少填至滤管顶部1～1.5m以上，以保证水流畅通。上部须填压黏土封口，填压深度不少于1m，以防漏气。

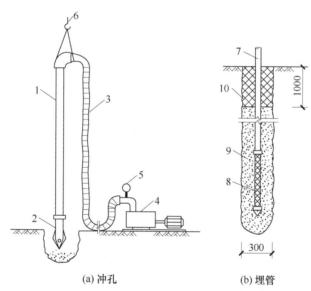

(a) 冲孔 (b) 埋管

1—冲管，2—冲嘴；3—胶皮管；4—高压水泵，5—压力表；
6—起重吊钩；7—井点管，8—滤管；9—填砂；10—黏土封口。

图1.29 井点管的埋设

井点系统全部安装完毕后，需进行试抽，以检查有无漏气现象。开始正式抽水后一般不应停抽。若时抽时停易堵塞滤网，也容易抽出土颗粒使水混浊，并可能引起附近建筑物由于土颗粒流失而沉降开裂。

在整个降水过程中，应定时检查观测井中水位下降情况，随时调节离心泵的出水阀，控制出水量，保持水位面稳定在要求位置，既保证施工安全又不得过量抽水。应经常观测真空表的真空度，发现管路系统漏气应及时采取措施。同时，应对周围地面及附近的建筑物进行沉降观测，如发现沉降过大，应及时采取防护措施。

井点降水宜自开挖前 2～5d 开始，直至基坑回填至地下水位以上且建筑物具有足够的抗浮能力为止。抽出的水应经沉淀池沉淀后加以利用或排至市政雨水管线。

5）轻型井点降水设计计算示例

【例 1-2】某工程基坑底的平面尺寸为 40.5m×16.5m，坑底标高为 −7.000m（地面标高为 −0.500m）。已知地下水位标高为 −3.000m，土层渗透系数 K=18m/d，−14.000m 以下为不透水层，基坑边坡需为 1:0.5。拟用轻型井点降水，其井管长度为 6m，滤管长度待定，管径为 38mm，总管直径为 100mm，每节长 4m，与井点管接口的间距为 1m。试进行降水设计。

解：

（1）井点的布置

① 平面布置。

基坑深：7−0.5=6.5（m），宽为 16.5m，且面积较大，采用环形布置。

② 高程布置。

基坑上口宽：16.5+2×6.5×0.5=23（m）；

井管埋深：H_A=6.5+0.5+（23/2+1）×1/10=8.25（m）；

井管长度：H_A+0.2=8.45（m）>6m，不满足要求（图 1.30）。

若先将基坑开挖至 −2.900m，再埋设井点（图 1.31）。

此时需井管长度为：H_1=0.2+0.1+4+0.5+［（16.5/2）+（7−2.9）×0.5+1］×1/10

=4.8+11.3×1/10=5.93（m）≈6m，满足要求。

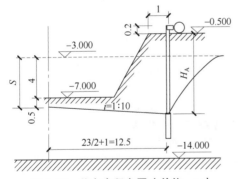

图 1.30 井点高程布置（单位：m）

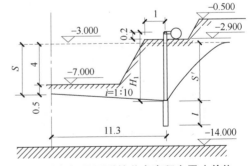

图 1.31 降低埋设面后的井点高程布置（单位：m）

（2）井型判定

取滤管长度 l=1.5m，则滤管底可达到的深度为

2.9+（6−0.2）+1.5=10.2（m）<14m，

未达到不透水层，此井为无压不完整井。

（3）涌水量计算

① 计算抽水有效深度。

井管内水位降落值 $s'=6-0.2-0.1=5.7$（m），则 $\dfrac{s'}{s'+l}=\dfrac{5.7}{5.7+1.5}\approx0.792$，

查表 1-5，经内插得：$H_0=1.845$（$s'+l$）

$$=1.845\times(5.7+1.5)=13.284(\text{m})> \text{含水层厚度} H=14-3=11(\text{m})，$$

故按实际情况取 $H_0=H=11\text{m}$。

② 计算井点系统的等效半径 r_0。

$$r_0=0.29(a+b)=0.29\times(46.6+22.6)\approx20.07（\text{m}）。$$

③ 计算抽水影响半径 R。

$$R=2S\sqrt{H_0K}=2\times4.5\times\sqrt{11\times18}\approx126.64（\text{m}）。$$

④ 计算涌水量 Q。

$$Q=1.366K\frac{(2H_0-S)S}{\lg\left(1+\dfrac{R}{r_0}\right)}=1.366\times18\times\frac{(2\times11-4.5)\times4.5}{\lg\left(1+\dfrac{126.64}{20.07}\right)}\approx2241（\text{m}^3/\text{d}）。$$

（4）确定井点管数量及井距

① 计算单井最大出水量 q。

$$q=65\pi dl\cdot\sqrt[3]{K}=65\pi\times0.038\times1.5\times\sqrt[3]{18}\approx30.5（\text{m}^3/\text{d}）。$$

② 计算最少井数 n_{min}。

$$n_{min}=1.1\frac{Q}{q}=1.1\times\frac{2241}{30.5}\approx80.82（\text{根}）。$$

③ 计算最大井距 D_{max}。

$$\text{井点包围面积的周长} P=(46.6+22.6)\times2=138.4（\text{m}）;$$

$$\text{井点管最大间距} D_{max}=\frac{P}{n_{min}}=\frac{138.4}{80.82}\approx1.71（\text{m}）。$$

④ 确定井距及井点管数量。

按照井距的要求，并考虑总管接口间距为 1m，则井距确定为 1.5m（接 2 堵 1）。

故实际井点数为：$n=138.4\div1.5\approx92$（根）。

取长边每侧 31 根，短边每侧 15 根；共 92 根。

（5）绘制井点平面布置图（图1.32）

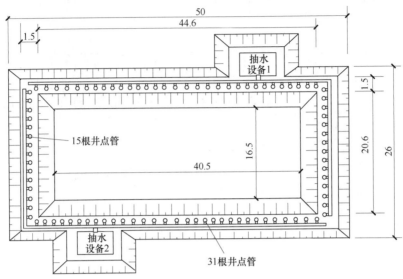

图1.32　井点平面布置图（单位：m）

2. 喷射井点

喷射井点是利用喷射高压水将地下水带出而达到降水目的。适用于土层渗透系数较小（$K=0.1 \sim 20\text{m/d}$）而要求降水深度较大（$8 \sim 20\text{m}$）的工程。

喷射井点设备［图1.33（a）］主要由喷射井管、高压水泵和管路系统组成。喷射井管（1）由内管（8）和外管（9）组成，在内管下端装有喷射扬水器［图1.33（b）］与滤管（2）相连。在高压水泵（5）作用下，高压水（$0.7 \sim 0.8\text{MPa}$）经外管与内管之间的环形空间下行，再经喷射扬水器的侧孔流向喷嘴（10）。由于喷嘴截面的突然缩小使流速剧增，压力水由喷嘴喷入混合室（11）（该室与滤管相通），将喷嘴口周围空气吸入，被急速水流带走，因而该室压力下降而造成一定真空度。此时地下水被吸入喷嘴上面的混合室，与高压水汇合，流经扩散管（12）时，由于截面扩大，流速减低而转化为压力水头，沿内管上升经排水总管（4）排于集水池（6）内。此池内的水一部分用水泵（7）排走，另一部分供高压水泵压入井管继续循环，从而将地下水位逐步降低。

喷射井点施工顺序是：安装水泵设备及泵的进出水管路→铺设进水总管和排水总管→沉设井点管（包括成孔及灌填砂滤料、黏土封口等）→井点管接通进水总管后及时进行单根试抽检验→全部井点管沉设完毕后接通排水总管→全面试抽，检查整个系统的运转状况及降水效果。

进水总管和排水总管与每根井点管的连接管均需安装阀门，以便调节使用和防止不抽水时发生回水倒灌。井点管路接头应安装严密。

喷射井点的型号一般有2.5型、4型和6型三种，其外管直径分别为2.5in、4in、6in。其型号应根据不同的土层渗透系数和排水量要求选择。

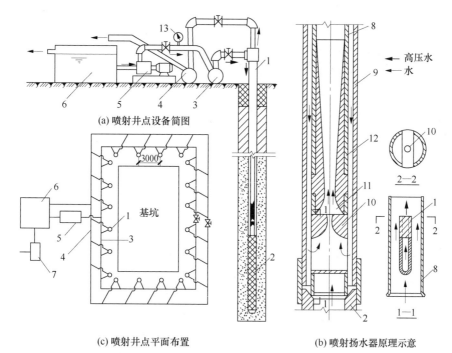

(a) 喷射井点设备简图

(c) 喷射井点平面布置　　　　　　(b) 喷射扬水器原理示意

1—喷射井管；2—滤管；3—进水总管；4—排水总管；5—高压水泵；6—集水池；
7—水泵；8—内管；9—外管；10—喷嘴；11—混合室；12—扩散管；13—压力表。

图 1.33　喷射井点设备及平面布置简图

3. 电渗井点

电渗井点是在轻型井点或喷射井点中增设电极而形成的（图 1.34）。以井点管作阴极，在基坑内距井点管 $1\sim1.5\mathrm{m}$ 处相应地插入 $\phi20\sim\phi25$ 钢筋作阳极。当通入直流电后，土中的水会向阴极移动，从而加速水的渗流，以尽快将土疏干。一般增设的直流电源电压不宜大于 60V，土中的电流密度应为 $0.5\sim1.0\mathrm{A/m^2}$。电渗井点主要用于渗透系数小于 0.1m/d 的土层。

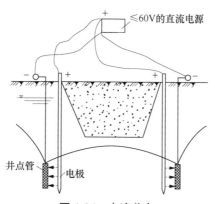

图 1.34　电渗井点

4. 管井井点

管井井点演示

管井井点是沿基坑每隔一定距离设置一个管井，每个管井单独用一台水泵不断抽水来降低地下水位，常用在土的渗透系数大（20～200m/d）、水量丰富的工程中。

管井井点主要由井管及水泵组成（图1.35）。井孔钻完后，将钢制井管或混凝土井管安装沉入，周围填充厚度不少于100mm的砂石滤水层，最后经洗井后安装水泵而成。井管直径应根据含水层的富水性及水泵性能确定，且外径不宜小于200mm，内径宜比吸水龙头或潜水泵外径大50mm以上。水泵可采用2～4in单级离心泵或潜水泵。

管井的间距一般为6～15m，深度为8～15m。管井内水位降低可达6～10m，两井中间水位则可降低3～5m。

当要求降水深度很大时，可将管井加深，并使用深井潜水泵等抽水，这样其降水深度可达30m以上。井点间距可为10～30m。

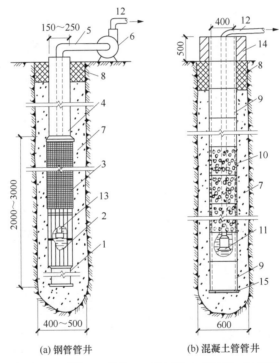

(a) 钢管管井　　(b) 混凝土管管井

1—沉砂管；2—钢筋焊接骨架；3—滤网；4—管身；5—吸水管；6—离心泵；7—砂石滤水层；8—黏土封口；9—混凝土实管；10—水泥砾石管；11—潜水泵；12—出水管；13—吸水龙头；14—井台；15—封底板。

图1.35　管井井点

1.3.4　降水危害与预防

降排地下水会造成土颗粒流失或土体压缩固结，易引起周边地面沉降。由于土层的不均匀性和形成的水位呈漏斗状，地面沉降多为不均匀沉降，可能导致临近建（构）筑物倾斜、下沉、道路开裂或管线断裂。因此，当降水可能对基坑周边建（构）筑物、地下管线及道路等市政设施造成危害，或对环境造成长期不利影响时，应采用截水、回灌等方法控制地下水。

1. 截水法

截水法也称封闭式降水（图 1.36），是在基坑周围设置截水帷幕或止水挡土围护墙封闭基坑，切断外部向基坑内的渗水通道，仅在基坑内进行疏干降水的地下水控制方法。这种方法有利于保护地下水环境，避免基坑周围地面沉降带来的隐患。

常用的截水帷幕做法有深层搅拌法、压密注浆法、冻结法等；止水挡土围护墙可采用地下连续墙、水泥土墙、型钢水泥土墙、钢板桩、咬合桩等，也可在排桩间用旋喷、摆喷水泥土桩进行封闭，或采用在无阻水功能的支护结构后加设水泥土截水帷幕的复合围护形式。

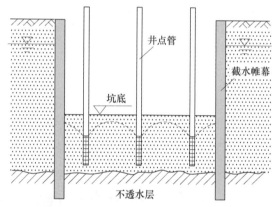

图 1.36　截水法（封闭式降水）示意

截水帷幕的厚度应满足防渗要求，其深度应插入下卧不透水层或注浆封底层内 $1.5 \sim 2m$。坑内设置降水井点将土疏干并使水位降至坑底 0.5m 以下。当有较大压力的承压水层时还应设置减压井，防止坑底隆起或突涌。

2. 回灌法

1）直接回灌

对于浅层潜水可用砂井、砂沟回灌，对于承压水则需用回灌井进行回灌。直接回灌是在降水井点与需保护的建（构）筑物间设置一排回灌沟、井，在降水的同时，向土层内灌入适量的水，使原建筑物下仍保持较高的地下水位，以减小其沉降程度 [图 1.37（a）]。

为确保基坑施工安全和回灌效果，同层回灌沟、井与降水井点之间应保持不小于 6m 的距离，且降水与回灌应同步进行。同时，在回灌沟、井两侧要设置水位观测井，监测水位变化，调节控制降水井点和回灌井点的运行以及回灌水量。

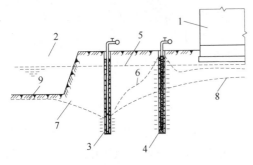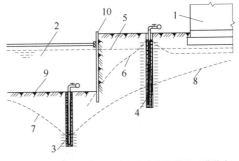

(a) 直接回灌的回灌井点　　　　　　　(b) 设置止水挡土围护墙或截水帷幕的回灌井点

1—原建筑物；2—开挖基坑；3—降水井点；4—回灌井点；5—原有地下水位线；6—回灌井点间水位线；
7—降水后的水位线；8—不回灌时的水位线；9—坑底；10—止水挡土围护墙或截水帷幕。

图 1.37　回灌井点布置示意

2）设置截水帷幕回灌

在降水井点区域与原建（构）筑物之间设置一道截水帷幕，使基坑外地下水的渗流路线延长，从而使原建（构）筑物的地下水位基本保持不变。截水帷幕可结合挡土支护结构设置，也可单独设置［图 1.37（b）］。

3. 减少土颗粒损失法

降水应严格控制出水含砂量。当土层为粗砂时，稳定抽水 8h 后的含砂量不得超过 1/50000，中砂为 1/20000，粉细砂为 1/10000。采用加长井点、调小水泵阀门、减缓降水速度，或选择适当的滤网、加大砂滤层厚度等方法，均可减少土颗粒的损失。

1.4　土方开挖机械与施工

土方工程宜采用机械化施工。土方开挖机械主要包括挖掘机械（单斗挖土机、多斗挖土机）、挖运机械（推土机、铲运机、装载机）、运输机械（翻斗车、自卸汽车、皮带运输机等）和密实机械（压路机、打夯机、振动夯等）四大类。应依据工程特点及工程量、现有机械情况、配套要求，以及经济效益合理选用。

土方工程施工前应考虑土方量、运距、土方施工顺序、地质条件等因素，进行土方平衡和合理调配，确定土方开挖机械的作业线路、运输车辆的行走路线和弃土地点。

1.4.1　土方量计算

土方工程施工之前，必须进行土方量计算。但施工的土体一般比较复杂，几何形状不规则，要做到精确计算比较困难。工程施工中，往往采用具有一定精度的近似的方法进行计算。

当基坑坑口与坑底两个面平行时，其土方量即可按拟柱体的体积公式计算（图 1.38）。

$$V = \frac{H}{6}(F_1 + 4F_0 + F_2) \tag{1-12}$$

式中　　　H——基坑深度（m）；

F_1，F_2——基坑上下两底面积（m²）；

F_0——F_1 与 F_2 之间的中截面面积（m²）；

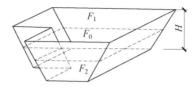

图 1.38　基坑土方量计算

基槽土方量按每一段的断面面积与其长度之积计算；当沿长度方向断面呈连续性变化时，该段土方量也可以用拟柱体法计算（图 1.39）。

$$V_1 = \frac{L_1}{6}(F_1 + 4F_0 + F_2) \tag{1-13}$$

式中　　V_1——第一段的土方量（m³）；

L_1——第一段的长度（m）；

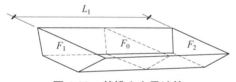

图 1.39　基槽土方量计算

外墙槽的长度可取与其相交槽槽底中线之间的长度，内墙槽则取其槽底净长。

将各段土方量求出后，相加即得总土方量。

【例 1-3】某基坑底面尺寸如图 1.40 所示，坑深 5.5m，四边均按 1：0.4 的坡度放坡，土的可松性系数 K_s=1.30，K_s'=1.12，坑深范围内箱形基础的体积为 2000m³。试求基坑开挖的土方量和需预留回填松散土的体积。

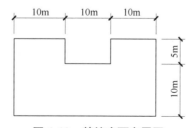

图 1.40　基坑底面布置图

解：

1. 基坑开挖土方量。

由题知，该基坑每侧边坡放坡宽度为：

$$5.5 \times 0.4 = 2.2 \ (\text{m})；$$

坑底面积为：$F_2 = 30 \times 15 - 10 \times 5 = 400 \ (\text{m}^2)$；

坑口面积为：$F_1 = (30 + 2 \times 2.2) \times (15 + 2 \times 2.2) - (10 - 2 \times 2.2) \times 5 \approx 639.4 \ (\text{m}^2)$；

基坑中截面面积为：$F_0 = (30 + 2 \times 1.1) \times (15 + 2 \times 1.1) - (10 - 2.2) \times 5 \approx 514.8 \ (\text{m}^2)$；

基坑开挖土方量为：

$$V = \frac{H(F_1 + 4F_0 + F_2)}{6} = \frac{5.5 \times (400 + 4 \times 514.8 + 639.4)}{6} \approx 2840 \ (\text{m}^3)。$$

2. 需回填夯实土的体积为：

$$V_3 = 2840 - 2000 = 840 \ (\text{m}^3)。$$

3. 需预留回填松散土的体积为：

$$V_2 = \frac{V_3 K_s}{K_s'} = \frac{840 \times 1.30}{1.12} = 975 \ (\text{m}^3)。$$

1.4.2 场地平整施工

场地平整是综合性施工过程，它由土方的开挖、运输、填筑、压实等多项内容组成。场地平整前，要先确定场地的设计标高，计算挖方和填方的工程量，确定土方调配方案，再选择施工机械和拟定施工方案。大面积的场地平整，宜采用大型土方开挖机械，如推土机、铲运机或挖土机配合自卸汽车施工。

1. 推土机施工

推土机作业

推土机由拖拉机和推土铲刀组成，按行走的方式分履带式和轮胎式，按铲刀的安装方式又分为固定式和回转式。

推土机是一种自行式的挖土、运土工具，适于运距在100m以内的平土或移挖作填，以30～60m为最佳。一般可挖一～三类土。推土机的特点是操作灵活、运输方便、所需工作面较小、行驶速度较快、易于转移，且具有多种用途。

为了提高推土机的工作效率，常用以下几种作业方法。

（1）下坡推土法（图1.41）。推土机顺地面坡势进行下坡推土，可以借助机械本身的重力作用，增加切土和运土能力，因而可提高生产效率，在推土丘、回填管沟时均可采用。

（2）分批集中，一次推送法。当挖方区的土较硬时，可多次切挖，集中后再整批推送到卸土区。此法可提高运土效率，缩短运输时间，可将生产效率提高12%～18%。

（3）沟槽推土法（图1.42）。沟槽推土法就是沿第一次推过的原槽进行推土，前次推土所形成的土埂能有效阻止土的散失，从而增加推运量，缩短运土时间。

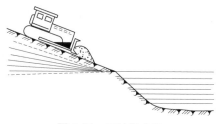

图 1.41　下坡推土法

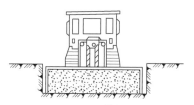

图 1.42　沟槽推土法

（4）并列推土法（图 1.43）。在较大面积的场地平整施工中，采用两台或三台推土机并列推土，能减小土的散失面，可将运土量提高 20%。但相邻推土机的铲刀应保持150 ～ 300mm 间距，避免相互影响，且并列不宜超过四台。

（5）斜角推土法（图 1.44）。将回转式铲刀斜装在支架上，与推土机前进方向形成一定倾斜角度进行推土，可减少机械来回行驶，提高效率。此法适于在基槽、管沟回填时采用。

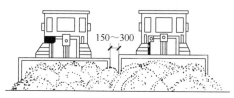

图 1.43　并列推土法

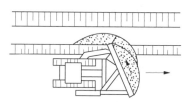

图 1.44　斜角推土法

2. 铲运机施工

铲运机作业

铲运机是一种能独立完成挖土、运土、卸土、填筑等工作的挖运机械，按有无动力设备分为自行式和拖式两种。自行式铲运机［图 1.45（a）］的行驶和工作都靠本身的动力设备完成；拖式铲运机［图 1.45（b）］则需由拖拉机牵引及操纵。

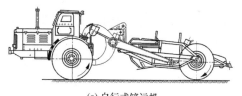

(a) 自行式铲运机

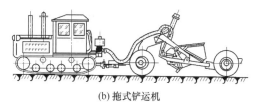

(b) 拖式铲运机

图 1.45　铲运机

铲运机的工作装置是铲斗，铲斗前方有一个能开启的斗门，铲斗前设有切土刀片。切土时斗门打开，铲斗下降，刀片切入土中。铲运机前进时，被切下的土挤入铲斗，铲斗装满后将其提起，斗门关闭，开始运土。行至卸土地点后，提起斗门，边走边卸土并刮平。

为了提高铲运机的工作效率，可以采取下坡铲土、跨铲法、推土机助推铲土、多斗联运等作业方法。铲运机的开行路线应根据挖方和填方区域分布等条件确定，常用环形和"8"字形路线，以便在一侧装土，再转到另一侧铺填的循环作业。

铲运机适用于一、二类土且地形起伏不大（坡度在20°以内），运距60～800m的大面积场地平整、大型沟槽开挖或路基填筑施工。

3. 挖土机施工

当场地起伏高差较大、土方运距超过1km，且工程量大而集中时，宜采用挖土机挖土，配合自卸汽车运土，并在卸土区配备推土机整平。

1.4.3 基坑开挖施工

1. 单斗挖土机

单斗挖土机是基坑土方开挖的常用机械。按其行走装置，分为履带式和轮胎式两类；按其传动方式，分为索具式和液压式两种；根据工作装置，分为正铲、反铲、拉铲和抓铲四种（图1.46）。单斗挖土机进行土方开挖作业时，需自卸汽车配合运土。

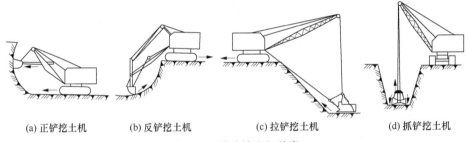

(a) 正铲挖土机　　(b) 反铲挖土机　　(c) 拉铲挖土机　　(d) 抓铲挖土机

图1.46　单斗挖土机种类

1）正铲挖土机

正铲挖土机
作业

正铲挖土机的挖土特点是：前进向上，强制切土。其挖掘力大，生产效率高，易于与自卸汽车配合。正铲挖土机宜开挖停机面以上的一～四类土，常用于开挖掌子面高度大于2m、土的含水率小于27%的较干燥基坑，但需设置坡度不大于1：6的坡道。

（1）开挖方式

正铲挖土机常采用正向挖土侧向卸土和正向挖土后方卸土两种开挖方式。

① 正向挖土侧向卸土。挖土机沿前进方向挖土，自卸汽车停在侧面装土。此法挖土机卸土时，动臂回转角度小，自卸汽车行驶方便，生产率高，采用范围较广［图1.47（a）］。

② 正向挖土后方卸土。挖土机沿前进方向挖土，自卸汽车停在挖土机后面装土。虽然此法所挖的工作面较大，但回转角度大，生产率低，自卸汽车倒车开入，一般只用来开挖施工区域的进口处，以及工作面狭小且较深的基坑［图1.47（b）］。

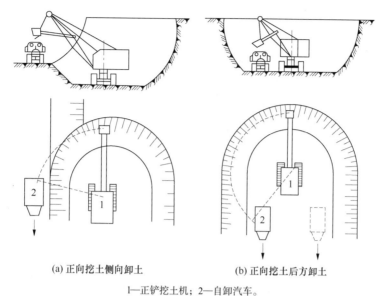

(a) 正向挖土侧向卸土   (b) 正向挖土后方卸土

1—正铲挖土机；2—自卸汽车。

图 1.47 正铲挖土机开挖方式

（2）开挖顺序

根据挖土机的工作参数与基坑的横断面尺寸，就可划分挖土机的开行通道。

图 1.48 是某基坑开行通道划分情况，共分三条开挖。第 Ⅰ 次开行，采用正向挖土后方卸土方式，一次开挖到底；第 Ⅱ、Ⅲ 次开行都用正向挖土侧向卸土方式，一次开挖到底。进出口坡道的坡度为 1：8。开挖较深的基坑时，应分层划分开行通道，逐层下挖。

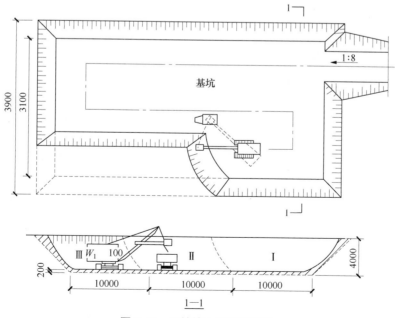

图 1.48 正铲挖土机开挖基坑

反铲挖土机作业

2）反铲挖土机

反铲挖土机的挖土特点是：后退向下，强制切土。其挖掘力比正铲小，适于开挖停机面以下的一～三类土的基坑、基槽或管沟，对地下水位较高处也适用。每层经济合理的开挖深度为 1.5 ～ 3.0m，长臂反铲挖深可达 8 ～ 10m。几种常用液压反铲挖土机的技术性能见表 1-6。

表 1-6　几种常用液压反铲挖土机的技术性能

项次	工作项目	符号	WY40（液压式）	WYL60（液压、轮行）	WY100（液压式）	WY160（液压式）
1	土斗容量 /m³		0.4	0.6	1.0	1.6
2	最终卸土高度 /m	H_2	3.76	6.36	5.4	5.83
3	最大挖土深度 /m	H	4.0	6.36	5.4	5.83
4	最大挖土半径 /m	R	7.19	8.2	9.0	10.6

反铲挖土机的开挖方式，可分为沟端开挖与沟侧开挖。

（1）沟端开挖［图 1.49（a）］。挖土机停在沟端，向后倒退挖土，自卸汽车停在两旁装土。该方法因挖土方便，开挖深度和宽度较大而较多采用。当开挖大面积的基坑时，可分段开挖；当开挖深基坑时，可分层开挖。

（2）沟侧开挖［图 1.49（b）］。挖土机沿沟一侧直线移动挖土。此法能将土弃于距沟边较远处，但挖土宽度受限制（一般为 $0.5R \sim 0.8R$），且不能很好地控制边坡，机身停在沟边而稳定性较差。因此只有在无法采用沟端开挖或所挖的土不需运走时采用。

反铲沟端开挖

反铲沟侧开挖

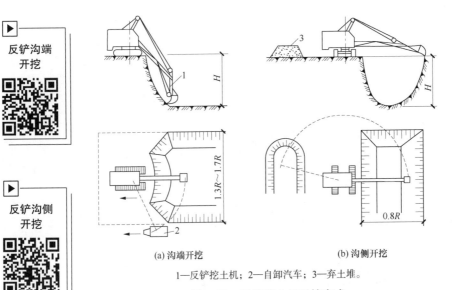

(a) 沟端开挖　　　　(b) 沟侧开挖

1—反铲挖土机；2—自卸汽车；3—弃土堆。

图 1.49　反铲挖土机开挖方式

3）拉铲挖土机

拉铲挖土机（图 1.50）由主机及起重臂、铲斗等构成。其工作特点是：后退向下，自重切土。其挖土半径和挖土深度较大，能开挖停机面以下的一、二类土。工作时，利用惯性力将铲斗甩出去，涉及范围大，虽易于甩土，但不如反铲灵活准确，与自卸汽车配合较难。拉铲挖土机宜用于开挖较深较大的基坑（槽）、沟渠或水中挖土，以及填筑路基、修筑堤坝，更适于河道清淤。

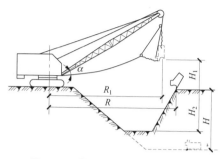

拉铲挖土机
作业

图 1.50　拉铲挖土机的工作尺寸

拉铲挖土机的开挖方式与反铲挖土机相似，也分为沟端开挖和沟侧开挖。

4）抓铲挖土机

索具式抓铲挖土机（图 1.51）的挖土特点是：直上直下，自重切土。其挖掘力较小，能开挖一、二类土，适于施工面狭窄而深的基坑、深槽、沉井等开挖，清理河泥等工程，最适于水下挖土。目前，液压式抓铲挖土机得到了较多应用，可强制切土，性能优于索具式抓铲挖土机。

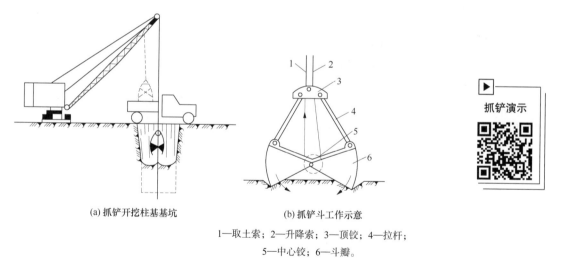

抓铲演示

(a) 抓铲开挖柱基基坑　　　　(b) 抓铲斗工作示意

1—取土索；2—升降索；3—顶铰；4—拉杆；
5—中心铰；6—斗瓣。

图 1.51　索具式抓铲挖土机工作示意

对于小型基坑，抓铲挖土机可立于一侧进行抓土作业；对较宽的基坑（槽），则需在两侧或四周抓土。施工时应离开基坑足够的距离，并增加配重。

2. 挖土机的选择与配套计算

1）选择的依据

机械的选择主要是确定机械的类型、型号和数量三个方面。选择时首先应根据土方工程的类型及规模，如挖坑、挖槽还是大开挖，开挖深度及土方量大小等；其次要考虑地质、水文条件，如土的类型、含水率、地下水等；最后要考虑现有设备条件及工期要求等。

2）挖土机数量确定

挖土机的数量 N，应根据土方量大小和工期长短确定，并考虑合理的经济效果，可按下式计算。

$$N = \frac{Q}{P} \cdot \frac{1}{TCK} \tag{1-14}$$

式中　Q——土方量（m^3）；

　　　P——挖土机生产率（m^3/台班），可查定额手册或按式（1-15）计算；

　　　T——工期（工作日）；

　　　C——每天工作班数（台班/工作日）；

　　　K——时间利用系数，一般为 0.8～0.9。

$$P = \frac{8 \times 3600}{t} q \frac{K_c}{K_s} K_B \tag{1-15}$$

式中　t——挖土机每次作业循环延续时间（s），包括挖土、转车、卸土、回程；

　　　q——挖土机斗容量（m^3）；

　　　K_c——土斗充盈系数，可取 0.8～1.1；

　　　K_s——土的最初可松性系数；

　　　K_B——工作时间利用系数，一般为 0.7～0.9。

在实际工作中，当挖土机的数量已经确定时，也可利用式（1-14）来计算工期。

3）自卸汽车配套计算

与挖土机配合作业的自卸汽车，其载重量 Q_1 一般宜为挖土机每斗土重量的 3～5 倍。需配备自卸汽车的数量 N 应能保证挖土机连续工作，可按下式计算。

$$N = \frac{T_s}{t_1} \text{ 或 } N = \frac{S_2}{S_1} \tag{1-16}$$

式中　T_s——自卸汽车每一工作循环的延续时间（min）；

　　　t_1——自卸汽车每次装车时间（min）；

　　　S_1——自卸汽车每台班运土量（m^3）；

　　　S_2——挖土机每台班挖土量（m^3）。

当运土车辆较多时，应在计算值上增加 1 辆，以免因路况、故障等使挖土机工作间断。

3. 基坑开挖

1）基坑开挖的原则

（1）放坡开挖。当场地允许并经验算能保证土坡稳定时，可采用放坡开挖。开挖较深时应采用多级放坡，并在各级间留宽度不少于 1.5m 的平台。放坡开挖应做好地下水及地面水的处理；土质较差或留置时间较长的坡面应进行护坡；坑顶不宜堆土或存在堆载，否则应减缓坡度或加固。

（2）有支护无内支撑的基坑开挖。采用土钉墙、土层锚杆支护的基坑，开挖应与土钉、锚杆施工相协调，形成循环作业，并提供成孔施工所需的工作面。开挖应分层分段进行，每层挖深宜为土钉或锚杆的竖向间距，每层分段长度不宜大于 30m，开挖后及时进行支护施工。采用水泥土墙、板墙悬臂支护的基坑，其强度及龄期应满足设计要求，面积大者可采取平面分块、均匀对称的开挖方式，并及时浇筑垫层。

（3）有内支撑的基坑开挖。该种基坑开挖时应遵循"先撑后挖、限时支撑、分层开挖、严禁超挖"的原则，尽量减少基坑无支撑的暴露时间和空间。挖土机和车辆不得直接在支撑上行走或作业，同时，严禁在底部已经挖空的支撑上行走或作业。

2）基坑开挖的方法

基坑常用的开挖方法包括下坡分层开挖、盆式开挖和岛式开挖。

（1）下坡分层开挖（图 1.52）。下坡分层开挖常用于无坑内支撑的工程。分层厚度取决于边坡稳定、土钉及锚杆层距及机械挖深能力，并在适当位置留出坡道将土运出。每层土按机械开挖半径、挖运方便及周边环境分条分块进行开挖。

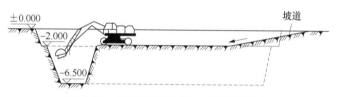

图 1.52　反铲挖土机下坡分层开挖示意

（2）盆式开挖（图 1.53）。盆式开挖适用于基坑中部支撑较为密集的大面积工程。先将基坑中部土方开挖成盆状，再开挖周边土方。这种开挖方法使基坑支护结构受力较晚，可在支撑系统养护阶段即进行开挖。

（3）岛式开挖（图 1.54）。岛式开挖适用于坑内支撑系统沿基坑周边布置、中部留有较大空间的工程。首先开挖基坑周边土方，其次在较短时间内完成基坑支护结构施工，最后在支撑系统养护阶段再开挖基坑中部岛状土体。该法对基坑变形控制较为有利。

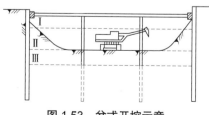

图 1.53　盆式开挖示意

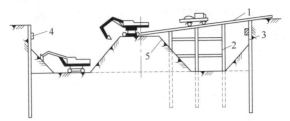

1—栈桥；2—支架；3—支护挡墙；4—腰梁；5—土墩。

图 1.54　中心岛（墩）式开挖示意

基坑开挖

3）基坑开挖的施工要点

（1）基坑开挖前应制定开挖方案、绘制开挖图（包括确定开挖路线、顺序、范围、基底标高、边坡坡度、排水沟和集水井位置以及土方堆放地点等），并设置完善的排水系统。基坑内地下水位应降至拟开挖层底面以下不小于 0.5m。

（2）基坑开挖应待支护结构满足承载要求，再开始分区分层开挖土方，并分区分层及时设置锚索或内支撑。土方开挖的顺序应与设计工况一致。基坑周边的施工材料、设施或车辆荷载严禁超过设计要求的地面荷载限值。

（3）每层开挖厚度宜控制在 3m 以内，并与支护结构的设置和施工要求配合。基底标高不一时，可采取先整片挖至较浅部位标高处，再进行较深部位的续挖。

（4）应根据地下水位、机械条件、进度要求等合理选用施工机械，以充分发挥机械效率，节省机械费用，加快施工进度。

（5）挖土机、运土车辆进出基坑的道路，应尽量设置在基坑一侧或地下车库坡道部位，以减少挖方量。对面积不大、深度较大的基坑，应尽量不设置或少设置坡道，采用机械接力挖运或用长臂挖土机作业，并以人工合理地配合。

（6）机械开挖时，基底及边坡应预留 200～300mm 厚土层由人工清底、修坡，以避免超挖和扰动原状土。人工配合机械清底、修坡时，可将松土清至机械作业半径范围内，再用机械掏取运走。

（7）基坑开挖不得损坏支护结构、降水设施和工程桩等，有内支撑的基坑开挖应均衡地进行。在软土地基或在雨期施工时，大型机械在坑下作业需铺垫钢板或路基箱垫道。

（8）基坑开挖至基底标高时，应及时进行下一工序，或将基底封闭，并采取防止水浸、暴露和扰动基底原状土的措施。否则，应保留至少 100～200mm 厚的土层作保护。冬期施工还应采取防冻、防滑的技术措施。

（9）基坑开挖应进行全过程监测，采用信息化施工法；并根据基坑支护结构和周边环境的监测数据，适时调整开挖的施工顺序和施工方法。

（10）经钎探、验槽（必要时还需进行地基处理）满足要求后，方可进行基础施工。

1.5　土　方　填　筑

1.5.1　土料选择与填筑方法

为了保证填土工程的质量，必须正确选择土料和填筑方法。

建筑地基基础的回填土料应符合设计要求，淤泥和淤泥质土、过盐渍土、强膨胀性土、有机质含量大于等于 5% 的土不得用作填料；碎石类土或爆破石渣的粒径不得超过每层铺填厚度的 2/3，且不得用作表层填料；土料的含水率应满足压实要求。

不同填料不应混填。当采用透水性不同的土料时，不得掺杂乱倒，应分层填筑，并将透水性较小的土料填在上层，以免填方内形成水囊或浸泡基础。

填方施工应对称、均衡地进行，宜水平分层铺填、分层压实。每层铺填的厚度应根据土的种类及压实机械而定。每层填土压实后，应检查压实质量，符合设计要求后，方能填筑上一层。当填方位于坡面上时，应先将斜坡挖成台阶状，再分层填筑，以防填土滑移。

1.5.2　填土压实方法

填土压实方法（图 1.55）包括碾压法、夯实法及振动压实法等。

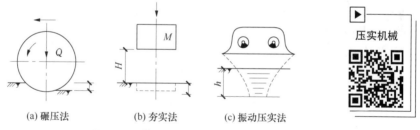

(a) 碾压法　　(b) 夯实法　　(c) 振动压实法

压实机械

图 1.55　填土压实方法

平整场地等大面积填土多采用碾压法，小面积的填土工程宜用夯实法，而振动压实法对非黏性土效果更好。

1. 碾压法

碾压法是利用机械滚轮的压力压实填土，常采用压路机（图 1.56）。压路机按滚轮材质分为钢轮和胶轮等形式；按重量分为轻型、重型等多种型号；按碾压方式分为平碾、羊足碾和振动碾。羊足碾产生的压强较大，对黏性土压实效果好。振动碾能力强、效率高。

(a) 钢轮平碾压路机

(b) 胶轮平碾压路机

(c) 振动碾压路机

(d) 羊足碾压路机

图 1.56　常用压路机

　　碾压时，对松土应先用轻碾初步压实，再用重碾或振动碾压，否则易造成土层强烈起伏，影响效率和效果；应先压边缘再压中间；碾压机械行驶速度不宜过快，一般平碾不应超过 2km/h，羊足碾不应超过 3km/h，且应先慢后快。

　　2. 夯实法

　　夯实法是利用夯锤或夯板下落的冲击力来使填土密实，分机械夯实和人工夯实两种。常用的夯实机械有夯锤、内燃夯土机、电动冲击夯和蛙式打夯机（图 1.57）等。人工夯实可用木夯、石夯等工具。

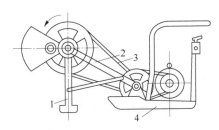
1—夯头；2—夯架；3—三角皮带；4—托盘。

图 1.57　蛙式打夯机

　　3. 振动压实法

　　振动压实法是通过振动力，使土颗粒发生相对位移而达到紧密状态。平板振动夯构造如图 1.58 所示。此外，振动碾压路机是一种振动和碾压同时作用的高效能压实机械，可比一般压路机提高功效 1 ～ 2 倍，节省动力 30%。振动压实适于填料为爆破石渣、碎石类土、砂土、杂填土和粉土等非黏性土的密实。

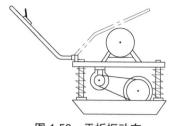

图 1.58　平板振动夯

1.5.3　填土压实的影响因素与控制

填土压实质量与许多因素有关，其中主要影响因素有压实功、土的含水率以及铺土厚度。

1. 压实功的影响与控制

填土压实质量与压实机械在填土上所作的功成正比。压实功取决于压实机械对填土施加的作用力（重力或冲击力、振动力）及压实遍数（或时间）。土的干密度与消耗的压实功的关系如图 1.59 所示。在开始压实时，土的干密度急剧增加；待接近最大干密度时，压实功虽然一直在增加，但土的干密度几乎没有变化。因此，在施工中不要盲目增加压实遍数。

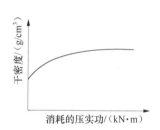

图 1.59　土的干密度与压实功的关系示意

2. 土的含水率的影响与控制

在同一压实功条件下，填土的含水率对压实质量有直接影响。较为干燥的土，由于土颗粒间的摩阻力较大而不易压实；而含水率过高的土，又易压成"橡皮土"；只有当含水率适当时，水起到润滑和黏结作用，土才易于压实。各种土的最佳含水率和所能获得的最大干密度可由击实试验确定，也可参考表 1-7。现场施工时，可通过"紧握成团、轻捏即碎"（黏性土或灰土）的经验法或快速测试仪，检测土的含水率是否在最佳范围内。

表 1-7　土的最佳含水率和最大干密度参考值

土的种类	最佳含水率 / (%)	最大干密度 / (t/m³ 或 g/cm³)
砂土	8 ～ 12	1.80 ～ 1.88
粉土	16 ～ 22	1.61 ～ 1.80
粉质黏土	12 ～ 15	1.67 ～ 1.95
黏土	19 ～ 23	1.58 ～ 1.70

3. 铺土厚度的影响与控制

土在压实功的作用下，压应力随深度增加而逐渐减小（图1.60），其影响深度与压实机械、土的种类及含水率等有关。铺土厚度应小于压实机械压土时的有效作用深度，但其中还有最优土层厚度问题。铺得过厚，要压很多遍才能达到规定的密实度；铺得过薄，也会增加机械的总压实遍数。恰当的铺土厚度能使土方压实而机械的功耗最少。填方每层的铺土厚度和压实遍数如表1-8所示。

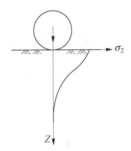

图 1.60　压应力沿深度的变化

表 1-8　填方每层的铺土厚度和压实遍数

填土压实方法	每层铺土厚度 /mm	每层压实遍数
平碾压路机	250 ～ 300	6 ～ 8
羊足碾压路机	200 ～ 350	8 ～ 16
振动碾压路机	250 ～ 350	3 ～ 4
蛙式、柴油打夯机	200 ～ 250	3 ～ 4
人工夯实	<200	3 ～ 4

1.5.4　填土压实的质量检验

填土压实后必须达到要求的密实度，密实度应按设计规定的压实系数 λ_C 作为控制标准。压实系数 λ_C 为土的控制干密度与最大干密度之比（即 $\lambda_C = \rho_d / \rho_{max}$）。压实系数一般由设计根据工程性质、使用要求以及土的性质确定。例如作为承重结构的地基，在持力层范围内，λ_C 应大于 0.96；在持力层范围以下，λ_C 应在 0.93 ～ 0.96 之间；一般场地平整，λ_C 应为 0.9 左右。

检验土的实际干密度，可采用环刀法取样，其取样组数为：基坑回填及室内填土，每层按每 100 ～ 500m² 取样不少于一组；柱基回填，每层取样为柱基总数的 10%，且不少于 5 组；基槽或管沟回填，每层按长度每 20 ～ 50m 取样一组；场地平整填土，每层按每 400 ～ 900m² 取样一组。取样部位在每层压实后的下半部。试样取出后，测定其实际干密度 ρ_d'，应满足：

$$\rho_d' \geqslant \lambda_C \cdot \rho_{max}$$

（1-17）

填土压实后的干密度，应有90%以上符合设计要求。其余10%的最低值与设计值之差不得大于0.08g/cm³，且不得集中。

习　题

一、单项选择题

1.作为检验填土压实质量控制指标的是（　　）。
   A.土的干密度　　B.土的压实度　　C.土的压缩比　　D.土的可松性
2.某基坑位于河岸，土层为砂卵石，需降水深度为3m，宜采用的降水井点是（　　）。
   A.轻型井点　　　B.电渗井点　　　C.喷射井点　　　D.管井井点
3.以下选项中，不作为确定土方边坡坡度依据的是（　　）。
   A.土质及挖深　　B.使用期　　　C.坡上荷载情况　D.工程造价
4.按土钉墙支护的构造要求，其面层喷射混凝土的厚度及强度等级至少应为（　　）。
   A.50mm，C10　B.60mm，C15　C.80mm，C20　D.100mm，C25
5.反铲挖土机的挖土特点是（　　）。
   A.后退向下，强制切土　　　　　　B.前进向上，强制切土
   C.后退向下，自重切土　　　　　　D.直上直下，自重切土
6.填方工程中，若采用的填料透水性不同时，宜将渗透系数较大的填料（　　）。
   A.填在上部　　　　　　　　　　　B.填在中间
   C.填在下部　　　　　　　　　　　D.与透水性小的填料掺杂
7.某基坑回填工程，检验其填土压实质量时，应（　　）。
   A.每三层取一次试样　　　　　　　B.每1000m²取样不少于一组
   C.在每层上半部取样　　　　　　　D.按设计规定的压实系数作为控制标准

二、填空题

1.当水力坡度为1时，水在土中的渗透速度称为_____。
2.土方边坡的坡度是指_____与_____之比。
3.轻型井点设备主要是由_____、弯连管、总管及抽水设备组成。
4.保持边坡稳定的基本条件是，在土体重力及外部荷载作用下产生的_____小于边坡土体的_____。
5.水泥土墙的施工方法有_____、_____等几种。
6.推土机一般可开挖_____类土，运土时的最佳运距为_____m。
7.若回填土所用土料的渗透性不同，则回填时不得_____，应将渗透系数小的土料填在_____部，以防出现水囊现象。

三、术语解释题

1. 土的可松性
2. 完整井与不完整井
3. 水泥土墙
4. 推土机斜角推土法
5. 填土密实度

四、简答题

1. 什么是土的可松性？可松性系数的意义及用途如何？
2. 试述流砂现象发生的原因及主要防治方法。
3. 试述土钉墙支护的原理及其施工顺序。
4. 挡土围护墙的支撑形式有哪些？各有何特点？
5. 试述土方填筑工程对土料的要求及填筑施工要点。

五、计算绘图题

1. 某基坑底平面尺寸，如图 1.61 所示，坑深 4.0m，四边均按 1 : 0.5 的坡度放坡，土的可松性系数 K_s=1.25，K_s'=1.08，基坑内箱形基础的体积为 1200m³。试求：基坑开挖的土方量和需预留回填土的松散体积。

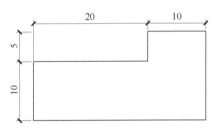

图 1.61　基坑底平面尺寸图（单位：m）

2. 某工程地下室，基坑底平面尺寸为 50m×20m，坑底标高 −6.000m，施工场地标高 −0.300m。已知地下水位面为 −4.000m，土层渗透系数 K=15m/d，−11.000m 以下为不透水层，基坑边坡需为 1 : 0.67。拟用射流泵轻型井点降水，其井管直径为 51mm，长度为 6m；滤管直径为 51mm，长度为 1.5m；总管直径为 127mm，每节长度为 6m，与井点管接口的间距为 1.2m。试进行降水的下列设计：

在线答题　　拓展习题

（1）确定轻型井点平面布置；
（2）进行高程布置的设计；
（3）计算涌水量、确定井点数量及间距；
（4）绘出井点平面布置图。

第2章

桩基础工程

知识结构图

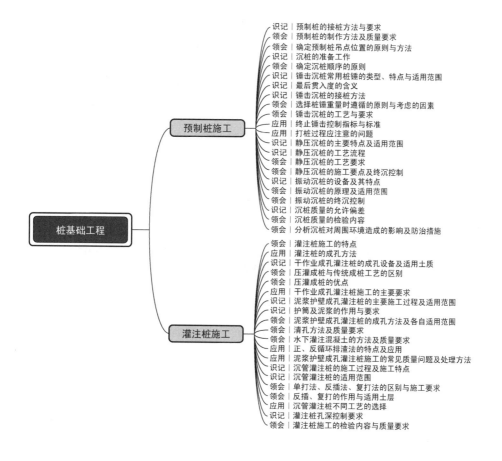

桩基础工程
- 预制桩施工
  - 识记｜预制桩的接桩方法与要求
  - 领会｜预制桩的制作方法及质量要求
  - 领会｜确定预制桩吊点位置的原则与方法
  - 识记｜沉桩的准备工作
  - 领会｜确定沉桩顺序的原则
  - 识记｜锤击沉桩常用桩锤的类型、特点与适用范围
  - 识记｜最后贯入度的含义
  - 识记｜锤击沉桩的接桩方法
  - 领会｜选择桩锤重量时遵循的原则与考虑的因素
  - 领会｜锤击沉桩的工艺与要求
  - 应用｜终止锤击控制指标与标准
  - 应用｜打桩过程应注意的问题
  - 识记｜静压沉桩的主要特点及适用范围
  - 识记｜静压沉桩的工艺流程
  - 领会｜静压沉桩的工艺要求
  - 领会｜静压沉桩的施工要点及终沉控制
  - 识记｜振动沉桩的设备及其特点
  - 领会｜振动沉桩的原理及适用范围
  - 领会｜振动沉桩的终沉控制
  - 识记｜沉桩质量的允许偏差
  - 领会｜沉桩质量的检验内容
  - 领会｜分析沉桩对周围环境造成的影响及防治措施
- 灌注桩施工
  - 领会｜灌注桩施工的特点
  - 应用｜灌注桩的成孔方法
  - 识记｜干作业成孔灌注桩的成孔设备及适用土质
  - 领会｜压灌成桩与传统成桩工艺的区别
  - 领会｜压灌成桩的优点
  - 应用｜干作业成孔灌注桩施工的主要要求
  - 识记｜泥浆护壁成孔灌注桩的主要施工过程及适用范围
  - 识记｜护筒及泥浆的作用与要求
  - 领会｜泥浆护壁成孔灌注桩的成孔方法及各自适用范围
  - 领会｜清孔方法及质量要求
  - 领会｜水下灌注混凝土的方法及质量要求
  - 应用｜正、反循环排渣法的特点及应用
  - 应用｜泥浆护壁成孔灌注桩施工的常见质量问题及处理方法
  - 识记｜沉管灌注桩的施工过程及施工特点
  - 识记｜沉管灌注桩的适用范围
  - 领会｜单打法、反插法、复打法的区别与施工要求
  - 领会｜反插、复打的作用与适用土层
  - 应用｜沉管灌注桩不同工艺的选择
  - 识记｜灌注桩孔深控制要求
  - 领会｜灌注桩施工的检验内容与质量要求

桩基础是深基础的主要形式，因其具有承载能力强，抗震性能好，沉降量小，施工中开挖、支护和降排水工作量小，技术经济效果优等特点，在建筑工程中得到广泛应用。

桩基础由若干根沉入土体中的桩和将桩顶连在一起的承台组成（图2.1）。桩的分类方法较多，按承载性状分为端承型桩（又分为端承桩和摩擦端承桩）、摩擦型桩（又分为摩擦桩和端承摩擦桩）；按成桩工艺分为非挤土桩、部分挤土桩和挤土桩；按桩身材料分为混凝土桩、钢桩和组合材料桩等；按施工方法分为预制桩和灌注桩。本章主要介绍预制桩和灌注桩的施工。

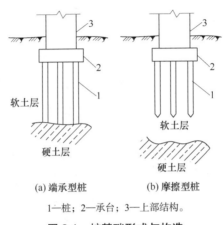

(a) 端承型桩　　　(b) 摩擦型桩

1—桩；2—承台；3—上部结构。

图 2.1　桩基础形式与构造

2.1　预制桩施工

预制桩是在施工现场地面或预制厂制作，经运输后沉到设计位置。预制桩具有单位面积承载能力较大、沉降量较小、施工速度快、工艺简单且不受地下水位影响等特点。预制桩的种类包括混凝土桩、钢桩、预应力混凝土桩等，其中混凝土实心方桩及预应力混凝土管桩应用最广。

常用的沉桩方法有锤击沉桩法、静压沉桩法和振动沉桩法。特殊情况下，可采用射水或预钻孔等与锤击或振动组合的沉桩方法。预制桩的施工过程，包括桩的制作、起吊、运输、堆放与沉桩等。

2.1.1　桩的准备

1. 桩的制作

通常混凝土管桩和较短的方桩（<15m）在预制厂制作，较长的方桩可在施工现场预制，或在预制厂分节制作，在沉桩过程中逐节接长，但接头不宜超过3个。

预制混凝土方桩的截面边长不小于250mm，混凝土强度等级不低于C30，纵向受力钢筋的混凝土保护层厚度不小于 45mm。预应力混凝土管桩直径不小于 300mm，混凝土强度等级不低于 C60，钢筋的混凝土保护层厚度不小于 35mm，常用离心法成型。钢桩常采用钢管或 H 型钢制作，需做好桩端和防腐处理。

预制混凝土方桩的主筋连接宜采用机械接头或焊接，接头位置应错开。桩顶和桩尖处的箍筋应加密，若采用锤击沉桩法还应在桩顶设置钢筋网片，其典型配筋图如图 2.2 所示。

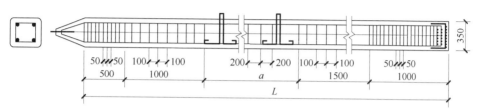

图 2.2　预制混凝土方桩构造

预制混凝土方桩多采用重叠间隔制作，以减少模板和占用场地。制作场地应平整夯实，宜浇筑不少于 60mm 厚的混凝土做底模。每层桩可分两批间隔制作（图 2.3），待第一批或下层桩的混凝土达到设计强度等级值的 30% 以上时，方可制作第二批或上层桩。应做好隔离处理，使接触面不粘连。桩的叠制层数据地基承载力确定，最多不应超过 4 层。

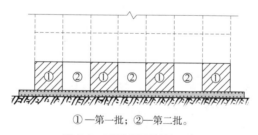

①—第一批；②—第二批。

图 2.3　重叠间隔制桩示意

浇筑桩身混凝土时，应由桩顶向桩尖连续进行，严禁中断。同时，要振捣密实，并应防止端部砂浆积聚过多。浇筑完毕，应及时覆盖洒水养护。桩的表面应平整密实，无裂缝，弯曲矢高不得大于 1‰ 桩长和 20mm。

2. 桩的起吊、运输和堆放

预制混凝土桩应在混凝土达到设计强度等级值的 70% 后方可起吊移位，达到设计强度等级值的 100% 后才能运输和打桩。在起吊时，吊点应符合设计计算规定。当吊点少于或等于 3 个时，其位置应按正、负弯矩相等的原则计算确定。桩的常用吊点位置如图 2.4 所示。起吊吊索与桩段水平夹角不应小于 45°，且应保持平稳，保护桩身。

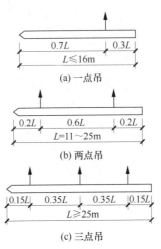

图 2.4 桩的常用吊点位置

预制桩运输时，其支垫点应与吊点位置一致，将桩放置平稳、垫实并适当固定，避免较大振动。对现场较短的桩，可用汽车吊或履带吊运输。现场运输、吊装过程中，严禁采用拖拉取桩法。

桩的堆放场地必须平整、坚实。桩应按不同规格、长度及施工先后顺序分别堆放。堆放时应设垫木，垫木位置与吊点位置相同，各层垫木应在同一垂直线上。预应力混凝土管桩叠层堆放层数要求：外径 500～600mm 者堆放层数不多于 5 层，外径 300～400mm 者堆放层数不多于 8 层。

3. 预制桩的接桩

由于施工设备及运输条件限制，桩的预制长度往往不能满足设计要求，因此需在沉桩过程中接桩，即用多节桩组成设计桩长，应注意最后一节的有效桩长不宜小于 5m。接桩时，作业点宜高出地面 0.5～1m，且不宜在桩尖进入硬土层时停顿或接桩。钢桩常采用焊接接桩方法，混凝土及预应力混凝土桩常采用焊接连接、螺纹连接和机械啮合连接等接桩方法（图 2.5）。为了提高耐久性，接桩金属件宜采用热镀锌等防腐件，焊缝应进行涂刷防锈漆等处理。

1）焊接连接

需进行焊接的预埋件或端板应为低碳钢。连接时，应在桩头处设置导向箍，使上下节段顺直对正，错位偏差不大于 2mm。对接前上下端板表面应刷净，点焊固定后拆除导向箍，在四周进行分层对称焊接，每层焊缝接头宜错开。焊接完成后应自然冷却 8min（锤击桩）或 6min（静压桩）或 3min（CO_2 保护焊），方可继续沉桩。

2）螺纹连接

螺纹连接适用于管桩的快速连接。接桩前应检查桩两端制作的尺寸偏差、连接件有无受损后方可起吊施工。接桩时，先卸下桩端的保护装置、清理接头，并在螺纹表面涂上润滑脂，然后在连接端盘上表面垫 3mm 厚灌缝浆料，下落上节桩。经插头锥度对中后，提起连接螺母并旋拧对扣，采用专用链条式扳手进一步旋紧后，锤击扳手臂至锁紧。锁紧后，连接螺母与螺纹端盘间尚应有 1 ～ 2mm 的间隙。

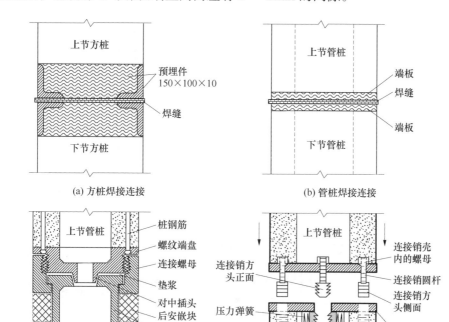

(a) 方桩焊接连接

(b) 管桩焊接连接

(c) 管桩螺纹连接

(d) 管桩机械啮合连接

图 2.5　接桩方法与接头构造示意

3）机械啮合连接

先将上下端板清理干净，用扳手将已涂抹防腐涂料的连接销逐根旋入上节桩端板的螺栓孔内，并用专用模板调整好连接销的方位。然后，剔除下节桩端板销板盒内的保护块，在销板盒内注入防腐黏结材料（如环氧树脂或沥青等），并在端板面涂抹厚度 3mm 的防腐黏结材料。再将上节桩吊起，使连接销与下节桩顶端的各连接口对准、下落，使连接销插入销板盒内，加压使上下节端板接触，即完成接桩。除了矩形齿连接外，圆柱头加楔片连接法更为方便。

2.1.2　沉桩的准备工作

1. 沉桩作业前应做好的准备工作

（1）施工现场自然条件、地质状况、附近建筑物及附近地下管线等相关资料的调查。

（2）清除妨碍沉桩施工的地上、地下障碍物，对场地进行平整并做好排水工作。

（3）现场设置不少于 2 个控制水准点，做好放线、定桩位、设标尺工作。

（4）准备好材料、机具，并接通水源、电源。

（5）确定合理的沉桩顺序。

（6）进行打桩试验，以检验设备和工艺是否符合要求。

2.沉桩顺序的确定

在进行沉桩施工时，由于桩对土体的挤密作用，后打入的桩不但下沉困难，而且可能导致先打入的桩偏移和变位，还有可能对周围建筑物产生一定的影响。因此，沉桩顺序合理与否，会影响沉桩速度、质量及周围建筑物安全。

1）常用的沉桩顺序

常用的沉桩顺序主要有逐排打、自边缘向中央打、自中央向边缘打和分段对称打等（图2.6）。

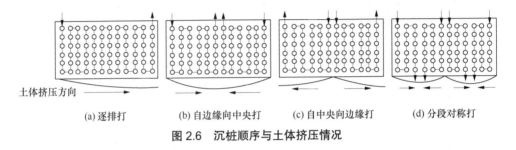

图2.6　沉桩顺序与土体挤压情况

（1）逐排打。桩架单向移动，桩的就位与起吊均很方便，故打桩效率较高。但它会使土体向一个方向挤压，导致后面桩的打入深度逐渐减小，最终会引起建筑物的不均匀沉降。

（2）自边缘向中央打。中部土体被挤密，使中间桩打入难，且可能使外侧桩因挤压而浮起。

（3）自中央向边缘打。该沉桩顺序可减少打桩对土体挤压不均匀的影响。

（4）分段对称打。该沉桩顺序可分散打桩对土体的挤压力。但打桩机要经常移位，影响打桩效率。

2）确定沉桩顺序的原则

（1）应按先深后浅、先大后小，先长后短、先密后疏的顺序进行。

（2）对于密集桩群（中心距小于桩断面边长的4倍），应自中央向两侧或四周对称施打。

（3）当一侧毗邻建筑物或构筑物时，应由该侧向远离该侧的方向施打。

2.1.3 桩的沉设

1.锤击沉桩施工

锤击沉桩法也称打入法，它是利用桩锤产生的冲击机械能，克服土体对桩的阻力，将桩沉入土中。该方法具有施工速度快、机械化程度高、适用范围广等优点，缺点是噪声及振动大、对桩身质量要求较高。

1）打桩机械

打桩机主要包括桩锤、桩架和动力装置三个部分。在选择打桩机时，应根据场地土质、工程的大小、桩的种类和现场情况确定。

（1）桩锤

根据动力源，常用的桩锤有柴油锤和液压锤，其工作原理、特点及适用范围见表 2-1。

表 2-1　桩锤类型及特点

桩锤种类	工作原理	特点	适用范围
柴油锤	利用燃油爆炸，推动活塞上下往复运动	附有桩架、动力等设备，机架轻、移动便利、打桩快、燃料消耗小、不需要外部能源。但软弱土层中起锤困难，噪声大、有油烟污染	1. 适于打各种桩； 2. 不适于在过硬或过软的土层中打桩
液压锤	冲击缸体通过液压油顶升与降落，冲击缸体下部充满氮气，用以延长对桩体施加压力的时间，从而获得更大的贯入度	不需要外部能源，工作可靠、操作方便，可随时调节锤击力大小，效率高，不易损坏桩头，噪声低，振动小，无废气排出。但构造复杂，造价高	1. 适于打各种桩； 2. 可用于拔桩和水下打桩

桩锤选择时应遵循"重锤轻击"的原则。否则，锤击能量很大部分会被桩身吸收，桩不仅不易打入，还容易打碎桩头。应根据地质条件、桩的类型、桩的长度、单桩承载力、桩群密集程度，以及现有施工条件等因素来确定桩锤类型及重量，其中尤以地质条件影响最大。当锤重为桩重的 1.5 ～ 2 倍时，沉桩效果较好。

（2）桩架

桩架（图 2.7）具有悬吊桩锤、吊桩就位和为打桩导向的功能，主要由支撑、导向架、起吊设备、动力设备和移动设备等构成。按行走或移动方式分为滚筒式、步履式和履带式等，常与桩锤配套使用。

2）打桩工艺与要求

打桩的工艺过程包括：桩机移动就位→吊桩和定桩→打桩→接桩→再沉桩→送桩→截桩头。

（1）桩机移动就位

桩机应就位准确、桩架垂直，校核无误后将其固定，将桩锤和桩帽吊升过桩顶高度。

（2）吊桩和定桩

将桩运至桩架下面，利用桩架上的起吊设备将桩提升吊起至垂直状态，桩尖对准桩位并调整垂直，垂直度偏差不得超过 0.5%，即完成吊桩。然后，将桩帽或桩箍在桩顶固定，并将桩锤缓落到桩顶上，在桩及桩锤的

常用桩锤种类

桩架种类

打桩施工

重力作用下，桩沉入土中一定深度并达到稳定位置，再次校正桩位及垂直度，此过程称之为定桩。

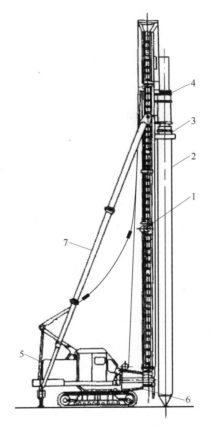

1—立柱；2—桩；3—桩帽；4—桩锤；5—机体；6—支撑；7—斜撑。

图 2.7　履带式桩架

（3）打桩

打桩开始时，应轻击数锤至桩入土一定深度后，观察桩身与桩架、桩锤是否在同一垂直线上，然后再正式施打。桩的施打原则是"重锤轻击"，这样可使桩锤对桩头的冲击小，回弹也小，桩头不易损坏，大部分能量都能用于沉桩。

打桩过程中，应注意贯入度变化，做好打桩记录。如遇贯入度剧变，桩身突然倾斜、回弹，桩身严重开裂或桩顶破碎等情况，应立即暂停施打，与有关单位研究处理后再继续作业。

打桩质量应满足承载能力要求，一般将设计桩端标高和最后贯入度（最后 10 击的入土深度）作为终止锤击的控制指标。控制标准为：

① 对桩端达到坚硬或硬塑的黏性土、中密以上的粉土、砂土、碎石类土及风化岩等持力层的端承桩，应以贯入度控制为主，桩端标高控制为辅。贯入度已达到设计要求而桩端标高未达到时，应继续锤击 3 阵，并按每阵（10 击）的贯入度不大于设计规定的数值（如 30mm）确认。

② 对桩端位于其他软弱土层的摩擦桩，应以桩端标高控制为主，贯入度控制为辅。

（4）送桩

当桩顶设计标高在地面以下时，需使用送桩器辅助将桩沉送至设计标高。送桩器为一种工具式钢制短桩，它应有足够的强度、刚度和耐冲击性，长度应满足送桩深度的要求，弯曲度不得大于 1‰。送桩作业时，送桩器与桩头之间应设置衬垫，衬垫在锤击压实后的厚度不宜小于 60mm。送桩深度一般不宜大于 2m，否则应采取稳定、加强、缓冲等措施。

（5）截桩头

当桩打完并开挖基坑后，按设计要求的桩顶标高用截桩器或冲击钻将桩头多余部分截去。为使桩身和承台连为整体，应保留并剥出足够长度的钢筋以锚入承台。截桩时不得打裂桩身混凝土。

2.静压沉桩施工

静压沉桩
动画演示

静压沉桩法是通过静力压桩机的液压装置，利用压桩机的自重和配重作为反作用力，将桩逐节压入土中。该法主要用于较软弱土层的场地，其施工的桩长可达 60m 以上，压桩机的设计压力可达 12000kN 以上。

与锤击沉桩法相比，静压沉桩法具有桩的配筋少，施工无振动、无噪声，对周围环境影响小，场地整洁，操作自动化程度高，施工速度快、功效高，易于估计单桩承载力等优点。但设备自重大，对施工场地要求较高。

1）机械选择

静力压桩机常用液压式。液压静力压桩机按压桩形式分为抱压式（图 2.8）和顶压式（图 2.9），按压桩位置分为中置式和前置式。

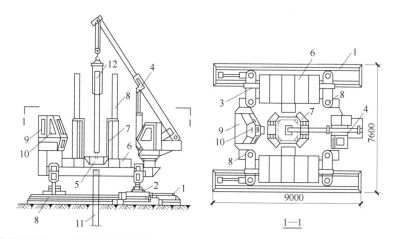

1—长船行走机构；2—短船行走及回转机构；3—支腿式底盘结构；4—液压起重机；5—夹持与压板装置；
6—配重铁块；7—导向架；8—液压系统；9—电控系统；10—操纵室；11—已压入下节桩；12—吊入上节桩。

图 2.8 抱压式液压静力压桩机构造示意

图 2.9　顶压式液压静力压桩机作业

为保证桩能顺利压入，压桩机的型号和配重的选用应根据地质条件、桩型、桩的密集程度、单桩竖向承载力及现有施工条件等因素确定。设计压桩力不应大于机架和配重重量的 0.9 倍。当边桩净空不能满足中置式液压静力压桩机施压时，宜选用前置式液压静力压桩机进行施工。当设计要求或施工需要采用引孔法压桩时，宜选用配有螺旋钻的压桩机或另外配备钻孔、冲孔桩机配合作业。

2）施工工艺

施工前，应做好场地的平整、压实及排水，使场地的承载能力不低于压桩机接地压强的 1.2 倍，并能保持压桩机始终处于水平状态。

确定压桩顺序时，除应符合前述沉桩顺序的原则外，还应注意：对地层中含有砂、碎石或卵石的局部区域，宜先行施工；压桩路线不宜交叉或重叠。

施工时一般都采取分段压入，逐段接长的方法，其工艺流程为：测量定位→压桩机就位→吊桩、插桩→桩身对中调直→压桩→接桩→再压桩（→送桩）→终止压桩→截桩头。静压沉桩施工过程如图 2.10 所示。

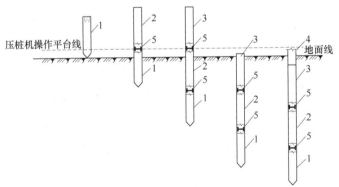

(a) 准备压　　(b) 接第二　(c) 接第三　(d) 整根桩　(e) 用送桩
第一段桩　　　段桩　　　段桩　　　压至地面　压桩至完毕

1—第一段桩；2—第二段桩；3—第三段桩；4—送桩；5—接桩。

图 2.10　静压沉桩施工过程

3）施工要点

（1）在用压桩机上的吊机进行吊桩、送桩过程中，严禁压桩机行走和调整；管桩送桩时，夹具应避开与桩身两侧模板合缝处的棱线接触。起吊预制桩后，应使桩尖垂直对准桩位中心，缓缓插入土中。采用抱压式液压静力压桩机时，抱桩压力不应大于桩身允许侧向压力的 1.1 倍，以免桩身受损。采用顶压式液压静力压桩机时，应在桩顶垫 100mm 厚的硬木板后，再扣桩帽。

静压沉桩施工现场

（2）第一段桩插入地面 0.5～1.0m 时，再次校正桩的垂直度和平台的水平度，使桩的垂直度偏差不大于 0.3%。然后继续压桩，施压速度不超过 2m/min。

（3）压桩时，桩帽、桩身及送桩的中心线应重合，以保持轴心受压；接桩时也应对齐中心线，且节点处弯曲矢高不得大于 1‰ 桩长。

（4）压桩应连续进行，每根桩宜连续压到底。压桩中应随时测量桩身的垂直度，保持垂直度偏差不大于 0.5%。当偏差大于 1% 时，应找出原因并设法纠正。施工中，应由专人或开启自动记录设备做好施工记录。

（5）压桩过程中，如果出现压力表读数显示情况与勘察报告中的土层性质明显不符、遇到难以穿越的硬夹层、出现异常响声或压桩机工作状态出现异常、桩身出现纵向裂缝或桩头混凝土剥落、压桩机下陷或夹持装置打滑等，应暂停压桩作业，并分析原因、采取相应措施。严禁出现浮机现象。

（6）应根据现场试压桩的试验结果确定终压标准。对一般摩擦桩进行桩端标高控制；对端承摩擦桩则以桩端标高控制为主，并参照终压值（设计最终压桩力）控制。终压时应以数次稳压均满足终压值及贯入度为准。对于入土深度 8m 及以上的桩应复压 2～3 次；入土深度少于 8m 的桩复压 3～5 次；稳压时的压桩力不应小于终压值，每次稳压时间宜为 5～10s。

3. 振动沉桩施工

振动沉桩法是利用固定在桩顶的振动桩锤所产生的振动力，使桩周围土体受迫振动，减小桩侧与土体间的摩阻力，并在重力及振动力的共同作用下，将桩沉入土中。该法适用于在黏土、松散砂土及黄土和软土中沉桩，更适合于打钢管桩、钢板桩。有时可不用桩架，起重机吊起即可工作；沉桩不伤桩头，不产生有害气体；借助起重设备还可进行拔桩。

振动沉桩及拔桩

振动桩锤按照动力形式分为电动桩锤（图 2.11）和液压桩锤，按照振动频率可分为以下三种。

（1）超高频振动桩锤。其振动频率为 100～150Hz，与桩体自振频率一致而产生共振，对土体产生急速冲击，可大大减小摩擦力，以最小功率、最快的速度打桩，对周围环境影响小，适合在城市中施工。

（2）中高频振动桩锤。其振动频率为 20～60Hz，适用于松散冲积层、松散及中密的砂石层施工，但不适宜于黏土地区。

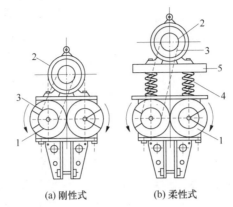

(a) 刚性式　　　　　　(b) 柔性式

1—激振器；2—电动机；3—传动带；4—弹簧；5—加荷板。

图 2.11　电动桩锤构造示意

（3）低频振动锤。它适用于大管径桩，多用于桥梁和码头工程，其振幅大、噪声大。

振动沉桩施工应控制最后三次振动，每次 5min 或 10min，以每分钟平均贯入度满足设计要求为准。端承桩以桩尖进入持力层深度为准。

2.1.4 沉桩质量要求

预制混凝土桩施工应对桩位偏差、桩身完整性进行检验；钢桩应对桩位偏差、断面尺寸、桩长和弯曲矢高进行检验；施工完成后应进行竖向承载力检验。

桩位放样的偏差，对群桩不得超过 20mm，单排桩不得超过 10mm，以保证桩位准确。沉桩完成后，桩位的偏差应在允许范围内（表 2-2）。桩施工后，应采用静压试验或高应变法进行桩承载力检验，采用低应变法进行桩身完整性检验。承载能力应满足设计要求，桩身的完整性应符合国家标准。

表 2-2　预制桩（钢桩）的桩位允许偏差

序号	项　目		允许偏差 /mm
1	带有基础梁的桩	垂直基础梁的中心线	$100+0.01H$
2		沿基础梁中心线	$150+0.01H$
3	承台桩	桩数为 1～3 根	$100+0.01H$
4		桩数为 4 根及以上	1/2（桩径或边长）+0.01H

注：H 为施工现场地面标高与桩顶设计标高的距离。

2.1.5 沉桩对周围环境的影响及预防措施

采用锤击沉桩法、振动沉桩法沉设预制桩，除对周围环境产生噪声、振动影响外，还会因土体受到挤压，土中孔隙静水压力升高，引起地面隆起和土体水平位移，而对周围原有建筑物、道路和地下管网设施带来不利影响。严重者会使周围原有建筑物基础被推移、墙体开裂、地下管线破损或断裂等。为了减少或预防这些有害影响，可采用下列措施。

（1）采用预钻孔沉桩。先在地面桩位处钻孔，然后插入预制桩，再用打桩机将桩打到设计标高。为了不使单桩承载力受到明显影响，预钻孔深度一般不宜超过桩长的一半。

（2）设置防震沟。在需要保护的建筑物等附近，开挖防震沟（深 1.5～2m，宽 0.8～1m），以隔断沉桩时产生的震动波。同时，还可以隔断近地表处的土体位移。

（3）采用合理的沉桩顺序。预制桩的沉桩顺序不同，其挤土的情况亦不相同（图 2.6）。由于先沉入桩周围的土固结后，土与桩之间产生一定的摩阻力，可以阻止土体隆起，而桩与桩之间的土又先受到压缩和挤实，所以土体隆起和位移多发生在沉桩推进的前方。因此，为了保护邻近建筑物，群桩沉设宜从离该建筑物近的一边开始，向远离该建筑物的方向进行。

（4）控制沉桩速率或预埋塑料排水带排水。由于猛烈沉桩时的挤压，土体中会产生超静孔隙水压力，对桩周及地基土体造成不利影响，且难以消散。控制沉桩速率或预埋塑料排水带可减少孔隙水压力。塑料排水带透水性极好，打桩前采用专业机械插入打桩区的软土中，打桩时土中的孔隙水受压后沿塑料排水带中的孔道逸出，可减少土体中的孔隙水压力，且可使地基土得到加固。

2.2　灌注桩施工

灌注桩是在设计桩位就地成孔，孔内安放钢筋笼、灌注混凝土而成。与预制桩相比，灌注桩能适应各种土层，无须接桩；由于避免了运输、锤击等附加应力的影响，对混凝土强度和配筋要求相对较低，且施工工艺简单、成本较低；可制作大直径、大深度、大承载力桩，应用范围广。其缺点是不能立即承载，成桩质量不易控制。

按成孔工艺，灌注桩可分钻孔灌注桩、沉管灌注桩、人工挖孔灌注桩、爆扩成孔灌注桩和挤孔灌注桩等，目前常用前两种。

2.2.1　钻孔灌注桩施工

钻孔灌注桩的桩孔通过各种钻机钻孔而成。钻孔施工速度快、无振动、无挤土、噪声小，可在城市及建筑物稠密区使用。但桩基沉降量偏大，施工中有大量土渣或泥浆排出，在软土地基中易出现缩颈、断桩等质量问题。目前，重要工程常在混凝土灌注后，通过设置的注浆管向桩底及桩侧压注水泥浆，以提高承载力、减少沉降量。

灌注桩施工过程演示

成孔方法可根据地下水位高低而定。当桩位处于地下水位以上时，可采用干作业成孔方法；当桩位处于地下水位以下时，则可采用泥浆护壁成孔方法进行施工。

1. 干作业成孔灌注桩施工

干作业成孔可采用螺旋钻机、旋挖钻机等，适合在地下水位以上的黏性土、粉土、填土、中等密实以上的砂土、风化岩层中成孔。螺旋钻机（图 2.12）成孔时由螺旋钻头切削土体，切下的土沿钻杆螺旋叶片上升而排出孔外。其成孔直径一般为 400～600mm。施工时按照工艺流程，可分为传统成桩和压灌成桩。

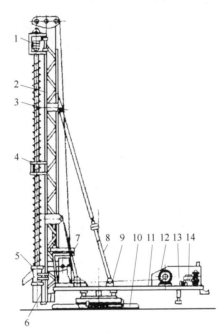

1—减速箱；2—臂架；3—钻杆；4—导向套；5—出土装置；6—前支腿；7—操纵室；
8—斜撑；9—中盘；10—下盘；11—上盘；12—卷扬机；13—后支腿；14—液压系统。

图 2.12　步履式螺旋钻机

1）传统成桩工艺

传统成桩是在成孔后，吊入钢筋笼、灌注混凝土而成桩的。当钻机钻至设计标高后，应在原位空转 30～60s 进行清底，保证孔底虚土厚度不超过 50mm（端承桩）或 100mm（摩擦桩）。钻出的土应及时清运，堆土距孔口不少于 6m。将提前准备好的钢筋笼吊放入孔后，应及时灌注混凝土。灌注前，孔口要安放护孔漏斗。灌注至桩顶以下 5m 范围内时，应加强振捣，每次灌注高度不得大于 1.5m。

压灌成桩
演示

2）压灌成桩工艺

压灌成桩是在螺旋钻机钻孔至设计深度后，利用混凝土泵通过钻杆中心通道，以一定压力将混凝土灌至桩孔中，钻杆随混凝土上升。混凝土灌注到设定标高以上 0.3～0.5m 后，移开钻杆，钻机或起重机吊钢筋笼就位，借助钢筋笼自重和插筋器（顶部加装振动器的钢管）的振动力，将钢筋笼插入混凝土至设计标高,再边振动边拔出插筋器而成桩(图 2.13)。与传统成桩工艺相比,压灌成桩工艺成桩速度快、单桩承载力高、混凝土密实性好,并可减少塌孔,避免缩颈、露筋、桩底沉渣多等质量缺陷,在有少量地下水的情况下仍可成桩,因此已得到广泛应用。

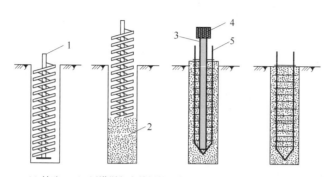

　　(a) 钻孔　　(b) 压灌混凝土并提钻　(c) 插入钢筋笼　(d) 拔出钢管,成桩

1—螺旋钻杆;2—混凝土;3—插筋钢管;4—振动器;5—钢筋笼。

图 2.13　压灌成桩施工过程

　　干作业成孔灌注桩的混凝土充盈系数(实际灌注量与理论量的比值)应不小于 1.0 ~ 1.2,以满足承载能力要求。

　　2. 泥浆护壁成孔灌注桩

　　泥浆护壁成孔灌注桩宜用于处于地下水位以下的黏性土、粉土、砂土、填土、碎石土及风化岩层。成孔时,通过泥浆护壁作用以降低地下水渗流导致孔壁坍塌的可能性。其施工过程如图 2.14 所示,设备布置如图 2.15 所示。

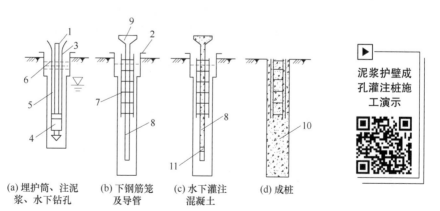

泥浆护壁成孔灌注桩施工演示

　　(a)埋护筒、注泥　　(b)下钢筋笼　　(c)水下灌注　　(d)成桩
　　　 浆、水下钻孔　　　 及导管　　　　 混凝土

1—钻杆;2—护筒;3—电缆;4—潜水电钻;5—输水胶管;6—泥浆;
7—钢筋笼;8—导管;9—料斗;10—混凝土;11—隔水栓。

图 2.14　泥浆护壁成孔灌注桩施工过程

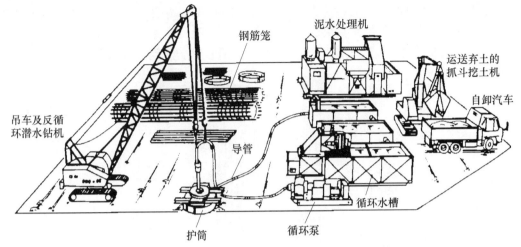

图 2.15　泥浆护壁成孔灌注桩施工设备布置示意

1）埋设护筒

护筒具有固定桩孔位置、保护孔口、存储泥浆以增大桩孔内水压、为成孔导向等作用。护筒一般采用 4 ～ 8mm 厚钢板制作，其内径应较钻头直径大 100mm，上部宜开设 1 ～ 2 个溢浆孔。护筒埋设应进入稳定土层，最小埋设深度：在黏土中为1m、在砂土中为 1.5m。护筒外侧用黏土填实。其高度应满足孔内泥浆面高度及避免孔口坍塌的要求。

2）制备泥浆

泥浆的主要作用是护壁，其次还有携渣、冷却和润滑作用。由于孔内的泥浆面高于地下水位，且泥浆比重大于水的比重，其静侧压力可以抵抗作用在孔壁上的土压力和水压力，并防止地下水的渗入。同时，在孔壁上形成透水性很低的泥皮，能避免渗漏水而保持孔内的水压，对砂土还有一定的黏结效应，从而起到液体支撑的作用。由于泥浆具有较高的黏性，可将切削下的土渣悬浮起来，并随同泥浆的循环排出孔外，起到携渣排土作用。此外，泥浆还具有冷却钻头以减少磨损，对土体润滑以降低切削阻力、提高钻进效率的作用。

泥浆通常在钻孔前制备，在钻孔时灌入并随时补充；在灌注混凝土时，将排出的泥浆回收再利用。在黏性土层中钻孔可自造泥浆，其他土层均应采用高塑性黏土或膨润土制备泥浆。泥浆的主要性能指标：比重为 1.1 ～ 1.15；黏度，黏性土为 18 ～ 25s；砂土为 25 ～ 30s；含砂率 <6%；胶体率 >95%。施工期间护筒内的泥浆面应保持高出地下水位 1.0m 以上。

3）成孔

泥浆护壁成孔灌注桩成孔的常见方法主要有挖孔、钻孔、冲孔和抓孔四种。

（1）挖孔

挖孔是利用旋挖钻机（图 2.16）成孔。通过其土斗下压和旋转来切削孔底土体并使其进入土斗，提出土斗后卸土。该种钻机配有多种土斗，可据土质情况选择和更换，因此适用于在黏性土、粉土、砂土、填土、碎石土及风化岩层等多种土层中成孔。其成孔直径为 600 ~ 3000mm，成孔深度可达 120m 以上。

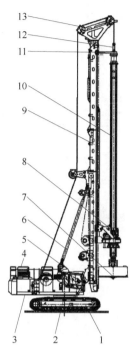

1—底盘；2—回转支承；3—回转平台；4—发动机；5—变幅机构；6—液压系统；
7—土斗；8—动力头；9—桅杆；10—钻杆；11—随动架；12—提引器；13—吊锚架。

图 2.16　旋挖钻机

挖孔方法施工速度快、噪声小、孔底沉渣少、适用范围广。为防塌孔，成孔时应采用跳挖方式，卸土位置距孔口应不少于 6m 并及时清除，应控制土斗在孔中的升降速度，并随钻进过程同步补充泥浆。

（2）钻孔

钻孔常用回转钻机（图 2.17）或潜水钻机，适用于在地下水位高的淤泥质土、黏性土及砂土中成孔。

回转钻机是由动力装置驱动钻杆及钻头转动的，钻头切削下的土渣通过泥浆循环排出孔外成孔。其成孔直径为 600 ~ 1200mm，成孔深度可达 100m 以上。

潜水钻机是将电动机、变速机构与钻头连为一体加以密封，由绳索悬吊潜入水中钻进，通过泥浆循环排渣而成孔。钻机长度一般不小于钻头直径的 3 倍，以设置导向装置，保证桩孔垂直。潜水钻机体积小、重量轻、施工移动方便，钻进无噪声、效率高。其成孔直径为 600 ~ 800mm，成孔深度可达 50m 以上。

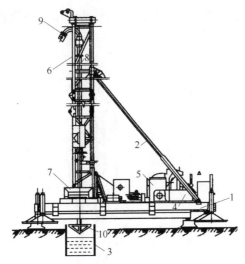

1—底盘；2—斜撑；3—护筒；4—电动机；5—卷扬机；
6—钻架；7—转盘；8—钻杆；9—泥浆管；10—钻头。

图 2.17　回转钻机

（3）冲孔

冲孔是利用冲击钻成孔，把带钻刃的重钻头提升至一定高度，靠自由下落的冲击力来削切、捣烂土层或岩层，通过泥浆循环或专用淘渣桶排出碎渣成孔。施工时，应根据土层随时调整冲程和泥浆比重。冲孔适用于各类土层及风化岩、软质岩等。

（4）抓孔

抓孔是将冲抓锥头提升到一定高度，锥头内有压重铁块和活动抓片，下落时抓片张开、切入土中，然后开动卷扬机提升冲抓锥头，此时抓片收拢抓取土体，进而将冲抓锥头提升至地面卸土，依次循环成孔。抓孔适用于碎石土、砂土、砂卵石、黏性土、粉土、强风化岩等。

4）泥浆循环排渣

泥浆循环排渣可分为正循环排渣法和反循环排渣法。

正循环排渣法［图 2.18（a）］是利用潜水泥浆泵将泥浆由钻杆内腔向下打入，从钻头底部喷出，携带土渣的泥浆沿孔壁向上流动，由孔口将土渣带出，流入沉淀池，经沉淀或除渣处理的泥浆流入泥浆池，再由潜水泥浆泵注入钻杆，如此循环。正循环设备简单，操作方便，但出渣效率较低，对孔深大于 40m 或粗粒土层不宜使用。

反循环排渣法［图 2.18（b）］是泥浆由孔口流入孔内，同时，与钻杆相连的砂石泵通过钻杆底部吸渣，使钻下的土渣连同泥浆经由钻杆内腔吸出并排入沉淀池，经沉淀或除渣处理后的泥浆再流入孔内。由于泵吸作用，泥浆的上返速度大，可以提高排渣能力和成孔效率。其排渣深度可达 50m 以上。当钻孔深度过大时，还可在钻杆下部通入向上的高压空气，形成气举泵吸反循环，使其排渣深度可达到 120m、最大粒径 30mm 以上。

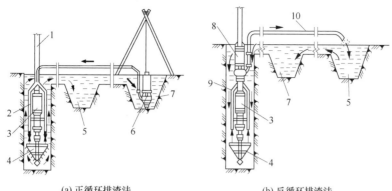

(a) 正循环排渣法　　　　　　　　(b) 反循环排渣法

1—钻杆；2—送水管；3—主机；4—钻头；5—沉淀池；6—潜水泥浆泵；

7—泥浆池；8—砂石泵；9—抽渣管；10—排渣胶管。

图 2.18　循环排渣方法

5）清孔

钻孔深度达到要求后要清除孔底沉渣，以减少灌注桩沉降和提高承载能力。当孔壁土质较好、泥浆中无大颗粒时，可用泥浆置换法清孔。孔壁土质较差、泥浆中含有较大颗粒砂石，宜用反循环法清孔。其中孔深在 50m 以内者可用泵吸反循环法，孔深 50m 以上者应采用气举反循环法。经检测清孔满足要求后，吊入钢筋笼、安装导管并进行第二次清孔，直至孔底 500mm 以内泥浆的指标符合循环泥浆的性能指标要求（比重，黏性土为 1.1 ～ 1.2，砂土为 1.1 ～ 1.3，砂夹卵石为 1.2 ～ 1.4；用马氏漏斗测量的黏度，黏性土为 18 ～ 30s，砂土为 25 ～ 35s；含砂率 <8%；胶体率 >90%）；孔底沉渣厚度，对端承桩不大于 50mm，摩擦桩不大于 100mm，方可灌注混凝土。

6）水下灌注混凝土

水下灌注的混凝土，其强度等级不应低于 C25；粗骨料粒径不得大于钢筋最小净距的 1/3 与 40mm 中的较小值；必须具备良好的和易性，坍落度宜为 180 ～ 220mm；水泥用量不少于 360kg/m³；砂率宜为 40% ～ 50%，并宜选用中粗砂；纵向钢筋的混凝土保护层厚度不小于 50mm。

水下灌注混凝土常用导管法（图 2.19）。它是将密封连接的导管作为水下混凝土的灌注通道，以避免泥浆与混凝土接触。导管通常用壁厚不小于 3mm 的无缝钢管制作，直径为 200 ～ 250mm，每节长度 2 ～ 3m，底节不小于 4m。各节用双螺纹方丝扣快速接头连接，接头处的最大外径应比钢筋笼内径小 100mm 以上，以便顺利提出。

灌注混凝土前，先将导管吊入桩孔内，底部距桩孔底 0.3 ～ 0.5m，导管顶部连接储料漏斗，在导管内放入隔水栓。隔水栓宜采用球胆或用细钢丝悬吊预制细石混凝土柱块。

灌注混凝土时，先在漏斗内灌入足够的混凝土，其量应保证首批混凝土下落后能将导管下端埋入混凝土中 0.8m 以上。然后剪断钢丝，隔水栓下落，混凝土随隔水栓冲出导管下口，并把导管底部埋入混凝土内。其后要连续灌注混凝土，提升并逐节拆除导管。要控制导管提升速度，保持其始终埋入混凝土中 2 ～ 6m。灌至桩顶时，要超灌 1m 高度，以保证凿除泛浆层后桩顶混凝土强度满足设计要求。桩混凝土充盈系数应不小于 1.0。

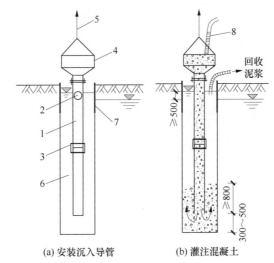

(a) 安装沉入导管　　　(b) 灌注混凝土

1—导管；2—隔水栓；3—导管接头；4—漏斗；5—吊索；6—桩孔；7—护筒；8—混凝土泵管。

图 2.19　导管法水下灌注混凝土

7）常见质量问题及处理

（1）塌孔。在成孔过程中或成孔后，若泥浆中不断出现气泡或护筒内的水位突然下降，均是塌孔的迹象。其形成原因主要是土质松散、泥浆护壁不力。如发生塌孔，应探明塌孔位置，将砂和黏土混合物回填到塌孔位置以上 1～2m；如塌孔严重，应全部回填，等回填物沉积密实后再重新钻孔。

（2）缩孔。缩孔是指钻孔后孔径小于设计孔径的现象，是由塑性土膨胀或软弱土层挤压造成的。处理时可用钻头上下反复扫孔，以扩大孔径。

（3）斜孔。成孔后发现垂直度偏差过大，是由于护筒倾斜和位移、钻杆不垂直、钻头导向性差、土质软硬不一或遇上孤石等原因造成的。斜孔会影响桩基质量，并会给后面的施工造成困难。处理时可在偏斜处吊住钻头，上下反复扫孔，直至把孔位校直。

（4）孔底沉渣过厚。成孔及清孔时应尽量清理，或采用后注浆法挤密、固结沉渣。后注浆时，应在钢筋笼上固定不少于 2 根注浆管，待桩混凝土灌注完 7～8h 后，用压力为 0.8～1.0MPa 的清水冲开注浆管底端的止逆塞；待成桩 2d 后向孔底高压注入水泥浆。

2.2.2　沉管灌注桩

沉管灌注桩是利用锤击或振动方法将带有桩尖的钢制桩管沉入土中成孔。当桩管打到要求深度后，放入钢筋笼，边灌注混凝土，边拔出桩管而成桩，其施工过程如图 2.20 所示。沉管灌注桩可避免有流砂、淤泥等较差土层或地下水位高时产生的塌孔，但是由于设备性能使桩径、桩长都受到限制，且施工有振动、噪声大，易产生质量问题。其适用的土层包括黏性土、粉土、砂土和碎石类土。

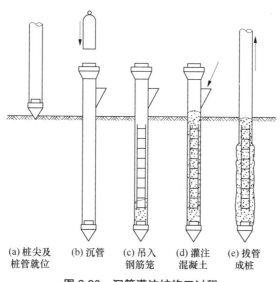

(a) 桩尖及　　(b) 沉管　　(c) 吊入　　(d) 灌注　　(e) 拔管
　桩管就位　　　　　　　　钢筋笼　　混凝土　　成桩

图 2.20　沉管灌注桩施工过程

　　沉管灌注桩使用的机具设备与预制桩施工设备基本相同。其沉管方式有锤击、振动、静压等。下面以锤击或振动沉管灌注桩为例介绍沉管灌注桩的施工。

1. 桩尖选择

　　常见的沉管灌注桩桩尖有两种构造，一种是钢筋混凝土预制桩尖［图 2.21（a）］，沉管时用桩管套住预制桩尖，沉到预定标高后，桩尖留在桩底土层中；另一种是桩管端部自带的钢制活瓣桩尖［图 2.21（b）］，沉管时，桩尖活瓣合拢，灌注混凝土并拔管时，活瓣在混凝土压力下打开，这种桩尖必须具有足够的强度和刚度，活瓣开启灵活，合拢后缝隙严密。

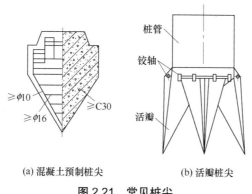

(a) 混凝土预制桩尖　　　　　　(b) 活瓣桩尖

图 2.21　常见桩尖

2. 沉管

准备工作做好后，用桩架吊起钢桩管，合拢活瓣桩尖或对准预先稳固在桩位处的钢筋混凝土预制桩尖，然后慢慢放下，使桩尖沉入土中。桩管上端扣上桩帽，检查桩管与桩锤是否在同一垂直线上，桩管偏斜不大于0.5%时，即可锤击或振动沉管。先低锤轻击或低频振动，观察若无偏移后，才正常锤击或振动沉管。当使用预制桩尖时，桩管与桩尖连接处应垫麻布等，以防止地下水渗入管内。

3. 拔管与灌注混凝土

吊脚桩

缩颈桩

当桩管沉到设计标高或符合设计要求的贯入度后，停止锤击或振动，检查桩管内无吞桩尖或进土、水及杂物后，立即灌注混凝土，适时放入钢筋笼，边灌注混凝土边进行拔管。拔管高度应与混凝土灌入量相匹配，最后一次拔管应高于设计标高。拔管时必须保持密锤低击或低频振动，边打边拔，以确保混凝土灌注密实。拔管速度必须严格控制：对一般土层以1m/min为宜，在软弱土层和软硬土层交界处宜控制在0.3～0.8m/min，淤泥质软土不大于0.8m/min。应确保混凝土下落顺畅，避免出现断桩、吊脚或缩颈现象。

为确保沉管灌注桩的桩身质量和承载力，应根据土质情况和荷载要求，选用单打法、反插法或复打法施工工艺。单打法可用于含水量较小的土层，反插法及复打法可用于饱和土层。

1）单打法

单打法宜采用预制桩尖，如前述方法完成整个沉管灌注桩施工。该法成桩的断面一般不超过桩管断面的1.3倍。

2）反插法

反插法是在拔管时，将桩管每提升0.5～1.0m，再下沉0.3～0.5m，如此反复，直至拔管完毕。采用反插法施工时应使用活瓣桩尖，在拔管过程中应分段添加混凝土，保持管内混凝土始终不低于地表面或高于地下水位1.0～1.5m以上；拔管速度不应超过0.5m/min。该法成桩的断面有时可达到桩管断面的1.5倍，在淤泥土层中可消除缩颈现象；但在流动性淤泥土层中效果不佳，在坚硬土层中易损坏桩尖，均不宜使用。

3）复打法

复打法（图2.22）是在同一桩孔位进行两次单打，或根据需要进行局部复打。复打法施工程序为：在第一次沉管、灌注混凝土、拔管完毕后，清除桩管外壁上的污泥，立即在原桩位上进行第二次复打沉管，使第一次灌注的混凝土向四周挤压以扩大桩径。第二次向管内灌注混凝土时放入钢筋笼，拔管方法与单打法相同。但应注意两次沉管轴线应重合，且在第一次灌注的混凝土初凝前完成复打工作。该法可有效消除缩颈现象，成桩断面可达到桩管断面的1.8倍，能大幅度提高承载力。

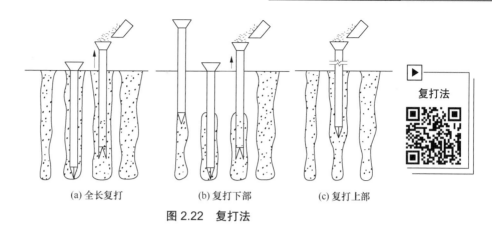

(a) 全长复打　　　　(b) 复打下部　　　　(c) 复打上部

图 2.22　复打法

复打法

旋挖钻套管钻孔

沉管灌注桩的充盈系数不应小于 1.0。对于混凝土充盈系数小于 1.0 的桩，宜全长复打；对可能出现断桩或缩颈桩的情况，应局部复打并超过该区域 1m 以上。

此外，近年来在锤击沉管灌注桩的基础上发展出了内夯沉管灌注桩。它是先将桩管沉至设计标高，在每灌注一定混凝土后，插入内夯管，随提升桩管随进行夯压，使桩身密实、直径加大，可避免出现缩颈、断桩和吊脚桩等质量问题。这种工艺宜用于桩端持力层埋深不超过 20m 的中、低压缩性黏性土、粉土、砂土和碎石类土工程。

当土质较差时，对直径较大的灌注桩也可采用套管钻孔法施工。

2.2.3　灌注桩施工质量要求

灌注桩施工应对孔深、桩径、桩位偏差、桩身完整性进行检验，混凝土强度检验的试件应在施工现场随机留取；施工完成后应进行竖向承载力检验。

1. 成孔深度控制

（1）摩擦桩。对于摩擦桩应以设计桩长控制成孔深度；端承摩擦桩还必须保证桩端进入持力层的深度要求。

（2）端承桩。当采用钻孔灌注桩时，必须保证桩端进入持力层的深度要求；当采用沉管灌注桩时，应以控制沉管贯入度为主，以持力层标高为辅。

2. 灌注桩的质量要求

（1）灌注桩的桩顶标高应比设计标高高出 0.5m 以上。

（2）灌注桩的桩径、垂直度及桩位允许偏差，见表 2-3。

表 2-3　灌注桩的桩径、垂直度及桩位允许偏差

序号	成孔方法	桩径允许偏差 / mm	垂直度允许偏差	桩位允许偏差 / mm
1	干作业成孔灌注桩	≥0	≤1/100	≤70+0.01H

续表

序号	成孔方法		桩径允许偏差 / mm	垂直度允许偏差	桩位允许偏差 / mm
2	泥浆护壁成孔灌注桩	$D<1000mm$	$\geqslant0$	$\leqslant1/100$	$\leqslant70+0.01H$
		$D\geqslant1000mm$			$\leqslant100+0.01H$
3	沉管灌注桩	$D<500mm$	$\geqslant0$	$\leqslant1/100$	$\leqslant70+0.01H$
		$D\geqslant500mm$			$\leqslant100+0.01H$
4	人工挖孔桩		$\geqslant0$	$\leqslant1/200$	$\leqslant50+0.005H$

注：H 为施工现场地面标高与桩顶设计标高的距离（mm）；D 为桩的直径（mm）。

（3）灌注桩需做静载试验，其根数不少于总桩数的 1%，且不少于 3 根。

（4）灌注桩的桩身完整性检验一般不少于总桩数的 20%，且不少于 10 根。

习   题

一、单项选择题

1. 钢筋混凝土预制桩采用重叠法制作时，重叠层数不符合要求的是（   ）。

　　A. 二层　　　　　　B. 三层　　　　　　C. 四层　　　D. 五层

2. 锤击沉桩施工，对桩的施打原则是（   ）。

　　A. 轻锤低击　　　B. 轻锤高击　　　　C. 重锤高击　D. 重锤低击

3. 当桩的密度较大时，打桩的顺序宜为（   ）。

　　A. 从一侧向另一侧顺序进行　　　　B. 从中间向两侧对称进行

　　C. 按施工方便的顺序进行　　　　　D. 从四周向中间环绕进行

4. 在地下水位以上的黏性土、填土、中密以上砂土及风化岩等土层中的桩基成孔，常用方法是（   ）。

　　A. 干作业成孔　　　B. 沉管成孔　　　　C. 人工挖孔　D. 泥浆护壁成孔

5. 能在硬质岩中进行钻孔的机具是（   ）。

　　A. 潜水钻　　　　　B. 冲抓锥　　　　　C. 冲击钻　　　D. 回转钻

6. 灌注桩的承载能力与施工方法有关，其承载能力由低到高的顺序依次为（   ）。

　　A. 钻孔桩、复打沉管、单打沉管桩、反插沉管桩

　　B. 钻孔桩、单打沉管桩、复打沉管桩、反插沉管桩

　　C. 钻孔桩、单打沉管桩、反插沉管桩、复打沉管桩

　　D. 单打沉管桩、反插沉管桩、复打沉管桩、钻孔桩

二、填空题

1. 预制桩混凝土的强度应达到设计强度等级值的_____以上方可起吊，达到设计强度等级值的_____才能运输和打桩。

2. 为了保护邻近建筑物，群桩沉设宜按_____的顺序进行。

3. 钢筋混凝土桩常用的接桩方法有_____、_____和_____等。

4. 用锤击沉桩法沉设端承桩时，终止锤击条件应以满足_____要求为主，以控制_____为辅。

5. 泥浆护壁成孔灌注桩成孔的主要施工过程包括：测定桩位、_____、钻机就位、_____、钻进和清孔。

6. 沉管灌注桩根据土质情况和荷载要求，有单打法、_____和_____三种工艺方法。

三、术语解释题

1. 端承桩
2. 螺纹连接
3. 贯入度
4. 沉管灌注桩
5. 缩颈桩

四、简答题

1. 如何确定打桩顺序？
2. 预制桩沉桩的主要方法及各自特点有哪些？
3. 压灌混凝土后插筋成桩工艺较传统干作业成孔灌注桩工艺有何优点？
4. 泥浆护壁成孔灌注桩施工中的正循环排渣法和反循环排渣法的区别和各自特点是什么？
5. 简述沉管灌注桩单打法和复打法的区别及复打法的作用。

在线答题

拓展习题

第 3 章
脚手架与砌筑工程

知识结构图

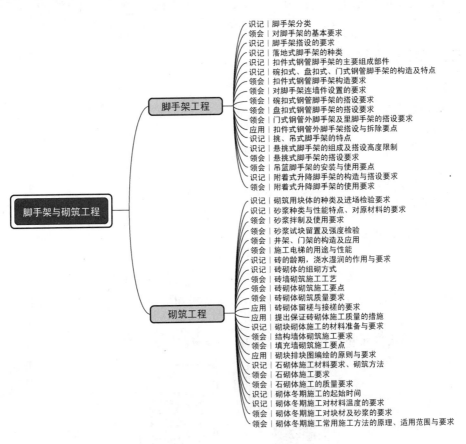

脚手架与砌筑工程

脚手架工程
- 识记｜脚手架分类
- 领会｜对脚手架的基本要求
- 识记｜脚手架搭设的要求
- 识记｜落地式脚手架的种类
- 识记｜扣件式钢管脚手架的主要组成部件
- 识记｜碗扣式、盘扣式、门式钢管脚手架的构造及特点
- 领会｜扣件式钢管脚手架构造要求
- 领会｜对脚手架连墙件设置的要求
- 领会｜碗扣式钢管脚手架的搭设要求
- 领会｜盘扣式钢管脚手架的搭设要求
- 领会｜门式钢管外脚手架及里脚手架的搭设要求
- 应用｜扣件式钢管外脚手架搭设与拆除要点
- 识记｜挑、吊式脚手架的特点
- 识记｜悬挑式脚手架的组成及搭设高度限制
- 领会｜悬挑式脚手架的搭设要求
- 领会｜吊篮脚手架的安装与使用要点
- 识记｜附着式升降脚手架的构造与搭设要求
- 领会｜附着式升降脚手架的使用要求

砌筑工程
- 识记｜砌筑用块体的种类及进场检验要求
- 识记｜砂浆种类与性能特点、对原材料的要求
- 领会｜砂浆拌制及使用要求
- 领会｜砂浆试块留置及强度检验
- 领会｜井架、门架的构造及应用
- 领会｜施工电梯的用途与性能
- 识记｜砖的龄期，浇水湿润的作用与要求
- 识记｜砖砌体的组砌方式
- 领会｜砖墙砌筑施工工艺
- 领会｜砖砌体砌筑施工要点
- 领会｜砖砌体砌筑质量要求
- 应用｜砖砌体留槎与接槎的要求
- 应用｜提出保证砖砌体施工质量的措施
- 识记｜砌块砌体施工的材料准备与要求
- 领会｜结构墙体砌筑施工要求
- 领会｜填充墙砌筑施工要点
- 应用｜砌块排块图编绘的原则与要求
- 识记｜石砌体施工材料要求、砌筑方法
- 领会｜石砌体施工要求
- 领会｜石砌体施工的质量要求
- 识记｜砌体冬期施工的起始时间
- 识记｜砌体冬期施工对材料温度的要求
- 领会｜砌体冬期施工对块材及砂浆的要求
- 领会｜砌体冬期施工常用施工方法的原理、适用范围与要求

　　脚手架是指由杆件或结构单元、配件通过可靠连接而组成，能承受相应荷载，具有安全防护功能，为建筑施工提供作业条件的结构架体，包括作业脚手架和支撑脚手架。本章主要介绍作业脚手架，它是指支承于地面、建筑物上或附着于工程结构上，为建筑施工提供作业平台和安全防护的脚手架。脚手架既是施工工具又是安全防护设施，其构架形式、材料选用以及搭设质量等对工程的安全、质量、进度及成本有着重要的影响。

　　砌筑工程是指用砂浆等胶结材料，将砖、石、砌块等块体垒砌成墙、柱等砌体的工程。在建筑工程中，砖、石砌筑历史悠久，由于具有取材方便，造价低廉，施工工艺简单等特点，有些地区仍较多应用。随着技术进步及国家可持续发展战略的实施，非黏土砖、小型砌块及预拌砂浆得到广泛应用，占据了砌筑工程的主要地位。

3.1　脚手架工程

　　作业脚手架种类较多，按用途分为操作脚手架（包括结构架、装修架）和防护脚手架；按搭设在建筑物内外的位置分为里脚手架和外脚手架；按支撑与固定的方式分为落地式脚手架、悬挑式脚手架、外挂式脚手架、悬吊式脚手架、爬升式脚手架和顶升平台等；按设置形式分为单排脚手架、双排脚手架和满堂脚手架；按杆件的连接方式又分为绑扎式脚手架、承插式脚手架、扣接式脚手架、榫卯式脚手架、盘扣式脚手架、盘销式脚手架等。此外，按搭设脚手架的材料可分为钢脚手架和铝合金脚手架。按搭设高度分为一般脚手架和高层建筑脚手架（大于 24m 者）。

　　1. 对脚手架的基本要求

　　（1）脚手架架体的宽度、高度及步距应能满足使用要求；

　　（2）脚手架应具有足够的承载能力、刚度和稳定性；

　　（3）脚手架架体应构造简单、搭拆方便，便于使用和维护；

　　（4）脚手架材料应能多次周转使用，以降低工程费用。

　　制订脚手架方案时，应根据工程特点、构配件供应情况、施工条件等，遵循安全可靠、先进适用、经济合理的原则，在满足基本要求的前提下选择最佳方案。

　　2. 搭设与使用的一般要求

　　（1）搭设前应编制脚手架专项施工方案，并向施工人员进行技术交底。搭设人员必须是经考核合格的专业架子工，并持证上岗。对于高层、重载以及悬挑等特殊形式的脚手架还应进行设计计算，并组织专家对施工方案进行论证。

　　（2）对搭设脚手架所用构配件应提前进行质量检验，并按品种、规格分类堆放整齐。

　　（3）做好脚手架的地基与基础处理。搭设场地应坚实平整、排水良好、地基的承载力满足设计要求且高出自然地坪 50 ～ 100mm。高层建筑脚手架宜浇筑不少于 150mm

厚的 C20 混凝土基础。

（4）落地式脚手架、悬挑式脚手架的搭设应与主体结构工程施工同步，并应及时安装连墙件等装置，一次搭设高度不应超过最上层连墙件 2m，且自由高度不应大于 4m。剪刀撑、斜撑杆等加固杆件，安全网和栏杆等安全防护设施应随架体同步搭设或安装。每搭设一定高度，应进行质量和安全检查验收，合格后方可继续搭设或交付使用。

（5）脚手架使用过程中不应改变其结构体系、不得超载，严禁将模板支架、缆风绳、混凝土泵管、卸料平台等固定在脚手架上，不得在脚手板上集中堆放材料。

（6）雷雨天气、6 级及以上大风天气应停止架上作业；雨、雪、雾天气应停止脚手架的搭设和拆除作业。

（7）严禁擅自拆除架体结构杆件，严禁在脚手架基础及邻近处进行挖掘作业。做好定期检查及大风、雨雪天气后的检查等。

3.1.1 落地式脚手架

落地式脚手架是以地基或楼面为基础搭设的脚手架。其中包括扣件式、碗扣式、盘扣式、门式钢管脚手架，木、竹脚手架及桥式脚手架等。下面仅介绍常用的钢管脚手架。

1. 扣件式钢管脚手架

扣件式钢管
脚手架材料

扣件式钢管脚手架是由扣件连接钢管构成主要承重架体。它搭拆灵活、通用性强、周转次数多、应用广泛，但其零配件多、搭设质量不易控制、施工工效低。除用作脚手架外，还可搭设井架、上料平台等。

1）主要组成部件

扣件式钢管脚手架由钢管、扣件、底座和脚手板组成。图 3.1 所示为双排扣件式钢管外脚手架的组成。

（1）钢管。钢管应采用 $\phi 48.3 \times 3.6mm$ 的焊接钢管或无缝钢管。按其位置和作用分为立杆、纵向水平杆、横向水平杆、连墙杆、剪刀撑等杆件。

（2）扣件。它是钢管与钢管之间的连接件，由可锻铸铁或铸钢制作。通过扣紧产生的摩擦力来紧固和传递荷载。按其用途分直角、旋转、对接三种形式（图 3.2）。直角扣件用于垂直交叉杆件间的连接；旋转扣件用于平行或斜交杆件间的连接；对接扣件用于杆件的接长。

（3）脚手板。脚手板是脚手架上操作层的铺板，常用钢制或木制。钢脚手板为Q235 级、厚度不小于 1.5mm 的钢板冲压焊接而成，肋高 50mm，板面边缘有上凸的圆孔以防滑。木脚手板厚度应不小于 50mm，端头应绑有 2 道直径为 4～5mm 的镀锌钢丝箍以防裂。

（4）底座和垫板。底座用于垫在立杆的底部，以利于分散荷载和各立杆受力均匀。常用底座分固定型和可调型（图 3.3），高层建筑脚手架应采用可调型。垫板常采用木垫板，其宽度不小于 200mm，厚不小于 50mm，每块长度不短于 2 跨。

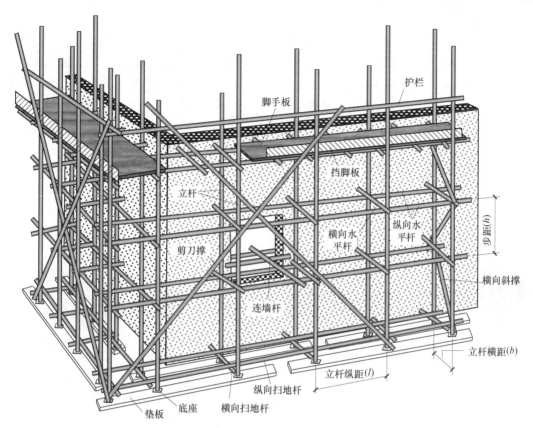

图 3.1　双排扣件式钢管外脚手架的组成

（注：各杆件交叉点均有扣件，为清晰，本图未画）

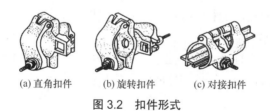

(a) 直角扣件　　(b) 旋转扣件　　(c) 对接扣件

图 3.2　扣件形式

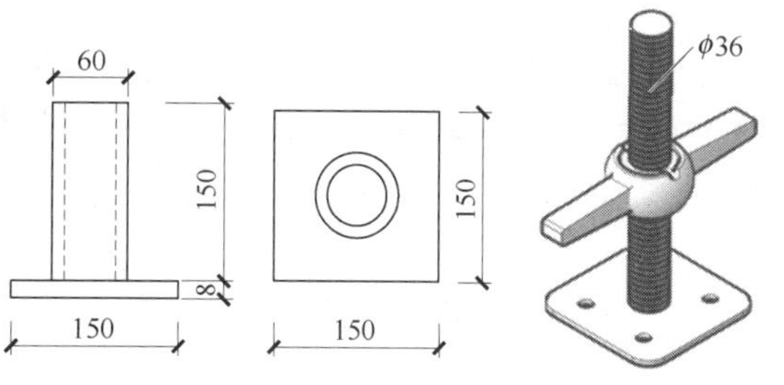

(a) 钢板钢管焊接的固定底座　　(b) 可调底座(托撑)

图 3.3　底座

127

2）构造要求

脚手架搭设高度，单排脚手架不得超过 24m；双排脚手架不宜超过 50m，否则应分段搭设，使荷载不再向下传递。脚手架的宽度、步距应满足使用要求。一般操作架宽度为 0.9 ～ 1.2m；步距为 1.5 ～ 1.8m，且每个楼层宜为整步数。图 3.4 所示为扣件式钢管外脚手架构造。

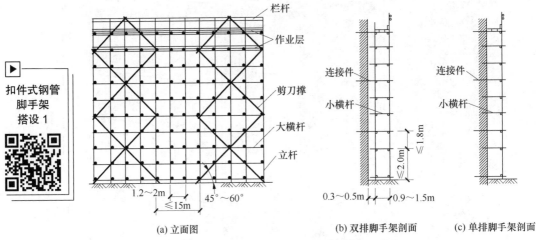

(a) 立面图　　　　(b) 双排脚手架剖面　　(c) 单排脚手架剖面

图 3.4　扣件式钢管外脚手架构造

（1）立杆。

立杆是脚手架竖向承力杆件。横距为 0.9 ～ 1.5m（高层架子不大于 1.2m）；纵距为 1.2 ～ 2.0m。

每根立杆底部宜设置底座和垫板。在距钢管底端不大于 200mm 处必须设置纵、横向扫地杆。扫地杆须用直角扣件与立杆固定，且横杆在下。

相邻立杆的接头位置应错开，布置在不同的步距内，同步内隔一根立杆的接头在高度上错开不少于 500mm，且各接头中心至主节点的距离不大于步距的 1/3（图 3.5）。立杆与纵向水平杆相交处称为主节点，必须用直角扣件扣紧。

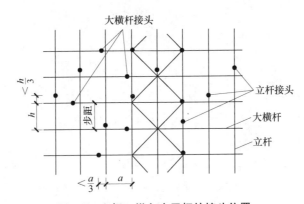

图 3.5　立杆、纵向水平杆的接头位置

（2）纵向水平杆（大横杆）。

纵向水平杆应安装在立杆内侧，单杆长度不应小于 3 跨，上下间距（步距）除第一步外不得大于 1.8m。相邻纵向水平杆接头不得设置在同步或同跨内，且错开至少500mm，各接头中心至主节点的距离不大于纵距的 1/3（图 3.5）。

当使用冲压钢脚手板、木脚手板、竹串片脚手板时，纵向水平杆应作为横向水平杆的支座，用直角扣件固定在立杆上；当使用竹笆脚手板时，纵向水平杆应采用直角扣件固定在横向水平杆之上，设置间距应相等且不大于 400mm。

（3）横向水平杆（小横杆）。

当使用冲压钢脚手板、木脚手板、竹串片脚手板时，横向水平杆应采用直角扣件固定在纵向水平杆之上。在每个主节点必须设置横向水平杆，以形成基本框架结构。在作业层上非主节点处，应根据支承脚手板的需要等间距设置横向水平杆，且间距不得大于纵距的 1/2。单排脚手架的横向水平杆入墙应不少于 180mm。

（4）剪刀撑。

剪刀撑是保证架体稳定、增加纵向刚度的斜向杆件，设置在脚手架外侧立面，并沿架高连续布置。高度在 24m 以下的脚手架在两端、转角必须设置，中间间隔不超过15m 设置一道（图 3.4）；高度在 24m 及以上的高层脚手架则应在全外侧立面上由底至顶连续设置（图 3.6）。每道剪刀撑的宽度应为 4～6 跨，且不应小于 6m，也不应大于9m；剪刀撑斜杆与水平面的倾角应在 45°～60° 之间。斜杆除两端用旋转扣件与脚手架的立杆或横向水平杆伸出端扣紧外，在其中间应增加 2～4 个扣结点。

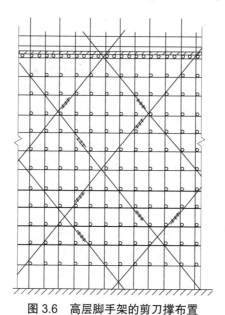

图 3.6 高层脚手架的剪刀撑布置

（5）连墙件。

连墙件是将脚手架架体与建筑主体结构连接，能传递拉力和压力的构件。其作用是保证架体的刚度和稳定、抵抗风载等水平荷载。

连墙点宜采用菱形布置。其间距，对双排落地架为每 3 步 3 跨设置 1 根，每根覆盖面积不得大于 40m²；对双排悬挑架，每 2 步 3 跨设置 1 根，每根覆盖面积不得大于 27m²。连墙杆应水平设置，宜与架体主节点连接，偏离不得超过 300mm。

连墙构造宜为刚性连接，高度 24m 及以上者应为刚性连接。它既能抵抗脚手架相对于墙体的里倒和外张变形，也能约束立杆弯曲而提高脚手架的抗失稳能力。常用形式如图 3.7 所示。

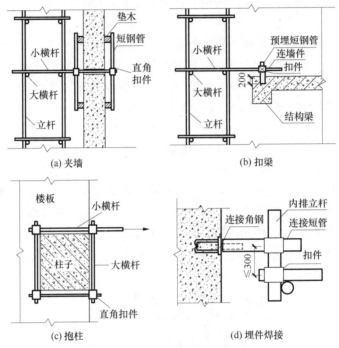

图 3.7　刚性连接的连墙构造

［注：(c)图为平面图，(a)(b)(d)图均为立面图］

初搭脚手架还不能设置连墙件时，应设置支撑于地面的临时斜撑杆（抛撑），以防向外侧倾覆。抛撑间距不大于 3 跨，与地面呈 45°～60°，上部与架体主节点附近连接。连墙件安装后方可拆除抛撑。

（6）横向斜撑。

横向斜撑是设置在里、外排立杆间的斜撑，可提高架体的空间刚度和稳定性。开口型双排脚手架的两端必须设置横向斜撑。封闭型双排脚手架的高度在 24m 及以上者，除拐角处设置外，中间每隔 6 跨设置一道。横向支撑应在同一节间，由底至顶呈之字形连续布置。安装时，用旋转扣件与横杆固定。

（7）脚手板。

作业层脚手板应铺满、铺平、铺实，每块脚手板应设置在不少于三根横向水平杆（用竹笆脚手板时为纵向水平杆）上。铺设时应采用对接或搭接（图 3.8）。木脚手板、竹串片脚手板应绑扎稳固。脚手板伸出横向水平杆以外的悬挑部分不应大于 200mm。

（8）护栏、挡脚板和安全网。

在作业层，当铺脚手板里侧边缘与结构外表面的距离大于150mm时，应采取防护措施；脚手架外侧必须设2道护栏和高度不少于180mm的挡脚板，且上栏杆高度不低于1.2m。脚手板下应用双层安全网封底，施工层以下每隔10m用安全网封底。沿脚手架外围应满挂阻燃密目式安全立网封闭，安全网应设置在外排立杆及纵向水平杆的里侧。

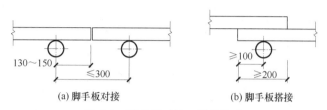

(a) 脚手板对接　　　　　　(b) 脚手板搭接

图 3.8　脚手板对接、搭接构造

3）脚手架的设计

（1）常用单、双排脚手架设计尺寸。

常用密目式安全立网全封闭单、双排脚手架结构的设计尺寸，见表3-1、表3-2。

表 3-1　常用密目式安全立网全封闭式双排脚手架的设计尺寸　　　　单位：m

连墙件设置	立杆横距 l_b	步距 h	下列荷载时的立杆纵距 l_a				脚手架允许搭设高度 $[H]$
			（2+0.35）/（kN/m²）	（2+2+2×0.35）/（kN/m²）	（3+0.35）/（kN/m²）	（3+2+2×0.35）/（kN/m²）	
二步三跨	1.05	1.50	2.0	1.5	1.5	1.5	50
		1.80	1.8	1.5	1.5	1.5	32
	1.30	1.50	1.8	1.5	1.5	1.5	50
		1.80	1.8	1.2	1.5	1.2	30
	1.55	1.50	1.8	1.5	1.5	1.5	38
		1.80	1.8	1.2	1.5	1.2	22
三步三跨	1.05	1.50	2.0	1.5	1.5	1.5	43
		1.80	1.8	1.2	1.5	1.2	24
	1.30	1.50	1.8	1.5	1.5	1.2	30
		1.80	1.8	1.2	1.5	1.2	17

注：1. 表中所示 2+2+2×0.35（kN/m²），包括下列荷载：2+2（kN/m²）为两层作业层施工荷载标准值；2×0.35（kN/m²）为两层作业层脚手板自重荷载标准值。

2. 作业层横向水平杆间距，应按不大于 $l_a/2$ 设置。

3. 地面粗糙度为 B 类，基本风压 ω=0.4kN/m²。

表 3-2　　　常用密目式安全立网全封闭式单排脚手架的设计尺寸　　　　单位：m

连墙件设置	立杆横距 l_b	步距 h	下列荷载时的立杆纵距 l_a		脚手架允许搭设高度 $[H]$
			$(2+0.35)$ / (kN/m^2)	$(3+0.35)$ / (kN/m^2)	
二步三跨	1.20	1.50	2.0	1.8	24
		1.80	1.5	1.2	24
	1.40	1.50	1.8	1.5	24
		1.80	1.5	1.2	24
三步三跨	1.20	1.50	2.0	1.8	24
		1.80	1.2	1.2	24
	1.40	1.50	1.8	1.5	24
		1.80	1.2	1.2	24

注：同表 3-1。

（2）设计计算的内容与规定。

脚手架设计计算的内容包括：

① 纵向、横向水平杆等受弯构件的强度和连接扣件抗滑承载力计算；

② 立杆的稳定性计算；

③ 连墙件的强度、稳定性和连接强度的计算；

④ 立杆地基承载力计算。

当采用表 3-1、表 3-2 中的构造尺寸时，其相应杆件可不再进行设计计算。但连墙件、立杆地基承载力等仍应根据实际荷载进行设计计算。

4）搭设和拆除要点

（1）地基处理。为保证脚手架安全使用，搭设脚手架时，必须将地基土整平夯实或再浇混凝土基础，并铺设垫板、加设底座。在脚手架外侧还应设置排水沟，以防积水浸泡地基，引起脚手架不均匀下沉和倾斜变形。

（2）架体搭设顺序：铺设垫板→放置纵向扫地杆→逐根树立立杆（与扫地杆扣紧）→安装横向扫地杆（与立杆或纵向水平扫地杆扣紧）→安装第一步纵向水平杆（与各立杆扣紧）→安装第一步横向水平杆→铺设脚手板→安装栏杆及挡脚板。以此类推，进行架体其他部分的搭设。安装第二步横向水平杆后，应加设临时斜撑杆（上端与第二步纵向水平杆扣紧，在装设两道连墙杆后可拆除）。安装第三、四步纵横向水平杆后，应安装连墙杆，并加设剪刀撑。

（3）拧紧扣件、设置连墙件。架体搭设时扣件应按要求拧紧（紧固力矩取 45～55N·m），不得过松或过紧。随着结构施工应及时设置连墙件与结构锚拉牢固，并应随时校正杆件的垂直与水平偏差，使之符合规定要求。

（4）符合安全要求。搭设完一层或一段后应进行质量检查，验收合格后才能使用。脚手架上铺脚手板和同时作业层的数量不得超过 2 层。必须有良好的防电、避雷装置和接地设施等。

（5）拆除脚手架的要点。

① 应按脚手架专项方案进行拆除，并做好准备工作。

② 拆架时应划出工作区和设置围栏，并派专人看守，严禁行人进入。

③ 架体拆除应按自上而下的顺序按步逐层进行，严禁上下同时作业。剪刀撑、斜撑杆等加固杆件应在拆卸至该部位杆件时拆除。

④ 连墙件必须随架体逐层、同步拆除。拆除作业过程中，当架体悬臂段高度超过 2 步时，应加设临时拉结或抛撑。

⑤ 脚手架分段拆除时，应先对未拆除部分采取加固处理措施后再进行架体拆除。

⑥ 拆除作业应统一组织，并应设专人指挥，不得交叉作业。

⑦ 拆下的杆、配件应吊运至地面，严禁抛掷。

2. 碗扣式钢管脚手架

碗扣式钢管脚手架是在 $\phi48.3mm \times 3.5mm$ 钢管立杆上，每隔 600mm 焊住下碗扣及限位销，上碗扣则对应套在立杆上并可沿立杆上下滑动。安装时将上碗扣的缺口对准限位销后，即可将上碗扣抬起（沿立杆向上滑动），把横杆接头插入下碗扣圆槽内，随后将上碗扣沿限位销滑下并沿顺时针方向旋转以扣紧横杆接头，与立杆牢固地连接在一起，形成框架结构。每个下碗扣内可同时装 4 个横杆接头，位置任意，如图 3.9 所示。

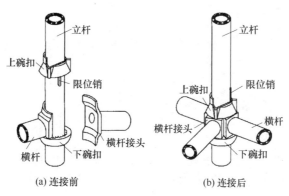

图 3.9　碗扣节点

碗扣式脚手架主要部件有立杆、顶杆、横杆和斜杆等。立杆和顶杆各有两种规格，分别为 1.8m、3.0m 和 1.5m、0.9m。若将立杆和顶杆相互配合接长使用，就可连接成任意高度的脚手架。立杆接长时，接头应错开，至顶层后再用两种长度的顶杆找平。

碗扣式钢管脚手架具有拼装快速、结构简单、使用安全、方便省力等优点。其稳定性和承载能力强于扣件式钢管脚手架。可搭设成结构、装饰用的脚手架和模板的支撑架等。

3. 盘扣式钢管脚手架

盘扣式脚手架构造与搭设要求

盘扣式钢管脚手架是一种新型脚手架，由立杆、水平杆、斜杆、可调底座和可调托架等配件构成。各种杆件均经热镀锌处理，立杆为 Q355 钢材，不但承载力大，而且耐久性好。此外搭拆简单，连接可靠，构架灵活，配件不易丢失。既可搭设作业脚手架，也可作为支撑脚手架。

1）杆件及连接方式

盘扣式钢管脚手架的节点组装构造如图 3.10 所示。立杆有 $\phi60.3\text{mm}\times3.2\text{mm}$（A 型）和 $\phi48.3\text{mm}\times3.2\text{mm}$（B 型）两种，单根长度有 0.5m、1.0m、1.5m、2.0m 四种规格，沿长度方向每 500mm 焊有一个连接盘。水平杆为 Q235 钢材，有 $\phi48.3\text{mm}\times2.5\text{mm}$（A 型）和 $\phi42.4\text{mm}\times2.5\text{mm}$（B 型）两种，单根长度有 0.6m、0.9m、1.2m、1.5m、1.8m、2.1m、2.4m 七种规格，杆端焊有扣接头。安装时，立杆采用套管承插并穿锁销连接。水平杆和斜杆的杆端接头卡入连接盘，并楔紧具有自锁功能的插销，形成几何不变体系。

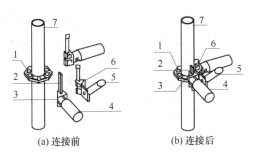

(a) 连接前　　　　　(b) 连接后

1—连接盘；2—插销；3—水平杆杆端扣接头；4—水平杆；
5—斜杆；6—斜杆杆端扣接头；7—立杆。

图 3.10　盘扣节点

2）搭设要求

（1）搭设双排脚手架时高度不宜大于 24m。可根据使用要求选择架体几何尺寸，步距宜为 2m，立杆纵距宜为 1.5m 或 1.8m，立杆横距宜为 0.9m 或 1.2m。作业架的高宽比宜控制在 3 以内，否则应设置抛撑或缆风绳等抗倾覆措施。

（2）脚手架首层立杆宜采用不同长度的立杆交错布置，使相邻立杆接头位置错开不少于 500mm，立杆底部应配置可调底座。

（3）双排脚手架外侧立面的转角处及每隔不大于 4 跨（架高在 24m 以上每隔不大于 3 跨），均应设置一道由底到顶的竖向连续斜杆（图 3.11），以提高纵向刚度和稳定性。

（4）双层脚手架每步水平杆层，当无挂扣式钢脚手板时，应每 5 跨设置水平斜杆（图 3.12），以加强水平层刚度。

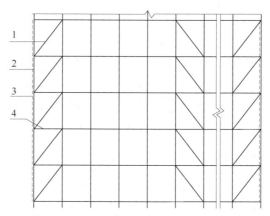

1—斜杆；2—立杆；3—转角或端部竖向斜杆；4—水平杆。

图 3.11 双排脚手架斜杆搭设示意

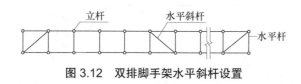

图 3.12 双排脚手架水平斜杆设置

（5）连墙件应采用可承受拉、压荷载的刚性杆件，并应与建筑主体结构及架体连接牢固。连墙件宜从底层第一道水平杆处开始设置，宜采用菱形布置，也可采用矩形布置。同一层连墙件宜在同一水平面，间距不应大于 3 跨；竖向应按楼层设置且间距不应大于 4m。连墙件之上架体的悬臂高度不得超过 2 步。常用扣件钢管作连墙件，将楼层梁板中与靠近水平杆的盘扣节点或立杆连接。连接点与主体结构外侧面的距离不宜大于 300mm。

（6）作业层设置应符合下列规定。

① 作业层脚手板应满铺，钢脚手板的挂钩必须完全扣在水平杆上，且处于锁住状态。

② 作业层应设挡脚板、防护栏杆，并应在外侧立面满挂密目安全网。防护上栏杆宜设置在离作业层高度 1m 处，中栏杆在 0.5m 处。

③ 当脚手架作业层与主体结构外侧面之间的间隙较大时，应设置挂扣在连接盘上的悬挑三脚架，并铺脚手板封闭。

（7）挂扣式钢梯宜设置在尺寸不小于 0.9m × 1.5m 的脚手架框架内，其宽度应为廊道宽度的 1/2，可在一个框架高度内折线上升，拐弯处应设置钢脚手板及扶手杆。

（8）双排脚手架下部设置人行通道时，应在通道上部架设支撑横梁。通道两侧脚手架应加设斜杆。洞口顶部应铺设封闭的防护板，两侧应设置安全网。

4.门式钢管脚手架

1）构造及特点

门式钢管脚手架（图 3.13）是以门架、交叉支撑、连接棒、挂扣式脚手板、锁臂、底座等构配件组成基本结构，再以水平加固杆、剪刀撑、扫地杆加固，并采用连墙件与建筑物主体结构相连的一种定型化钢管脚手架。具有轻便稳定、装拆简单、移动方便、使用可靠等特点。既可做外脚手架、里脚手架，又能做移动式脚手架等。其搭设高度不宜超过 55m。

门架是主要构件，其受力杆件为焊接钢管，由立杆（$\phi42mm \times 2.5mm$ 或 $\phi48mm \times 3.5mm$）、横杆及加强杆等相互焊接组成（图 3.14）。常用的门架宽度为 0.8～1.2m，型号、规格种类较多。搭设时，两榀门架的间距为 1.8m，通过剪刀撑、平架（脚手板）等连接成一个基本单元（图 3.15），各部件间的连接主要采用自锚结构。

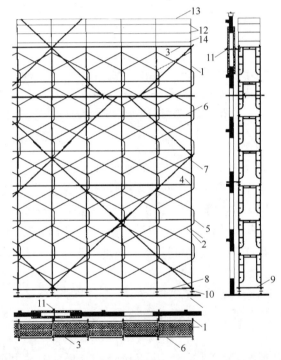

1—门架；2—交叉支撑；3—挂扣式脚手板；4—连接棒；5—锁臂；6—水平加固杆；7—剪刀撑；
8—纵向扫地杆；9—横向扫地杆；10—可调底座；11—连墙件；12—栏杆；13—扶手；14—挡脚板。

图 3.13　门式钢管脚手架的组成

2）搭设要求

（1）外脚手架。

① 门架及其配件应配套，不同型号者严禁混用。门式脚手架的内侧立杆离墙面的净距不宜大于150mm，否则应采取内设挑架板或其他隔离防护安全措施。脚手架顶端栏杆宜高出女儿墙或檐口1.5m。

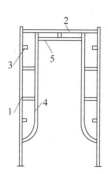

1—立杆；2—横杆；3—锁销；4—立杆加强杆；5—横杆加强杆。

图 3.14　门架

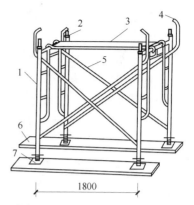

1800

1—门架；2—连接棒；3—脚手板；4—锁臂；
5—剪刀撑；6—垫板；7—可调底座。

图 3.15　门式脚手架的基本组成单元

② 门架底端应设置固定底座或可调底座（螺杆直径不小于 35mm）。作业层应连续满铺与门架配套的挂扣式脚手板，并有防松动、防脱落措施。

③ 门架两侧必须满设交叉支撑。因作业需要，临时拆除内侧交叉拉杆时，应先在其上部加设纵向水平杆，且在作业完毕后立即恢复。

④ 门架两侧应设置纵向水平加固杆，并用扣件与立杆扣紧。在顶层及连墙件层必须设置纵向水平加固杆。对高度小于等于 40m 的脚手架，可每两步设一道；对高度超过 40m 的脚手架，必须每步设置。当每步架均铺设挂扣式脚手板时，可每 4 步设一道。每道加固杆均应通长连续，不得间断。

⑤ 使用连墙管或连墙器与结构紧密连接。连墙点的最大间距，架高在 40m 及以内者，每 3 步 3 跨设置一点，架高超过 40m 者，每 2 步 3 跨设置一点。连墙件应固定在门架的立杆上，且距离横杆不大于 200mm。

⑥ 脚手架的转角处可利用回转扣件连接双向门架，或用扣件钢管沿边长方向或斜方向拉结，并在转角两侧设置连墙件。

⑦ 上下脚手架的斜梯应采用挂扣式钢梯，其设置形式如图 3.16 所示。架设时，一个梯段宜跨越 2 步或 3 步再行转折。

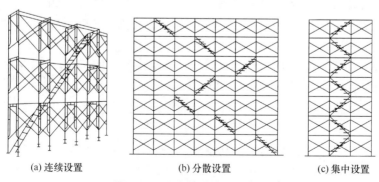

(a) 连续设置　　　　(b) 分散设置　　　　(c) 集中设置

图 3.16　上人斜梯的设置形式

（2）里脚手架。

里脚手架一般只需搭设一层。采用高度为 1.7m 的标准型门架，能适应 3.3m 以下层高的墙体砌筑或装修；当层高大于 3.3m 时，可加设可调底座。当层高大于 4.2m 时，可再接一层高 0.9～1.5m 的梯型门架（图 3.17）。当房间墙长不是门架标准间距（1.83m）的整倍数时，可用横杆加铺一般的脚手板解决。

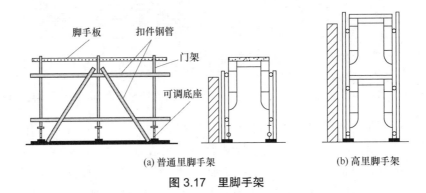

(a) 普通里脚手架 (b) 高里脚手架

图 3.17　里脚手架

3.1.2　挑、吊式脚手架

型钢悬挑架搭设要求

挑、吊式脚手架为不落地搭设的脚手架。其特点是脚手架的自重及施工荷载全部由建筑物来承受，因而搭设不受建筑物高度的限制，且较落地式脚手架节省材料，具有良好的经济效益。

1. 悬挑式脚手架

悬挑式脚手架是利用建筑结构外边缘向外伸出的悬挑结构来支承外脚手架，将脚手架的荷载全部传递给建筑结构。其搭设高度（或每个分段高度）一般不宜超过 20m。

该种脚手架由脚手架架体和悬挑支承结构两部分组成。脚手架架体的组成和搭拆与落地式外脚手架基本相同。支承结构有型钢挑梁和悬挑三脚桁架等形式，其中型钢挑梁的支承形式（图 3.18）应用较多。型钢挑梁悬挑脚手架的搭设构造如图 3.19 所示，搭设要求如下：

（1）型钢挑梁的间距宜与其上架体立杆的纵距相等，使每立杆下均有型钢挑梁。如无法实现，则应在挑梁上增设纵向钢梁以支撑上部立杆。

（2）悬挑架上搭设的脚手架，应符合落地式脚手架有关规定。但脚手架的宽度一般不宜大于 1.05m，外立面剪刀撑应自下而上连续设置。

（3）型钢挑梁宜采用工字钢梁，其型号及锚固件应按设计确定。钢梁截面高度不应小于 160mm，固定段的长度不宜少于悬挑段的 1.25 倍。

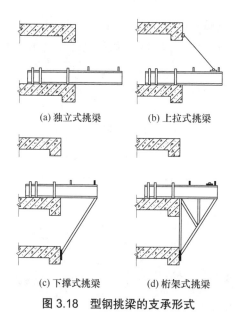

(a) 独立式挑梁　　(b) 上拉式挑梁

(c) 下撑式挑梁　　(d) 桁架式挑梁

图 3.18　型钢挑梁的支承形式

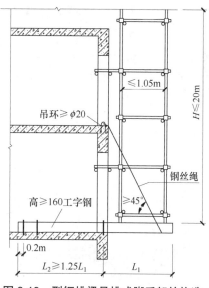

图 3.19　型钢挑梁悬挑式脚手架的构造

（4）固定尾端至少有两点锚固在钢筋混凝土梁板结构上，当穿墙时可不设前端锚固点（图 3.20）。锚固环或锚固螺栓应采用 HPB300 级钢筋，直径不小于 16mm，采用冷弯成型。梁板混凝土强度不得低于 C25，厚度不得小于 120mm。U 形螺栓埋设与固定构造如图 3.21 所示。

（5）为防止脚手架立杆滑脱，应在距悬挑梁端不少于 100mm 处设置脚手架立杆定位点。

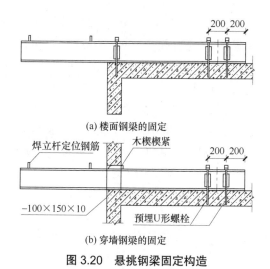

(a) 楼面钢梁的固定

(b) 穿墙钢梁的固定

图 3.20　悬挑钢梁固定构造

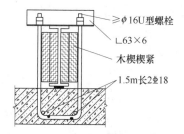

图 3.21　U 形螺栓埋设与固定构造

吊篮的安装与使用要点

2. 悬吊式脚手架

吊篮脚手架是最常用的悬吊式脚手架，主要用于外墙装修施工。它是将吊篮悬挂在从建筑物中部或顶部悬挑出来的支架上，通过设在每个吊篮上的提升机和钢丝绳，使吊篮升降，以满足施工要求。与其他脚手架相比，吊篮脚手架可大量节省材料和劳动力，缩短工期，操作方便灵活，技术经济效益较好。

吊篮脚手架主要由吊架系统、支撑系统和升降系统组成（图 3.22）。

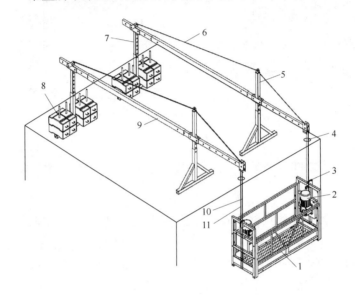

1—吊篮；2—提升机；3—安全锁；4—行程限位块；5—前支架；
6—加强钢丝绳；7—后支架；8—配重块；9—伸缩架；10—工作钢丝绳；11—安全钢丝绳。

图 3.22　吊篮脚手架构造组成

吊篮脚手架的安装与使用要点如下。

（1）根据平面位置及悬挂高度选择和布置吊篮。吊篮的宽度为 0.7 ~ 0.8m；单个吊篮的最大长度为 7.5m，当悬挂高度在 60 ~ 100m 时，长度不得超过 5.5m。吊篮与外墙的净距宜为 200 ~ 300mm，两吊篮间距不得小于 300mm。

（2）安装时，支架应放置稳定，伸缩梁宜调至最长，前端高出后端 50 ~ 100mm。配重块的重量应使抵抗力矩较倾覆力矩大 3 倍以上，并设置支架侧向稳定拉索或支撑。

（3）设备安装、调试完成后，应进行试运行。每次使用前，应提离地面 200mm，进行全面检查。

（4）必须设置作业人员挂设安全带的安全绳及安全锁扣。安全绳应固定在建筑物可靠位置，且不得与吊篮上任何部位有联系。

（5）吊篮内作业人员不应超过 2 人。严禁超载运行，且保持荷载均衡。严禁用吊篮运输物料或构配件等。

（6）作业人员应从地面进入吊篮内，不得从建筑物顶部、窗口或其他孔洞处上下吊篮。

（7）吊篮作业人员必须经过培训，考试合格后上岗。作业时，吊篮作业人员应配带工具袋，系挂好安全带。

（8）在吊篮下方设置安全隔离区和警告标志。遇有雨雪、大雾、风沙及 5 级以上大风等恶劣天气时，应停止作业，并将吊篮平台停放至地面。

3.1.3　附着式升降脚手架

附着式升降脚手架属于工具式悬空脚手架，简称"爬架"。其架体主要构件为工厂制作，经现场组装并固定（附着）于具有初步高度的工程结构外围，随工程进展，能依靠自身提升设备沿结构整体或分段升降。该种脚手架搭设的整体高度一般为所附楼层高度的 4 ～ 4.5 倍，通过升降至不同高度位置来起到围护和满足施工层作业的需求。它具有节材节能、外观整洁、机械化程度高、安全性及智能化高等特点。主要用于外侧较为规整的高层建筑的结构和外装修施工。

1. 构造与分类

附着式升降脚手架（图 3.23）主要由架体结构、附着支座、防倾覆装置、防坠落装置、升降装置及控制装置等构成。其中升降装置主要有手动葫芦、电动葫芦和液压升降装置。

附着式升降脚手架按与结构的附着支承方式分为套框式、导轨式、导座式等；按升降方式分为单跨（片）升降、交替互爬和整体升降式；按架体主框架的构造分为单片式和空间桁架式。

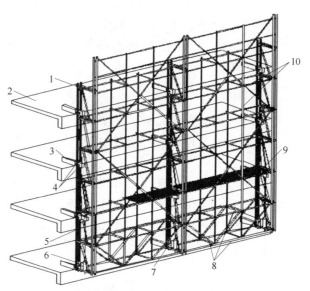

1—竖向主框架；2—建筑结构混凝土楼面；3—附着支座；4—防倾覆装置；5—悬臂梁；
6—液压升降装置；7—防坠落装置；8—水平桁架；9—导轨；10—架体构架。

图 3.23　附着式升降脚手架的主要构造

2.搭设要求

1）单片架体尺寸

导轨式附着
升降脚手架

（1）整体式附着升降脚手架的架体高度不应大于 5 倍楼层高，架体每步步高不应大于 1.8m，立杆纵距应小于 1.5m。

（2）架体宽度不应大于 1.2m。架体支撑跨度，直线布置的不应大于 7m，折线或曲线布置的不应大于 5.4m。

（3）架体的水平悬挑长度不应大于 1/2 水平支承跨度，且不应大于 2m。

（4）架体全高与支撑跨度的乘积不应大于 110m²。

（5）主框架悬臂高度不应大于架体高度的 2/5，且不应大于 4m，在升降时也不应大于 6m。

2）架体结构

（1）架体必须在附着支承部位沿全高设置竖向主框架。它应采用焊接或螺栓连接的片式框架或格构式结构，并能与水平梁架和架体构架整体作用。

（2）架体水平梁架应采用焊接或螺栓连接的定型桁架结构。当其不能连续设置时，局部可采用脚手架杆件进行连接，但其长度不应大于 2m，且须采取加强措施，确保连接刚度和强度不降低。

（3）架体外立面必须沿全高设置剪刀撑，剪刀撑跨度不得大于 6.0m，其水平夹角为 45° ～ 60°，并应将竖向主框架、架体水平梁架和构架连成一体。

（4）悬挑端应以竖向主框架为中心成对设置对称斜拉杆，其水平夹角应不小于 45°。

（5）单片式附着升降脚手架必须采用直线形架体。

（6）架体板内部应设置必要的竖向斜杆和水平斜杆，以确保架体结构的整体稳定性。

3.使用要求

（1）结构施工中，应按架体要求预留孔洞、安设埋件。

（2）一般结构施工至三层后，在地面进行架体组装和安装，架体与结构之间的距离不宜超过 0.4m。

（3）附着式升降脚手架升降前应检查提升系统是否牢固可靠、防坠系统是否有效、电器系统是否完好、拆除妨碍升降的障碍物、撤离架上其他人员、下方设置安全警戒线。同时升降的附着式升降脚手架必须做到同步升降，相邻提升点间的高差不得大于 30mm，整体架最大升降差不得大于 80mm。升降后需固定牢固可靠，经检查验收后方可使用。

（4）架体使用时严禁超载。仅在一步架有作业时，荷载应小于 3kN/m²；三步架同时作业时，荷载之和应小于 2kN/m²，且荷载应分布均匀，避免过于集中。

3.2　砌筑材料与垂直运输

3.2.1　砌筑材料

　　砌筑工程所使用的材料包括块体和砂浆。块体为骨架材料，砂浆起黏结、衬垫和传力作用。砌筑所用的各种材料均应有产品合格证书、产品性能型式检验报告，质量应符合国家现行有关标准的要求。块体、水泥、钢筋、保温砌体的保温材料、外加剂应有材料主要性能的进场复验报告，并应符合设计要求。严禁使用国家明令淘汰的材料。

　　1. 块体的种类与性能

　　砌筑工程常用的块体有砖、砌块和石块三大类。

　　1）砖

　　（1）烧结普通砖和多孔砖，以页岩、煤矸石、黏土和粉煤灰等为主要原料，经过焙烧而成。强度分为 MU30、MU25、MU20、MU15、MU10 五个等级。实心砖的规格为 240mm×115mm×53mm。多孔砖［图 3.24（a）］外形尺寸为 240mm×115mm×90mm 等，孔洞率大于等于 28% 且小于 40%，可用于承重部位，但不得用于有冻胀环境的地下部位，以免影响结构耐久性。

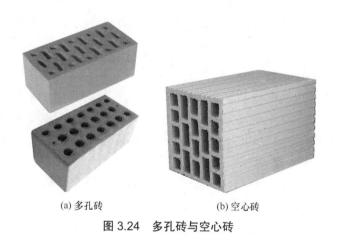

(a) 多孔砖　　　　(b) 空心砖

图 3.24　多孔砖与空心砖

　　（2）蒸压灰砂砖和粉煤灰砖，以石灰和砂或粉煤灰等为主要原料，经压制成型、蒸压养护而成，包括实心蒸压灰砂砖、实心粉煤灰砖和多孔蒸压灰砂砖、多孔粉煤灰砖。强度等级分为 MU25、MU20、MU15 三个等级。

　　（3）混凝土砖，以水泥、骨料，以及根据需要加入的掺合料、外加剂等，经加水搅拌、成型、养护制成，包括实心混凝土砖和多孔混凝土砖。实心混凝土砖的强度分为

MU40、MU35、MU30、MU25、MU20、MU15 六个等级。

另外，还有以黏土、页岩、煤矸石等为主要原料烧制的空心砖（孔洞率不小于40%）（图 3.24b），用于非承重墙体。

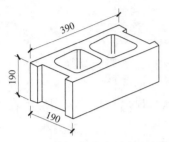

图 3.25 普通混凝土小型空心砌块

2）砌块

（1）普通混凝土小型空心砌块（图 3.25），用水泥及砂石骨料制作，简称普通小砌块。

（2）轻骨料混凝土小型空心砌块，所用轻骨料如浮石、火山渣、陶粒等，简称轻骨料小砌块。

上述两种小型砌块，按其强度分为 MU20、MU15、MU10、MU7.5、MU5 五个等级。主规格尺寸为 390mm×190mm×190mm。

（3）蒸压加气混凝土砌块，简称加气块，它是在原料中加入发气剂，经搅拌、成型、切割、蒸养而成满布密闭气泡的实心砌块。一般长度为 600mm，高度为 200mm、250mm、300mm。其宽度，从 50mm 起有多种尺寸。按体积密度分为 B03、B04、B05、B06、B07 五个级别。

3）石块

砌筑用石块按有无加工分为料石和毛石两类。料石按其加工面的平整度分为毛料石、粗料石、细料石三种。料石的边长均不得小于 200mm，长度不宜大于厚度的 4 倍。毛石又分为乱毛石和平毛石。乱毛石是指形状不规则的石块；平毛石是指形状不规则，但有两个大致平行平面的石块。毛石的中部厚度不得小于 150mm。

石材按强度划分为 MU100、MU80、MU60、MU50、MU40、MU30、MU20 七个等级。

2．块体的进场检验

块体进场时应进行抽样检验。抽检数量：对每一生产厂家的块体，按烧结普通砖、混凝土实心砖每 15 万块为一个验收批，多孔砖、空心砖、灰砂砖、粉煤灰砖每 10 万块为一个验收批，小砌块每 1 万块为一个验收批，抽检均不少于 1 组；数量不足上述规定时，应抽检 1 组。对同一产地的同类石材抽检应不少于 1 组。

块体的强度等级必须符合设计要求及国家标准。石材的放射性应符合国家标准。

3．砂浆

1）砂浆的种类与性能

砂浆是由胶结材料、细骨料及水等组成的混合物。常用的砌筑砂浆按材料分为水泥砂浆和水泥混合砂浆；按拌制地点分为现拌砂浆和预拌砂浆，而预拌砂浆又分为湿拌砂浆和干混砂浆；按用途分为一般砂浆和专用砂浆；按砂浆强度，水泥砂浆及预拌砂浆可分为 M5、M7.5、M10、M15、M20、M25、M30 七个等级，水泥混合砂浆可分为 M2.5、M5、M7.5、M10、M15 五个等级，均以标准养护 28d 的试块抗压强度为准。

常用砂浆的性能与用途如下：

（1）水泥砂浆：强度高，但流动性和保水性较差。因其具有水硬性能，常用于强度要求高、地下部位及处于潮湿环境的砌体。

（2）水泥混合砂浆：由于掺入塑性外掺料（如石灰膏、粉煤灰等），既能节约水泥，又可提高砂浆的和易性，利于砌筑操作和提高砌体的砂浆饱满度，因此在一般砌体中广泛使用。

砂浆应具有良好的流动性和保水性。流动性好的砂浆便于操作，易使灰缝平整、密实，从而可以提高砌筑效率、保证砌体质量。砂浆的流动性以稠度表示，应据块体吸水特性及气候条件而定。对砌筑砂浆的稠度要求见表 3-3。保水性差的砂浆，易产生泌水和离析而降低其流动性，影响砌筑质量。砂浆的保水性用保水率（经吸水处理后砂浆中水的质量）表示，其值应不得低于：水泥砂浆为 80%、水泥混合砂浆为 84%、预拌砂浆为 88%。

表 3-3　砌筑砂浆的稠度

砌体种类	砂浆稠度 /mm
烧结普通砖砌体	70 ～ 90
烧结多孔砖及空心砖、轻骨料混凝土砌块、加气混凝土砌块砌体	60 ～ 80
混凝土砖、普通混凝土砌块、蒸压的灰砂砖及粉煤灰砖砌体	50 ～ 70
石砌体	30 ～ 50

2）原材料要求

（1）水泥。砂浆中水泥应据砂浆品种及强度选择，M15 及以下砂浆宜选用 32.5 级的通用硅酸盐水泥或砌筑水泥；M15 以上砂浆宜选用 42.5 级普通硅酸盐水泥。应做好进场检查，并对其强度、安定性进行复验。不同品种、不同强度等级的水泥不得混用。

（2）砂。砂浆中的砂宜用过筛中砂（毛石砌体宜用粗砂）。砂中不得混有草根、树叶等杂物。砂的含泥量，当配制水泥砂浆或 M5 及以上混合砂浆时，不应超过 5%；配制小于 M5 混合砂浆，不应超过 10%。

（3）水。砂浆中的水应符合混凝土用水标准。

（4）外掺料。外掺料包括粉煤灰、石灰膏等。对建筑生石灰和建筑生石灰粉均应熟化成石灰膏，且其熟化期分别不得少于 7d 和 2d。贮存在沉淀池中的石灰膏应防止干燥、冻结和污染。

（5）外加剂。外加剂的技术性能应符合有关标准，品种和用量应经试配确定。

3）砂浆的拌制与使用

砌筑砂浆宜选用预拌砂浆；对非烧结类块材，宜采用配套的专用砂浆。

当采用现场拌制砂浆时，应按设计配合比（质量比）配制，各种材料应称量准确，水泥及外加剂的偏差不得超过 ±2%；砂、粉煤灰、石灰膏等为 ±5%。应采用机械搅拌，搅拌时间自投料完起算，对水泥砂浆和水泥混合砂浆不得少于 120s；对预拌砂浆和掺粉煤灰、外加剂、保水增稠材料的砂浆不得少于 180s。

砂浆应随拌随用，拌制后应在 3h 内用完；当气温超过 30℃时，应在 2h 内用完。预拌砂浆及专用砂浆的使用时间应按照产品说明书确定。拌好的砂浆在储存、使用过程中不应加水。当出现少量泌水时，应拌和均匀后使用。

不同种类的砂浆不得混合使用。施工中不应采用强度等级小于 M5 水泥砂浆替代同强度等级水泥混合砂浆，如需替代，应将水泥砂浆提高一个强度等级。

4）砂浆的检验

每砌筑一个楼层或每 250m³ 砌体，对每台搅拌机拌制的同种砂浆，应留试块不少于 3 组；对预拌砂浆或专用砂浆，可每个验收批留试块不少于 3 组。同一验收批砂浆试块的强度平均值应不小于设计值的 1.1 倍，且最小一组的强度值应不低于设计值的 85%。砂浆试块应在搅拌机或储存容器出料口随机取样制作，搅拌的每盘砂浆只应制作 1 组试块。

3.2.2 垂直运输设备

在砌筑工程中，垂直运输设备有塔式起重机、井架或门架、施工电梯等。塔式起重机将在第六章中详细介绍，此处只介绍井架、门架和施工电梯。

1. 井架

井架（图 3.26）是采用型钢或钢管加工而成的四边形中空格构架，也可以采用脚手架部件（如扣件钢管、碗扣钢管等）搭设。

井架由架体、天轮梁、缆风绳、吊盘、卷扬机及索具构成。卷扬机通过上下导向滑轮（天轮、地轮）使吊盘升降。按立柱数量分为四柱井架、六柱井架和八柱井架。起重量一般为 0.5～1t，搭设高度宜小于 25m，且不得载人。

井架可用缆风绳与地面拉结锚固。当井架高度在 15m 以下时设缆风绳一道；高度在 15m 以上时，每增高 10m 增设一道。每道缆风绳至少四根，每角一根，采用直径不小于 8mm 的钢丝绳，与地面呈 45°～60° 夹角拉牢。附着于建筑物的井架不设缆风绳时，可设置附墙架与建筑结构拉结锚固。

井架的优点是价格低廉、稳定性好、运输量大；缺点是缆风绳多、影响施工和交通。

2. 门架

门架（图 3.27）也称龙门架，其架体是由两组格构式立杆与天轮梁构成。其优点是构造简单、装拆方便，具有停车安全装置，非常适合中小型工程。

门架通常单独设置，采用缆风绳与地面拉结固定或用附墙架与建筑结构连接。当门架高度在 15m 以下时设一道缆风绳，四角拉住；当门架高度超过 15m 时，每增高 5～6m 增设一道。门架起重量一般为 0.6～1.2t，搭设高度宜小于 25m，且不得载人。

3. 施工电梯

施工电梯（图 3.28）是将吊笼安装在专用导轨架外侧，使其沿齿条轨道升降的人货两用垂直运输机械，常用于多高层建筑施工。

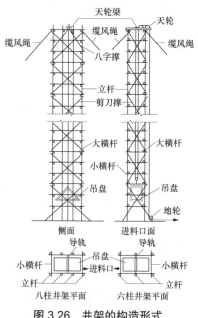

图 3.26　井架的构造形式

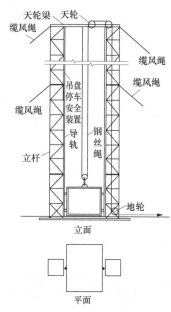

图 3.27　门架的构造形式

　　施工电梯可附着在建筑墙体上，随着建筑物施工可自行接高。其运输高度可达 $100 \sim 450m$，可载运货物 $1 \sim 2t$，或载人 $13 \sim 25$ 人。

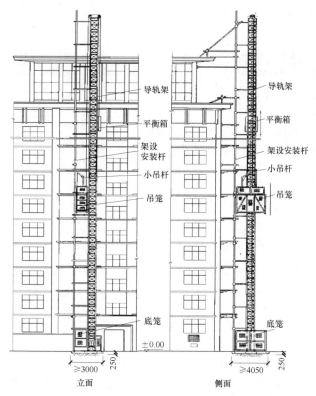

图 3.28　施工电梯

3.3 砖砌体施工

3.3.1 施工准备

砂浆应经试配、砖应经检验，其强度必须符合设计要求。用于清水墙的面砖，应边角整齐、色泽均匀。蒸压灰砂砖、蒸压粉煤灰砖及混凝土砖的龄期均不得少于 28d，以避免其水化反应收缩而造成砌体裂缝。

砖在运输、装卸过程中，应码放整齐，严禁倾倒和抛掷。现场应分类堆放整齐，高度不超过 2m。

砖的准备

对烧结砖、蒸压灰砂砖及蒸压粉煤灰砖，应在砌筑前 1 ~ 2d 浇水湿润，严禁用干砖或处于吸水饱和状态的砖进行砌筑，以免影响砂浆黏结或砌体稳定性及强度。烧结砖的相对含水率（含水率与吸水率的比值）宜为 60% ~ 70%；非烧结砖宜为 40% ~ 50%。现场检验湿润状况常采用断砖法，当砖截面四周融水深度为 15 ~ 20mm 时，即符合要求。混凝土砖不需浇水湿润，但在气候干燥炎热的情况下，宜在砌筑前喷水湿润。

砌筑前，必须按施工方案要求，组织垂直、水平运输机械及砂浆存储、搅拌机具的安装与调试，砌入墙内的各种构配件进场与检验等工作；同时还要准备好脚手架、砌筑工具等。

3.3.2 砌筑施工

1. 组砌方式

（1）普通砖、多孔砖墙。普通砖、多孔砖墙常用组砌形式如图 3.29 所示。全顺仅适于砌半砖厚墙体；全丁适于砌烟囱、水塔等圆弧墙体；一顺一丁及梅花丁整体性好，是抗震结构常采用的形式。此外，还有三顺一丁，其整体性略低，但砌筑效率较高。

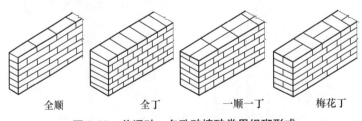

全顺　　　　全丁　　　　一顺一丁　　　　梅花丁

图 3.29 普通砖、多孔砖墙砖常用组砌形式

（2）空心砖墙。空心砖墙应采用孔洞呈水平方向侧砌的方法，上下皮垂直灰缝错开 1/2 砖长。在与其他砖墙交接处，应每隔 2 皮空心砖设置 2ϕ6 拉结钢筋，其长度不小于

空心砖长 +240mm。空心砖与普通砖应同时砌筑，空心砖墙与普通砖墙交接如图 3.30 所示。不得对空心砖墙进行砍凿。

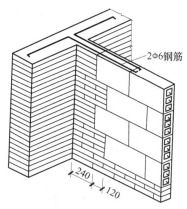

2φ6钢筋

240　120

图 3.30　空心砖墙与普通砖墙交接

2. 砌筑工艺

砌筑砖墙的工艺流程一般为：抄平→弹线→摆砖样→立皮数杆→盘角、挂线→砌砖→清理及勾缝。

（1）抄平。砌墙前，应在基础顶面或楼面上定出各层标高，并用 M7.5 水泥砂浆或 C20 细石混凝土（厚度在 30mm 以上时）找平，使砖墙底部标高符合设计要求。

（2）弹线。根据龙门板、外引桩或墙上给出的轴线及图纸上标注的墙体尺寸，在基础顶面或每层楼面上用墨线弹出墙的轴线和边线，并及时标出门窗洞口位置。

（3）摆砖样。在弹线的基面上，按选定的组砌方式用"干砖"试摆，以尽可能减少切砖，且使砌体灰缝均匀、组砌合理有序。

（4）立皮数杆。皮数杆是划有每皮砖和灰缝的厚度，以及门窗洞口、过梁、楼板、预埋件等的标高位置的木制杆（图 3.31），是用于控制每皮块体砌筑时的竖向尺寸以及各构件标高的标志杆。

皮数杆常立于墙的转角处、交接处，其间距不大于 15m。皮数杆应抄平竖立，与构造柱钢筋绑扎或用锚钉、斜撑固定牢固，以保证灰缝的厚度均匀、平直及各部位高度位置准确。

（5）盘角、挂线。按照干砖试摆位置挂好通线，砌好第一皮砖，接着就进行盘角。盘角是先由高水平技工砌筑大角或交接部位，并始终保持超前中间墙体 3～5 皮砖，但不得多于 300m，以作为中间墙体砌筑的标志和挂线点。盘角时应随时用线锤和托线板检查以控制墙体垂直度和平整度，用水平尺检查墙面水平度，并据皮数杆控制砖层灰缝厚度，且保持踏步槎，以便与后砌的中间墙体连接。

砖墙砌筑工艺 1

砖墙砌筑工艺 2

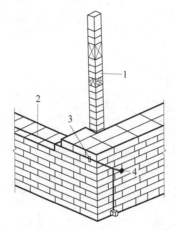

1—皮数杆；2—准线；3—竹片；4—圆钉。

图 3.31　皮数杆及挂线示意图

盘角后，应在其侧面挂线（图 3.31）作为依据，一般工人按线砌筑中间墙体。对厚度为 240mm 及以下的墙体可单面挂线，370mm 及以上的墙体应双面挂线。

三一砌砖法

（6）砌砖。砌砖的常用方法有"三一"砌筑法和铺浆法两种。"三一"砌筑法是指一铲灰、一块砖、一挤揉的砌筑方法。铺浆法是摊铺一定长度砂浆后，放砖并挤出砂浆。其铺浆长度不得超过 750mm，当施工期间气温超过 30℃时，不得超过 500mm。"三一"砌筑法利于提高砂浆饱满度，砌筑质量高于铺浆法。

每层承重墙的最上一皮砖、楼板及梁的支承处、阶台水平面上及挑出层的外皮砖均应整砖丁砌。多孔砖的孔洞应垂直于受压面砌筑。半盲孔多孔砖的封底面应朝上砌筑。

铺浆砌法

（7）清理及勾缝。砌筑混水墙时，应随砌随清扫墙面。对清水墙，应及时将灰缝压出 12 ～ 15mm 深的沟槽，以便于勾缝施工。勾缝宜采用 1 : 1.5 的水泥细砂砂浆，填压密实，缝深宜为 8 ～ 10mm。

3. 施工要点

1）砖基础

砖基础包括下部的大放脚和上部的基础墙。砖基础大放脚有等高式与间隔式（图 3.32）两种。等高式大放脚是每砌两皮砖，两边各收进 1/4 砖长（60mm）；间隔式大放脚是每砌两皮砖及一皮砖，轮流两边各收进 1/4 砖长，最下面应为两皮砖。

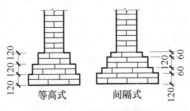

图 3.32　砖基础大放脚

（1）砖基础大放脚一般采用一顺一丁的砌筑形式。大放脚最下一皮砖及墙基的最上一皮砖（防潮层下面一皮砖）应以丁砖为主。

（2）基础的防潮层。当墙基不设与墙等宽地圈梁，且设计无具体要求时，宜铺抹 20mm 厚掺防水剂的 1∶2.5 水泥砂浆，或浇筑 60mm 厚 C20 细石混凝土。基础的防潮层表面标高应低于室内地面 60mm。

（3）施工放线时，标高、轴线应从基准控制点引出，砌筑基础前，应校核放线尺寸。

（4）基底标高不同时，应从低处砌起，并应由高处向低处搭砌。搭接长度 L 不应小于基底高差 H。在搭接长度范围内，下层基础应扩大砌筑（图 3.33）。

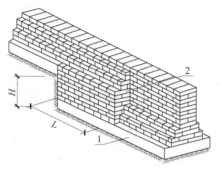

1—混凝土垫层；2—基础扩大部分。

图 3.33　基础标高不同时的搭砌示意

（5）砌筑完基础后应及时双侧同步回填。当设计为单侧回填时，应在砌体强度达到设计要求后进行，以防基础侧移或倾覆。

2）砖墙

（1）孔洞留设。

砖墙砌体施工时，为了方便结构及装修阶段的材料运输与人员通行，常需在墙上留置临时施工洞。施工洞净宽度不应超过 1m。其侧边离交接处墙面不应小于 500mm。

墙体中的设备管道、沟槽、脚手眼、预埋件等，应于砌筑时正确留出位置或预埋，未经设计同意，不得打凿墙体和在墙体上开凿水平沟槽。不应在长度小于 500mm 的承重墙体、独立柱内埋设管线。宽度超过 300mm 的洞口上部应设置过梁。过梁安装时，每端搭墙长度应不少于 240mm，底部应坐 1∶3 水泥砂浆。

为了保证质量和安全，不得在以下墙体或部位留设脚手眼：厚度小于或等于 120mm 的墙体、清水墙、料石墙、独立柱和附墙柱；过梁上 60° 角的三角形范围及过梁净跨度 1/2 的高度范围内；宽度小于 1m 的窗间墙；门窗洞口两侧 200mm 和转角处 450mm 范围内；梁或梁垫下及其左右各 500mm 范围内；轻质墙体；夹心复合墙的外叶墙等。

（2）构造柱连接要求。

构造柱与墙体的连接处应砌成马牙槎。马牙槎应先退后进，对称砌筑；沿高度方向不超过 300mm，凹凸不少于 60mm。砌筑时，沿墙高每 500mm 设置 2φ6 水平拉结钢筋，每边伸入墙内不宜小于 600mm，埋入灰缝砂浆层中，如图 3.34 所示。

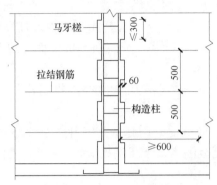

图 3.34　构造柱与墙体的连接构造

构造柱混凝土应在砌墙后浇筑。支模前，应清除落地灰、砖渣等杂物，浇水湿润砌体槎口。浇筑时，先在底部注入 20～30mm 厚与构造柱混凝土浆液成分相同的砂浆，再分层浇筑混凝土并振捣密实，振捣时应避免触碰墙体。连续浇筑的高度不宜大于 2m。

（3）高度控制。

① 正常施工条件下，砖砌体每日砌筑高度不宜超过 1.5m 或一步脚手架高度。冬期和雨天施工时，砂浆的稠度应适当减小，每日砌筑高度不宜超过 1.2m，且应及时覆盖。

② 砌体结构分段施工时，分段位置宜设在结构缝、构造柱或门窗洞口处。相邻施工段间的砌筑高度差不得超过一个楼层的高度，也不宜大于 4m。砌体临时间断处的高度差不得超过一步脚手架的高度。

③ 施工时应控制墙体的自由高度，尚未施工楼面或屋面的墙或柱，当其高度超过抗风允许自由高度的限值时，必须采取临时支撑等有效措施，防止大风造成危害。

3.3.3　砌筑质量要求

1. 灰缝平直

砖砌体的灰缝应横平竖直，厚薄均匀。水平灰缝厚度及竖向灰缝宽度宜为 10mm，但不应小于 8mm 或大于 12mm。检查时，水平灰缝厚度用尺量 10 皮砖砌体高度折算；竖向灰缝宽度用尺量 2m 砌体长度折算。

2. 砂浆饱满

砖墙水平灰缝的砂浆饱满度不得低于 80%。检查时，掀起砌好的砖，用百格网测其底面砂浆黏结痕迹的面积，取三块砖的平均值。竖向灰缝应挤浆或加浆，不得出现瞎缝、假缝和透明缝。砖柱的水平、竖向灰缝的砂浆饱满度均不得低于 90%。影响砂浆饱满度的主要因素包括砖的含水量、砂浆的和易性、砌筑操作方法等。

3. 组砌合理

砖砌体的砖块之间要上下错缝、内外搭砌，其长度宜为 60mm。清水墙、窗间墙应无通缝（搭接长度不足 25mm 者）；混水墙中不得有长度大于 300mm 的通缝，长度 200 ～ 300mm 的通缝每间不超过 3 处，且不得位于同一面墙体上。砖柱不得采用包心砌法。

4. 接槎可靠

（1）砖砌体的转角处和交接处应同时砌筑，严禁无可靠措施的内外墙分砌施工。

（2）在抗震设防烈度 8 度及以上地区，对不能同时砌筑的临时间断处应砌成斜槎。斜槎［图 3.35（a）］的水平投影长度，砌普通砖时不应小于高度的 2/3；多孔砖不小于 1/2。斜槎高度不得超过一步脚手架高度。

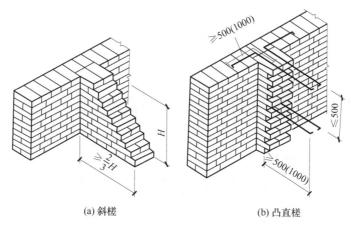

（a）斜槎　　　　　　　（b）凸直槎

图 3.35　砖墙留槎要求

（注：括号内尺寸用于抗震设防烈度为 6 度、7 度地区。）

（3）在抗震设防烈度为 6 度、7 度地区，当不能留斜槎时，除转角处外，可留凸直槎［图 3.35（b）］，且应加设拉结钢筋。其数量为：沿墙高每 500mm 设一道，每道按每 120mm 墙厚 1 根 φ6，且每道不少于 2 根设置。埋入长度从留槎处算起，每边均不应小于 0.5m 或 1m（抗震设防者）。末端应有 90° 弯钩。砌体外露面钢筋的砂浆保护层的厚度应不小于 15mm。

接槎处补砌时，必须将表面清理干净，洒水湿润，并填实砂浆，保持灰缝平直。

5. 偏差控制

砖砌体、混凝土小型空心砌块砌体尺寸、位置的允许偏差及检验见表 3-4。

表 3-4　砖砌体、混凝土小型空心砌块砌体尺寸、位置的允许偏差及检验

项次	项目	允许偏差 /mm	检验方法	抽检数量
1	轴线位移	10	用经纬仪和尺或用其他测量仪器检查	承重墙、柱全数检查
2	基础、墙、柱顶面标高	±15	用水准仪和尺检查	不应小于 5 处

续表

项次	项目			允许偏差/mm	检验方法	抽检数量
3	墙面垂直度	每层		5	用 2m 托线板检查	不应小于 5 处
		全高	≤10m	10	用经纬仪、吊线和尺或其他测量仪器检查	外墙全部阳角
			>10m	20		
4	表面平整度	清水墙、柱		5	用 2m 靠尺和楔形塞尺检查	不应小于 5 处
		混水墙、柱		8		
5	水平灰缝平直度	清水墙		7	拉 5m 线和尺检查	不应小于 5 处
		混水墙		10		
6	门窗洞口高、宽（后塞口）			± 10	用尺检查	不应小于 5 处
7	外墙上下窗口偏移			20	以底层窗口为准，用经纬仪或吊线检查	不应小于 5 处
8	清水墙游丁走缝			20	以每层第一皮砖为准，用吊线和尺检查	不应小于 5 处

3.4 砌块砌体施工

3.4.1 施工准备

1. 材料准备

（1）砌块和砂浆的强度应符合设计要求，承重墙使用的小砌块应完整、无破损、无裂缝。施工时，砌块的龄期不应少于 28d，以避免块体收缩引起砌体开裂。加气砌块的含水率应小于 30%。

（2）砂浆强度等级不得低于 M5。底层室内地面以下或防潮层以下的砌体，应采用水泥砂浆砌筑；防潮层以上砌体宜采用专用砂浆砌筑。专用砌筑砂浆的和易性好、黏结力强，易保证灰缝饱满和墙体不开裂。当采用其他砌筑砂浆时，应采取改善砂浆和易性和黏结性的措施。

（3）砌块进场后，应按品种、规格型号、强度等级分别码放整齐，堆高不超过 2m。堆场应有防潮措施。加气砌块应防止雨淋。

（4）砌块砌筑时的含水率，对普通混凝土小砌块，宜为自然含水率，当天气干燥炎热时，可提前浇水湿润。对轻骨料混凝土小砌块，宜提前 1 ～ 2d 浇水湿润。对蒸压加气混凝土砌块，采用薄层砂浆砌法时不应浇水湿润；采用专用砂浆或普通砂浆砌筑时，应对砌块砌筑面浇水湿润。不得雨天施工，小砌块表面有浮水时不得使用。

2. 编绘砌块排块图

砌块砌体施工前，应按房屋设计图编绘小砌块平面、立面排块图（图 3.36），以便指导砌块准备和砌筑施工。砌块排列应错缝搭接，并以主规格砌块为主，尽量减少异形砌块的种类和数量，不得与其他块体或不同强度等级的块体混砌。

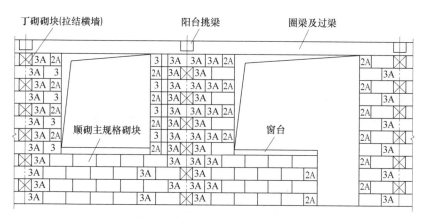

图 3.36　外纵墙砌块立面排块图

3.4.2　施工要求

1. 结构墙体砌筑

砌块砌体施工的工艺包括：抄平弹线、基层处理、立皮数杆、挂线砌筑、勾缝。主要要求如下：

1）基层与底部处理

拉标高准线，用砂浆找平砌筑基层。当底层砌块下的找平层厚度大于 20mm 时，应用细石混凝土找平。

砌筑时，砌块表面的污物应清理干净。灌孔部位的小砌块，应清除掉底部孔洞周围的混凝土毛边。防潮层以下应随砌筑用不低于 C20 的混凝土灌实砌块的孔洞。

2）墙体砌筑要点

（1）墙体砌筑应从房屋外墙转角定位处开始，按照设计图和砌块排块图进行施工。墙厚大于 190mm 者应双面挂线。

（2）砌块以全顺形式组砌，空心砌块应上下皮对孔错缝搭砌，单排孔砌块的搭接长度不少于 1/2 块长，多排孔砌块不少于 1/3 块长。个别部位不能满足搭砌要求时，应在水平灰缝砂浆层中设 $\phi 4$ 钢筋网片（图 3.37），或采用配块砌筑。墙体竖向通缝不得超过 2 皮。

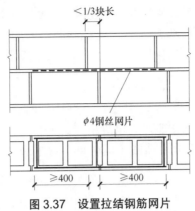

图 3.37　设置拉结钢筋网片

（3）应将砌块制作时的底面朝上反砌于墙上，以利铺设砂浆和保证饱满度。为保证芯柱断面不削弱，该处砌块底部的毛边应清理干净。

（4）墙体转角处和纵横交接处应同时砌筑。其他临时间断处应留斜槎［图 3.38（a）］，其水平投影长度不小于斜槎高度。临时施工洞口可留直槎［图 3.38（b）］，但在补砌时应用不低于 Cb20 或 C20 的混凝土灌孔。厚度为 190mm 的非承重墙宜与承重墙同时砌筑，厚度小于 190mm 时宜后砌且按设计要求留拉结筋或钢筋网片。

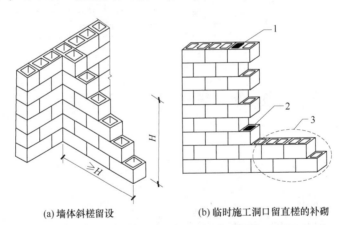

(a) 墙体斜槎留设　　　　(b) 临时施工洞口留直槎的补砌

1—留洞时随砌随灌的混凝土；2—补洞时随砌随灌的混凝土；3—补洞砌体。

图 3.38　留槎与补砌

砌块墙薄灰砌法

（5）采用铺浆砌法，随铺随砌。水平灰缝宜用铺灰器用砂浆铺满下皮肋的顶面或封底面；竖向灰缝应将砌块一个端面朝上铺满砂浆，上墙就位时挤紧并加浆捣实。一般砂浆的灰缝厚度和宽度同砖砌体，砂浆饱满度应不低于净截面面积的 90%。随砌随用原浆勾缝，凹缝深度宜为 2mm。

（6）在固定门窗框处应砌入实心混凝土砌块或灌孔形成芯柱。水电管线、孔洞、预埋件等应与砌筑及时配合进行，不得事后凿槽打洞。

（7）小砌块砌体应采用双排脚手架或工具式脚手架。当需在墙上设置脚手眼时，可采用辅助规格的小砌块侧砌，利用其孔洞做脚手眼，完工后再用混凝土填实孔洞。

（8）正常施工条件下，每日砌筑高度宜控制在 1.4m 或一步脚手架高度内。

（9）芯柱（图 3.39）部位的墙体，应采用不封底的通孔砌块砌筑。每根芯柱的柱脚部位，应采用带清扫口的砌块砌筑。芯柱混凝土应待墙体砌筑砂浆强度大于 1MPa 后浇筑。浇筑前，应先清除孔洞内的杂物，并冲洗、湿润孔壁，排出积水后，用模板封闭清扫口。浇筑时，先注入 50mm 厚与芯柱混凝土配合比相同的去石砂浆，再浇筑混凝土。每浇筑 400 ～ 500mm 高度，用小直径振捣棒捣实一次，或边浇边用插入式振动器捣实。每层应连续浇筑。与圈梁交接者，应浇至圈梁下 50mm 处停止，以保证其可靠连接。芯柱混凝土在预制楼盖处应贯通，且不得削弱截面尺寸。

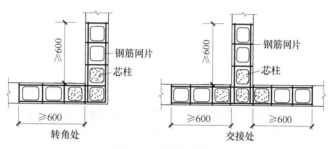

图 3.39　芯柱平面图

2. 填充墙砌筑

填充墙（图 3.40）是框架、框架剪力墙等结构的围护墙或各种结构内的隔墙，常采用轻骨料混凝土空心砌块、加气混凝土砌块等轻质块体砌筑，多用与主体结构不脱开的形式。

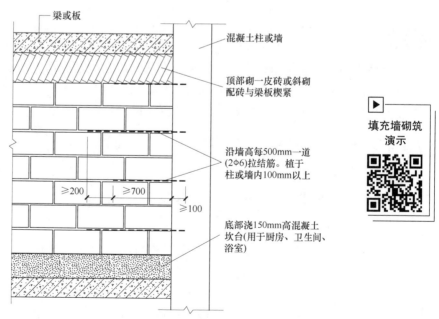

图 3.40　轻质砌块填充墙构造

填充墙砌体砌筑，应在主体结构检验批验收合格后进行。施工时，在满足相应块体砌筑要求的前提下，应注意以下要点。

（1）采用轻骨料混凝土砌块或加气混凝土砌块砌筑厨房、卫生间、浴室等处墙体，底部宜现浇混凝土坎台，高度宜为150mm。以利于提高墙底防水效果并避免块体受潮。

（2）不同种类、不同强度等级的砌块不得混砌（墙顶填塞及门窗洞口处除外），以避免收缩裂缝。

（3）与主体结构连接应设置拉结筋，抗震设防结构常采用沿墙全长贯通设置。与结构采用化学植筋锚固的拉结筋应做拉拔试验，确保在6kN拉力下无开裂和滑移。拉结筋处的下皮砌块应为半盲孔或灌孔砌块。

（4）空心砌块应采用整块砌筑。蒸压加气块需截断时，应采用无齿锯切割，且最小长度不得小于整块长的1/3。水平及竖向灰缝砂浆的饱满度均不得低于80%。

（5）蒸压加气块上下搭接的长度不宜小于砌块长的1/3和150mm，否则应设置2φ6钢筋或φ4钢筋网片加强，且自错缝部位起每侧搭接长度不小于700mm。用一般砂浆及专用砂浆砌筑时，灰缝厚度不得超过15mm。若用薄层砂浆砌筑法砌筑时，应采用专用黏结砂浆，灰缝厚度为2～4mm，拉结筋需在砌块上镂槽、铺浆卧入。

（6）填充墙顶部与梁、板间应留出空（缝）隙，且在砌墙14d以后进行填补。这样做既可减少对结构变形的影响，又能避免墙体收缩、干燥、沉降产生上部脱离、缝隙。填补方式常采用普通砖斜砌顶紧或用干硬性砂浆、混凝土塞紧。

3.5 石砌体施工

3.5.1 施工准备

石砌体采用的石材应质地坚实，无裂纹和明显风化剥落。用于清水墙、柱表面的石材，尚应色泽均匀。石材表面的泥垢、水锈等杂质，应在砌筑前清除干净。石材及砂浆强度等级必须符合设计要求，石材的放射性应经检验合格。

3.5.2 石砌体施工要求

石砌体应采用铺浆法砌筑，砌筑砂浆饱满度不小于80%。转角处及交接处应同时砌筑，临时间断处应砌成斜槎。每天的砌筑高度不得大于1.2m。

1. 毛石砌体施工

（1）毛石砌体所用毛石应呈块状，无细长扁薄和尖锥。毛石砌体的灰缝厚度宜为20～30mm，且不大于40mm，石块间不得出现无砂浆相互接触现象。

（2）石砌体应分皮卧砌，错缝搭接长度不小于80mm。内外搭砌时，不得采用外面侧立、中间填心的砌筑方法，也不允许有过桥石、铲口石（尖石倾斜向外的石块）和斧刃石（尖石向下的石块），如图3.41所示。第一皮及转角处、交接处、洞口处，应采用较大的平毛石砌筑；每个楼层及基础的最上一皮宜采用较大毛石砌筑。

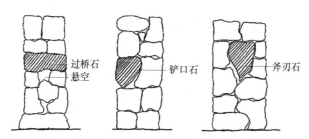

图 3.41　过桥石、铲口石、斧刃石示意

（3）基础砌筑时应拉垂线及水平线。基础第一皮应坐浆砌筑，且毛石应大面向下。对阶梯型基础，上级阶梯的石块应至少压下级阶梯的 1/2，且上下错缝搭砌。

（4）灰缝应饱满密实。对石块间的较大空隙，应先填塞砂浆，再用碎石块嵌实。

（5）毛石砌体应设置拉结石，且均匀错开。每皮内拉结石间隔不大于 2m，且墙面每 0.7m² 至少设置一块拉结石。当基础宽度或墙厚不大于 400mm 时，拉结石的长度应与基础宽度或墙厚相等；当基础宽度或墙厚大于 400mm 时，可两块搭接，其中一块的长度不少于基础宽度或墙厚的 2/3，相互搭接 150mm 以上。

2. 料石砌体施工

（1）料石基础的第一皮应用丁砌层坐浆砌筑。料石墙的第一皮及每个楼层最上一皮均应丁砌。

（2）当料石墙体厚度等于一块料石宽度时，采用全顺叠砌形式；当料石墙体厚度等于两块料石宽度时，可采用丁顺叠砌、两顺一丁或丁顺组砌的砌筑形式（图 3.42）。

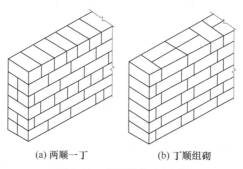

(a) 两顺一丁　　　　(b) 丁顺组砌

图 3.42　料石墙组砌形式

（3）料石砌体的水平灰缝应平直，竖向灰缝应宽窄一致。细料石砌体灰缝厚度不大于 5mm，粗料石、毛料石砌体灰缝厚度不大于 20mm。

3. 石砌体勾缝

石砌体勾缝一般采用 1∶1 水泥砂浆，多做成平缝或 10mm 深的凹缝，表面均需压实溜光；也可在平缝砂浆初凝后再抹砂浆，并捋成 40mm 宽的凸缝。砂浆应做好养护。

3.6 砌体的冬期施工

冬期施工时，砌体的砂浆会在负温下冻结，水化作用停止，失去黏结力。经解冻后，砂浆的强度虽可继续增长，但最终强度会明显低于常温下的砂浆强度。同时，由于砂浆的压缩变形增大，使砌体的沉降量增加，稳定性降低。实践证明，砂浆的用水量越多、遭受冻结越早、冻结时间越长、灰缝厚度越大，其冻结的危害程度就越大，反之亦然。因此，冬期施工时必须采取有效措施，尽可能减少冻害，以确保砌体工程质量。

3.6.1 冬期施工的要求

规范规定，当预计室外日平均气温连续 5d 稳定低于 5℃或当日最低气温低于 0℃时，砌体工程应采取冬期施工措施。施工前，应制定冬期施工方案。

1. 块材

冬期施工的块材，在砌筑前应清除表面的污物和冰霜，不得使用遭水浸冻的砖或砌块。

对烧结砖、蒸压灰砂砖、蒸压粉煤灰砖、吸水率较大的轻骨料混凝土砌块，当气温高于 0℃时，应浇水湿润并即时砌筑；当气温在 0℃及以下时，不应浇水，以避免结冰，但应增大砂浆稠度。抗震设防烈度为 9 度的建筑物，当烧结砖及蒸压粉煤灰砖无法浇水湿润时，不得砌筑。

对普通混凝土砌块、混凝土砖及采用薄灰砌法的加气块不应浇水。

2. 砂浆

当混凝土小砌块的砌筑砂浆强度等级低于 M10 时，其砂浆应比常温施工提高一个等级，以保证其承载能力。

冬期施工不得使用无水泥砂浆。拌制砂浆的水泥宜采用普通硅酸盐水泥；砂中不得含有冰块和大于 10mm 的冻结块；石灰膏应防止受冻，若遭冻结应融化后使用。

砂浆应具有足够的初始温度，以满足砌筑及前期强度增长的需求。因此常采用热拌砂浆，即在拌制前对材料预先加热。砂浆的温度要求及材料加热温度应据热工计算确定。由于水的比热大且便于加热，是首选加热对象。可将蒸汽直接通入水箱或用铁桶等烧水，但水温不得超过 80℃；若还不满足砂浆温度要求则需将砂也加热。砂可用蒸汽排管、火坑加热，也可将汽管插入砂内直接送汽（需按砂的含水率变化调整砂浆配合比），砂温不得超过 40℃。

拌合砂浆宜采用先投放砂、水等材料，经一定搅拌后再投放水泥的两步投料法拌制，以避免水泥假凝。砂浆的稠度应较常温适当增大，搅拌时间应较常温增加 0.5～1 倍，并在搅拌、运输、存放过程中采取有效保温措施。砌筑时，砂浆的温度不应低于 5℃，以保证其流动性，有利于满足饱满度要求。

3. 施工

冬期施工时，砖砌体应采用"三一"砌筑法施工，砌块砌体应随铺灰随砌筑。每日砌筑高度不宜超过 1.2m。砌体表面应清理干净，面层不得留有砂浆。砌筑后及时用保温材料覆盖。应较常温施工增留一组同条件养护的砂浆试块，用于检验转入常温 28d 的强度。

3.6.2　冬期施工方法

砌体的冬期施工常采用外加剂法和暖棚法。

1. 外加剂法

外加剂法是在拌合水中掺入氯化钠、氯化钙或亚硝酸钠等抗冻早强剂，以降低冰点和加速硬化，且砂浆在一定负温条件下强度可以继续增长，并通过热拌、保温等措施，使砂浆在冻结时已具有足够的抗冻能力。该法施工的砌体不会发生沉降变形，施工工艺简单，经济可靠，为冬期施工的首选方法。

外加剂溶液应由专人配置，并应先配置成规定浓度溶液置于专用容器中，再按使用规定加入搅拌机。搅拌时，若需在氯盐砂浆中掺加增塑剂，则应先加氯盐溶液再加增塑剂，以减少氯盐对增塑剂微沫的消泡作用。砌筑时，块体与砂浆的温度差值宜控制在20℃以内，且不应超过30℃，以防热量迅速传递和损失而产生冰膜。

由于氯盐对钢材具有较强的腐蚀作用，因此，应预先对需埋设的钢筋及钢埋件进行防腐处理；配筋砌体不得采用掺氯盐的砂浆施工。此外，掺氯盐的砂浆还会使砌体产生析盐、吸湿现象，故不得在以下工程中使用：①可能影响装饰效果的建筑物；②使用湿度大于80%的建筑物；③热工要求高的工程；④接近高压电线的建筑物；⑤经常处于地下水位变化范围内，而又无防水措施的砌体；⑥经常受40℃以上高温影响的建筑物。

采用外加剂法砌筑承重砌体，若最低气温在 −15℃ 及以下时，其砂浆强度等级应较常温施工提高一级，以弥补后期强度损失。

2. 暖棚法

暖棚法是利用简易结构和廉价的保温材料，将需要砌筑的空间临时封闭起来，并在棚内加热，使砌体在正温条件下砌筑和养护。暖棚法需耗费较多的能源和设备、材料，成本较高，可用于地下工程或建筑面积不大又急需使用的工程。

搭设的暖棚应牢固、整齐，宜在背风面设置出入口，并应采取保温避风措施。暖棚的加热，可优先采用热风装置，如使用天然气、焦炭炉等，则必须注意安全、防火。

用暖棚法施工时，块体和砂浆在砌筑时的温度均不得低于5℃，且距所砌结构底面0.5m 处的棚内温度也不得低于5℃。砌体在暖棚内的养护时间，应据表3-5确定。

表 3-5　暖棚法砌体的养护时间

暖棚内温度 /℃	5	10	15	20
养护时间 /d	≥6	≥5	≥4	≥3

习 题

一、单项选择题

1. 24m 以下高度扣件钢管脚手架的剪刀撑，应设置在脚手架外侧立面并沿架高连续布置。每道剪刀撑的宽度应为（　　　）跨。

    A. 3～5　　　　　B. 4～6　　　　　C. 5～7　　D. 6～8

2. 关于盘扣式钢管脚手架的搭设，错误的是（　　　）。

    A. 搭设双排脚手架时高度不宜大于 50m

    B. 每步水平杆层，当无挂扣式钢脚手板时，应每 5 跨设置水平斜杆

    C. 连墙件水平间距不应大于 3 跨，连接点与主体结构外侧面距离不宜大于 300mm

    D. 双排架外侧立面每隔不大于 4 跨应设置一道由底到顶的竖向连续斜杆

3. 砖墙砌筑砂浆用的砂宜采用（　　　）。

    A. 粗砂　　　　B. 细砂　　　　C. 中砂　　D. 特细砂

4. 砌筑施工中，立皮数杆的目的是（　　　）。

    A. 保证墙体垂直　　　　　　B. 提高砂浆饱满度

    C. 控制砌体竖向尺寸　　　　D. 使组砌合理

5. 一般情况砖墙每日砌筑高度不宜超过（　　　）。

    A. 2.0m　　　　B. 1.5m　　　　C. 1.2m　　D. 1.0m

6. 用蒸压加气混凝土砌块、轻骨料混凝土小型空心砌块砌筑填充墙时，其水平灰缝和竖向灰缝的砂浆饱满度均不得小于（　　　）。

    A. 60%　　　　B. 70%　　　　C. 80%　　D. 90%

二、填空题

1. 钢制脚手架杆件的连接方式有_____、_____和_____等。

2. 对于扣件式钢管脚手架，单排脚手架的搭设高度不宜超过_____，双排脚手架的搭设高度不宜超过_____。

3. 悬挑式脚手架的搭设高度（或分段搭设高度）一般不宜超过_____，宽度一般不宜大于_____。

4. 拌制砌筑用砂浆所用石灰膏，生石灰的熟化时间不得少于_____d，建筑生石灰粉的熟化时间不得少于_____d。

5. 砖墙中水平灰缝的砂浆饱满度不得低于_____。

6. 砌块在砌筑前应先绘制_____，以便指导砌块准备和砌筑施工。

三、术语解释题

1. 连墙件

2. 爬架

3. 抄平

4. "三一" 砌筑法

四、简答题

1. 简述双排扣件脚手架立杆、纵向水平杆、横向水平杆和剪刀撑的各自搭设要求。

2. 脚手架的拆除有哪些要求？

3. 试述扣件式钢管脚手架架体的搭设顺序。

4. 砖砌体的质量要求有哪些？

5. 对于混凝土小型空心砌块砌体所使用的材料，除强度满足设计要求外，还应该符合哪些要求？

在线答题

拓展习题

第 4 章
混凝土结构工程

知识结构图

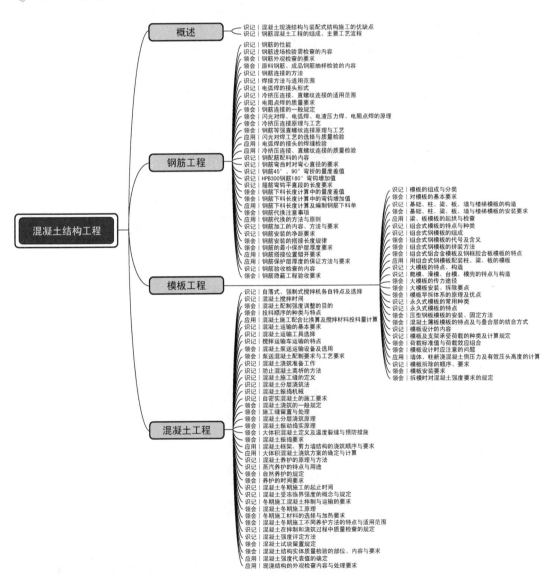

混凝土结构工程

概述
- 识记 | 混凝土现浇结构与装配式结构施工的优缺点
- 识记 | 钢筋混凝土工程的组成、主要工艺流程

钢筋工程
- 识记 | 钢筋的性能
- 识记 | 钢筋进场检验需检查的内容
- 领会 | 钢筋外观检查的要求
- 领会 | 原料钢筋、成品钢筋抽样检验的内容
- 识记 | 钢筋连接的方法
- 识记 | 焊接方法与适用范围
- 识记 | 电弧焊的接头形式
- 识记 | 冷挤压连接、直螺纹连接的适用范围
- 识记 | 电阻点焊的质量要求
- 领会 | 钢筋连接的一般规定
- 领会 | 闪光对焊、电弧焊、电渣压力焊、电阻点焊的原理
- 领会 | 冷挤压连接原理与工艺
- 领会 | 钢筋等强直螺纹连接原理与工艺
- 应用 | 闪光对焊工艺的选择与质量检验
- 应用 | 电弧焊的接头的焊缝检验
- 应用 | 冷挤压连接、直螺纹连接的质量检验
- 识记 | 钢配筋料的内容
- 识记 | 钢筋弯曲时对弯心直径的要求
- 识记 | 钢筋45°、90°弯折的量度差值
- 识记 | HPB300钢筋180°弯钩增加值
- 识记 | 箍筋弯钩平直段的长度要求
- 领会 | 钢筋下料长度计算中的量度差值
- 领会 | 钢筋下料长度计算中的弯钩增加值
- 应用 | 钢筋下料长度计算及编制钢筋下料单
- 领会 | 钢筋代换注意事项
- 应用 | 钢筋代换的方法与原则
- 识记 | 钢筋加工的内容、方法与要求
- 识记 | 钢筋安装的净距要求
- 领会 | 钢筋安装的搭接长度规律
- 领会 | 钢筋的最小保护层厚度要求
- 识记 | 钢筋接检位置错开要求
- 应用 | 钢筋保护层厚度的保证方法与要求
- 识记 | 钢筋验收检查的内容
- 领会 | 钢筋隐蔽工程验收要求

模板工程
- 识记 | 模板的组成与分类
- 领会 | 对模板的基本要求
- 识记 | 基础、柱、梁、板、墙与楼梯模板的构造
- 领会 | 基础、柱、梁、板、墙与楼梯模板的安装要求
- 应用 | 梁、板模板的起拱与检查
- 识记 | 组合式模板的特点与种类
- 识记 | 组合式钢模板的组成
- 领会 | 组合式钢模板的代号及含义
- 领会 | 组合式模板的拼装方法
- 领会 | 组合式铝合金模板及钢框胶合板模板的特点
- 应用 | 用组合式钢模板组装柱、梁、板的模板
- 识记 | 大模板的特点、构造
- 领会 | 大模板的传力途径
- 领会 | 大模板安装、拆除要点
- 识记 | 飞模、滑模、台模、模壳的特点与构造
- 识记 | 模板早拆体系的原理及优点
- 识记 | 永久式模板的常用种类
- 领会 | 永久式模板的特点
- 识记 | 压型钢板模板的安装、固定方法
- 领会 | 混凝土薄模模板的特点及与叠合层的结合方式
- 识记 | 模板设计的内容
- 识记 | 模板及支架承受荷载的种类及计算规定
- 领会 | 荷载标准值与荷载效应组合
- 领会 | 模板设计时应注意的问题
- 应用 | 墙体、柱新浇混凝土侧压力及有效压头高度的计算
- 识记 | 模板拆除的顺序、要求
- 领会 | 模板安装要求
- 领会 | 拆模时对混凝土强度要求的规定

混凝土工程
- 识记 | 自落式、强制式搅拌机各自特点及选择
- 识记 | 混凝土搅拌时间
- 领会 | 混凝土配制强度调整的目的
- 领会 | 投料顺序的种类及特点
- 应用 | 混凝土施工配合比换算及搅拌材料投料量计算
- 识记 | 混凝土运输的基本要求
- 识记 | 混凝土运输工具选择
- 领会 | 搅拌运输车运输的特点
- 领会 | 混凝土泵运输设备及选用
- 领会 | 泵送混凝土配制要求与工艺要求
- 识记 | 混凝土浇筑准备工作
- 领会 | 防止混凝土离析的方法
- 识记 | 混凝土施工缝的定义
- 识记 | 混凝土分层浇筑法
- 识记 | 混凝土振捣机械
- 识记 | 自密实混凝土的施工要求
- 领会 | 混凝土浇筑的一般规定
- 领会 | 施工缝留置与处理
- 领会 | 混凝土分层浇筑原理
- 领会 | 混凝土振动捣实原理
- 领会 | 大体积混凝土定义及温度裂缝与预防措施
- 领会 | 混凝土振捣要求
- 应用 | 混凝土框架、剪力墙结构的浇筑顺序与要求
- 应用 | 大体积混凝土浇筑方案的确定与计算
- 识记 | 混凝土养护的原理与方法
- 识记 | 蒸汽养护的特点与用途
- 领会 | 自然养护的规定
- 领会 | 养护的时间要求
- 识记 | 混凝土冬期施工的起止时间
- 识记 | 混凝土受冻临界强度的概念与规定
- 识记 | 冬期施工混凝土搅拌与运输的要求
- 识记 | 混凝土冬期施工原理
- 领会 | 冬期施工材料的选择与加热要求
- 领会 | 混凝土冬期施工不同养护方法的特点与适用范围
- 识记 | 混凝土在拌制和浇筑过程中质量检查的规定
- 识记 | 混凝土强度评定方法
- 领会 | 混凝土试块留置规定
- 领会 | 混凝土结构实体质量检验的部位、内容与要求
- 应用 | 混凝土强度代表值的确定
- 应用 | 现浇结构的外观检查内容与处理要求

4.1　概　　述

混凝土结构在建筑工程中占有至关重要的地位，它不但应用广泛、使用量大、且往往作为结构的主体，决定着结构的安全和寿命。混凝土结构的施工，对整个工程的工期、成本、质量均具有重大影响。

混凝土结构按施工方法可分为现浇和预制装配两种。前者整体性好、抗震能力强、结构形体及布局灵活、可不需大型的起重机械，但工期较长、受气候条件影响大。后者构件一般在工厂批量生产，具有施工工期短、机械化程度高、劳动强度低、绿色环保程度高等优点，但耗钢量较大，需大型起重运输设备。为了发挥长处，这两种方法在施工中往往兼而有之。

钢筋混凝土工程是混凝土结构工程的主要内容，它由钢筋、模板和混凝土三个分项工程组成，其主要工艺流程如图 4.1 所示。在施工中三者要密切配合，才能确保工程质量和工期。

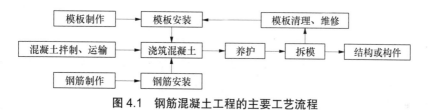

图 4.1　钢筋混凝土工程的主要工艺流程

近年来，随着施工材料、方法、机具、工艺的改进和创新，钢筋混凝土工程朝着提高寿命、保证质量、加快进度和降低造价的方向快速发展。

4.2　钢 筋 工 程

混凝土结构用的普通钢筋，可分为热轧钢筋、热处理钢筋和冷加工钢筋。热轧钢筋包括低碳钢（HPB 光圆）、低（微）合金钢（HRB 带肋）钢筋；热处理钢筋包括用余热处理（RRB）或晶粒细化（HRBF）等工艺加工的钢筋，该类钢筋强度较高，但强屈比低且焊接性能不佳；冷加工钢筋强度较高但脆性大，除冷轧带肋钢筋（CRB）外已很少使用。

热轧或热处理钢筋按屈服强度分为 300MPa、400MPa、500MPa 等几个等级，按表面形状分为光圆钢筋和带肋钢筋；直径 10mm 以下的钢筋来料多为盘圆，12mm 以上为直条。

4.2.1 钢筋的性能与检验

1. 钢筋的性能

施工中，需特别注意的钢筋性能主要有钢筋的冷作硬化、钢筋的松弛和钢筋的可焊性。

（1）钢筋的冷作硬化。在常温下，通过强力使钢材发生塑性变形，则钢材的强度、硬度可大大提高。根据这一性能，对钢筋进行冷拔、冷轧等冷加工，可节约钢材。但由于钢筋脆性加大，影响结构的延性，目前冷加工仅用于工厂制作高强钢丝和焊接网片，而现场则将其原理用于直螺纹连接。

（2）钢筋的松弛。它是指在高应力状态下，钢筋的长度不变而其应力随时间推移逐渐减少的性能。但钢材的松弛是有限的，一旦完成将不再松弛。在预应力施工中应采取措施，以防止或减少该性能造成的预应力损失。

（3）钢筋的可焊性。钢材均具有可焊性，但其焊接性能差异较大。影响焊接性能的主要因素包括钢材的强度或硬度、化学成分、焊接方法及环境等。一般强度越高的钢材越难以焊接，含碳、锰、硅、硫等越多的钢材越难以焊接，而含钛、铌多的钢材则易于焊接。

2. 钢筋的进场检验

钢筋进场时，应检查产品合格证及出厂检验报告等质量证明文件、钢筋外观，并进行抽样检验。

钢筋外观检查应全数进行，要求钢筋平直，无损伤，表面不得有裂纹、油污、颗粒状或片状老锈。

原料钢筋抽样检验应按国家标准分批次、规格、品种，每 5～60t 抽取 2 根钢筋制作试件，通过拉伸和冷弯试验检验其屈服强度、抗拉强度、伸长率、弯曲性能，并检测单位长度重量偏差，检验结果应符合国家标准规定。

成型钢筋进场时，应按同一厂家、同一类型、同一钢筋来源，以不超过 30t 为一批，每批中每种钢筋牌号、规格均应至少抽取 1 个钢筋试件（总数不少于 3 个），作屈服强度、抗拉强度、伸长率和重量及尺寸偏差检验，检验结果应符合国家标准规定。

抗震结构所用抗震钢筋的实测强屈比（强屈比）不应小于 1.25；屈服强度实测值与标准值之比（超屈比）不应大于 1.3；最大力总延伸率实测值（伸长率）不应小于 9 %。

当施工中发现钢筋脆断、焊接性能不良或力学性能显著不正常等现象时，应停止使用，并对该批钢筋进行化学成分检验或其他专项检验。

4.2.2 钢筋的连接

钢筋连接的方法有焊接连接、机械连接和搭接连接。钢筋连接的一般规定如下。

（1）钢筋的接头宜设置在受力较小处。抗震设防结构的梁端、柱端箍筋加密区内不宜设置接头，且不得进行钢筋搭接。

（2）同一纵向受力钢筋不宜设置两个或两个以上接头。

（3）接头末端至钢筋弯起点的距离不应小于钢筋直径的 10 倍。

（4）钢筋接头位置宜相互错开。当采用焊接连接或机械连接时，在同一连接区段（35 倍钢筋直径且不小于 500mm）内，受拉接头的面积百分率不应大于 50%（图 4.2）；受压接头，或避开框架梁端、柱端箍筋加密区的 I 级机械接头不限。

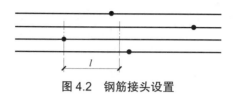

图 4.2　钢筋接头设置

注：l 区段内有接头的钢筋面积按两根计。

（5）直接承受动力荷载的结构构件中，不宜采用焊接接头。当采用机械连接时，同区段内的接头量不应大于 50%。

（6）钢筋机械连接或焊接连接接头试件应从完成的实体中截取，并应按规定进行性能检验。

1. 焊接连接

钢筋焊接常用方法及适用范围见表 4-1。

焊工必须持相应焊接方法的考试合格证上岗操作，并经现场焊接工艺试验合格，方可正式焊接。当环境温度低于 −5℃时，应调整焊接参数或工艺；当环境温度低于 −20℃时不得进行焊接，雨、雪及大风天气应采取遮挡措施。直径大于 28mm 的热轧钢筋及细晶粒钢筋的焊接参数应经试验确定，余热处理钢筋不宜焊接。

▶ 对焊

表 4-1　钢筋焊接常用方法及适用范围

焊接方法		接头形式	适用范围	
			钢筋牌号	钢筋直径 /mm
闪光对焊			HPB300	8 ～ 22
			HRB400 ～ 500，HRBF400 ～ 500	8 ～ 40
			RRB400W	8 ～ 32
电弧焊	帮条双面焊		HPB300	10 ～ 22
			HRB400，HRBF400	10 ～ 40
	帮条单面焊		HRB500，HRBF500	10 ～ 32
			RRB400W	10 ～ 25

续表

焊接方法	接头形式	适用范围	
		钢筋牌号	钢筋直径 /mm
电弧焊	搭接双面焊	HPB300 HRB400，HRBF400 HRB500，HRBF500 RRB400W	10～22 10～40 10～32 10～25
	搭接单面焊		
	剖口平焊	HPB300 HRB400，HRBF400 HRB500，HRBF500 RRB400W	18～22 18～40 18～32 18～25
	钢筋与钢板搭接焊	HPB300 HRB400，HRBF400 HRB500，HRBF500 RRB400W	8～22 8～40 8～32 8～25
	预埋件埋弧压力焊、埋弧螺柱焊	HPB300 HRB400，HRBF400	6～22 6～28
	预埋件穿孔塞焊	HPB300 HRB400，HRBF400 HRB500 RRB400W	20～22 20～32 20～28 20～28
电渣压力焊		HPB300 HRB400 HRB500	12～22 12～32 12～32
电阻点焊		HPB300 HPB400～500，HRBF400～500 CRB550	6～16 6～16 4～12

注：接头形式栏中，括号内的数据用于400MPa级及以上钢筋，括号外数据用于300MPa级钢筋。

1）闪光对焊

闪光对焊是将两根钢筋以对接形式安放在对焊机上，通以低电压的强电流，将其端部轻微接触，产生强烈闪光和飞溅，待接触点金属熔化，迅速施加顶锻力，使两根钢筋焊接到一起的压焊方法（图4.3）。该法广泛用于直条粗钢筋下料前的接长或制作直径为

6～16mm 的闭口箍筋。焊接质量好，价格低廉，适用范围广，可减少料头、节约钢筋。但直径大于 20mm 者不宜在施工现场焊接。

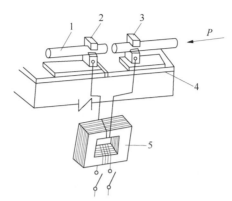

1—钢筋；2—固定电极夹钳；3—活动电极夹钳；4—机座；5—焊接变压器。

图 4.3　钢筋对焊示意图

（1）闪光对焊工艺。

① 连续闪光焊。该工艺是在闭合电源后，通过杠杆摇臂调整活动电极，使两根钢筋保持轻微接触，接触点很快熔化并产生火花，形成连续闪光现象。待接头烧平、闪去杂质和氧化膜、端头处于白热熔化状态时，施加轴向压力迅速顶锻，使两根钢筋融合焊牢。该种工艺适用于焊接直径小于等于 20mm 的 HPB300、HRB400 钢筋。直径大或 HRB500 钢筋可用预热闪光焊和闪光－预热闪光焊。

② 预热闪光焊。对于较粗且端面较平整的钢筋，先反复将接头处作闭合和断开的动作，使钢筋通过本身的电阻预热，然后再进行连续闪光，烧化后加压顶锻。通过预热可增加热影响区，提高焊接质量。

③ 闪光－预热闪光焊。对于较粗且端面不平整的钢筋，应通过连续闪光，将钢筋端部烧平后，再进行预热闪光焊。

需注意的是：含碳、锰、硅较高，可焊性较差的 500MPa 级及以上钢筋，应控制焊接温度，并使热扩散区加长，以防接头局部过热造成脆断。焊接时宜用强电流焊接，焊接后应对接头进行退火或高温回火的热处理，以改善接头的塑性。热处理的方法是：当对焊接接头冷却至常温后松开夹具，放大钳口距离重新夹住钢筋，进行低频脉冲式通电加热（频率约 2 次 /s，通电 5～7s），待钢筋表面呈橘红色停止即可。

（2）闪光对焊参数。

闪光对焊参数主要包括调伸长度（焊接前两根钢筋端部从电极钳口伸出的长度，见图 4.4）、闪光留量、闪光速度、预热留量、顶锻留量、顶锻速度、顶锻压力及变压器次级等。这些参数可从相关手册或钢筋焊接及验收规程中查阅。

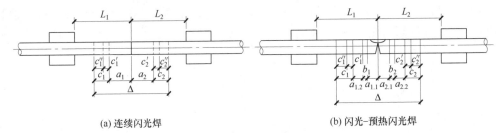

(a) 连续闪光焊　　　　　　　　　　(b) 闪光-预热闪光焊

L_1、L_2—调伸长度；a_1+a_2—闪光留量；$a_{1.1}+a_{2.1}$——一次闪光留量；$a_{2.1}+a_{2.2}$—二次闪光留量；

b_1+b_2—预热留量；c_1+c_2—顶锻留量；$c_1'+c_2'$—有电顶锻留量；$c_1''+c_2''$—无电顶锻留量。

图 4.4　钢筋闪光对焊各项留量图解

（3）质量检验。

① 性能检验。在同一台班内，由同一焊工完成的 300 个相同钢筋接头作为一批。从每批成品中切取 6 个试件，3 个进行拉伸试验，3 个进行弯曲试验。如有一个不合格，则加倍取样，重作试验，如仍有一个不合格则该批接头为不合格品，需切除接头重新焊接。

② 外观检查。每批抽查 10% 的接头，且不得少于 10 个。接头处应有圆滑、带毛刺的镦粗，不得有裂纹；与电极接触处不得有明显的烧伤；接头的弯折不得大于 2°，轴线偏移不得大于钢筋直径的 0.1 倍，且不得大于 1mm。

电弧焊

2）电弧焊

电弧焊是利用弧焊机使焊条与焊件之间产生高温电弧，熔化焊条和焊件金属，待其凝固后便形成焊缝或接头。电弧焊广泛用于各种钢筋接头、焊制钢筋骨架、钢筋与钢板的焊接及结构安装的焊接。钢筋接头的常用形式有搭接焊、帮条焊、剖口焊等（表 4-1）。

电弧焊的设备包括焊接电源（弧焊机）、焊枪、焊把线和焊条。弧焊机有交流和直流两种，工地上常用交流弧焊机。焊条型号规格较多，如 E4303、E4315、E5016 等。其中，"E" 表示焊条；前两位数字（如 43、50）表示熔敷金属抗拉强度的最小值（430N/mm²、500N/mm²）；第三、四位数字（如 03、15、16）表示适用的焊接方位、电流种类及药皮类型。选择焊条时，强度型号取决于钢筋级别及接头形式（表 4-2），药皮的类型取决于焊接环境，焊条直径应取决于焊件尺寸及弧焊机电流大小。

表 4-2　电弧焊的焊条选择

钢筋牌号	搭接焊、帮条焊	坡口焊、预埋件穿孔塞焊	窄间隙焊	钢筋与钢板搭接焊预埋件T形角焊
HPB300	E4303	E4303	E4316	E4303
HRB400	E5003	E5503	E5516	E5003
HRB500	E5503	E6003	E6016	E5503

焊接电流应根据钢筋级别、焊条直径、接头形式和焊接方位进行调整。搭接焊、帮条焊宜采用双面焊，当不能进行双面焊时方可采用单面焊。焊接时，引弧应在垫板、帮条或形成焊缝的部位进行，不得烧伤主筋。

对采用搭接焊的钢筋，焊接前应将端头的焊接段做适当弯折，以保证焊接后钢筋同轴。

焊接后，焊缝表面的药皮结晶应清理干净，焊缝应均匀、无裂纹，钢筋表面无弧坑。当采用帮条焊或搭接焊时，焊缝长度 L 不应小于帮条或搭接长度；且单面焊时，HPB300 钢筋 $L \geq 8d$（d 为钢筋直径），HRB400、HRB500 钢筋 $L \geq 10d$，双面焊时减半（表 4-1）。焊缝宽度 b 与高度 h 要求如图 4.5 所示。

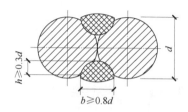

图 4.5　焊缝的宽度与高度

3）电渣压力焊

电渣压力焊

电渣压力焊（图 4.6）是利用强电流将埋在焊药中的两根钢筋端头熔化，然后施加压力使其熔合，用于柱、墙等竖向钢筋的接长。它比电弧焊工效高、成本低、质量好。

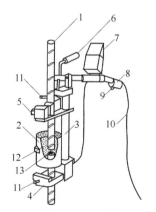

1—待接钢筋；2—焊剂盒；3—单导柱；4—固定夹头；5—活动夹头；6—加压手柄；
7—监控仪表；8—操作把；9—开关；10—控制电缆；11—电极插座；12—焊药；13—铁丝团。

图 4.6　电渣压力焊单柱式机头

焊接前，应先将上下钢筋对正并用夹头夹牢，在上下钢筋间放引弧用的铁丝团，再装上焊剂盒，并装满焊药将接头处埋住。接通电路，用手柄调整上下钢筋的间距将电弧引燃。钢筋端头及其周围焊剂熔化后形成渣池。稳弧数秒后，用加压手柄下压上部钢筋，使其沉入渣池，电弧熄灭，利用电阻加热。经 20 ～ 40s，渣池有足够的液体后，迅速下压上部钢筋进行顶锻，以挤出溶化金属和熔渣，形成牢固的接头。冷却后拆除夹头卡具和焊剂盒，回收未熔化焊药并清除接头渣壳。

电渣压力焊要根据钢筋级别和直径选择适宜的焊接参数。开路电压不得低于380V，电极电压一般为40V，电流密度为 $1 \sim 2A/mm^2$，通电时间为 $25 \sim 40s$。焊药常采用HJ 431焊剂。具体焊接参数见焊接规程。

电渣压力焊接头应有均匀焊包，其凸出钢筋表面的高度不得小于4mm；当钢筋直径为28mm及以上时不得小于6mm。其他质量的检查与要求同闪光对焊，但不需要进行弯曲试验。

电阻点焊

4）电阻点焊

电阻点焊用于钢丝或较细钢筋的交叉连接，常用来制作钢筋骨架或网片。其原理是利用钢筋交叉点电阻较大，在通电瞬间受热而熔化，并在电极的压力下焊合（图4.7）。

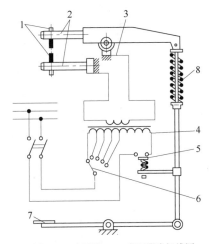

1—电极；2—电极臂；3—变压器次级线圈；
4—变压器初级线圈；5—断路器；6—变压器调节开关；7—踏板；8—压紧机构。

图 4.7　点焊机工作原理

预制厂多使用台式点焊机，包括单点式和多点式。多点式点焊机常用于宽大钢筋网片的联动焊接。施工现场多使用手提式点焊机。

电阻点焊的主要工艺参数为：电流强度、通电时间和电极压力。其参数选择主要取决于钢筋的直径和强度等级。焊点应有足够的相互压入深度，其值应为较小钢筋直径的 $18\% \sim 25\%$。

2. 机械连接

钢筋的机械连接是利用与连接件的咬合作用来传力的连接方法。它具有以下优点：接头质量稳定、可靠，操作简便，施工速度快，且不受气候、环境条件影响，无污染，无火灾隐患，施工安全等，广泛用于粗钢筋的连接中。

1）连接方法与接头等级

常用钢筋机械连接方法有直螺纹连接和冷挤压连接。其适用范围见表4-3。

表 4-3 常用钢筋机械连接方法及适用范围

机械连接方法		适用范围	
		钢筋牌号	钢筋直径
冷挤压连接		HRB400、HRB500，RRB400，HRBF400、HRBF500	16 ～ 50
直螺纹连接	镦粗直螺纹	HRB400	
	滚轧直螺纹	HPB300，HRB400、HRB500，RRB400，HRBF400、HRBF500	

钢筋接头根据抗拉强度、残余变形、延性及承受反复拉压性能的差异分为三个等级。每个等级应满足的抗拉强度见表4-4。工程中常采用Ⅱ级接头。

表 4-4 钢筋接头等级及其抗拉强度

接头等级	Ⅰ 级	Ⅱ 级	Ⅲ 级
接头的实测极限抗拉强度	$\geqslant f_{stk}$　钢筋拉断 或 $\geqslant 1.1 f_{stk}$　连接件破坏	$\geqslant f_{stk}$	$\geqslant 1.25 f_{yk}$

注：f_{stk}——钢筋抗拉强度标准值；f_{yk}——钢筋屈服强度标准值。

2）直螺纹连接

直螺纹连接是在钢筋端部做出等直径的丝扣螺纹，再拧入内壁带有丝扣的高强度套筒进行连接的方法。该法施工速度快、对环境要求低、接头强度高（可达到Ⅰ级）、价格适中，得到了广泛应用。

钢筋直螺纹施工工艺与要求

连接套筒均由工厂生产，钢筋螺纹则在施工现场加工。其按加工方法分为镦粗直螺纹和滚轧直螺纹。前者是将钢筋端部连接段用液压设备挤压镦粗后，再用套丝机切削出丝扣。后者是将钢筋端部利用机床的滚轮轧出螺纹丝扣。二者均是利用了钢材"冷作硬化"的特性，使接头可与母材等强，但后者设备、加工均较简单，因此应用广泛。

（1）滚轧直螺纹的加工与检验。

滚轧直螺纹又可分为直接滚轧和剥肋滚轧两种加工方法。

① 直接滚轧。

直接滚轧是采用滚丝机床直接在钢筋端部滚轧出螺纹。此法螺纹加工快、设备简单，但螺纹精度差（主要是由于钢筋粗细不均易导致螺纹直径差异）。

② 剥肋滚轧。

剥肋滚轧是采用剥肋滚丝机床，前部先将钢筋的纵横肋剥切去除，随后滚轧螺纹。此法虽使钢筋断面略有减少，但螺纹精度高，接头质量稳定。

加工中应随时检查滚丝段长度、螺纹丝扣高度和质量，并立即在接头一端拧上套筒，另一端则需戴好保护帽。

（2）现场连接施工。

根据待接钢筋所在部位及转动难易情况，选用不同的套筒类型和螺纹旋向，安装方法如图4.8与图4.9所示。钢筋安装时可用管钳扳手拧紧，使钢筋丝头在套筒中央位置相互顶紧，其最小拧紧扭矩值见表4-5。安装后应有露出套筒的螺纹，但不宜超过两圈。

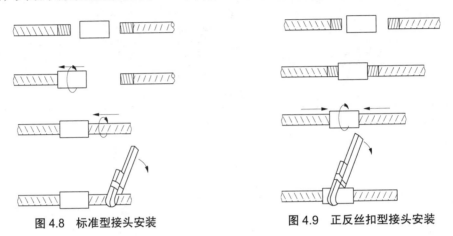

图 4.8　标准型接头安装　　　　　图 4.9　正反丝扣型接头安装

表 4-5　直螺纹安装时的最小拧紧扭矩值

钢筋直径 /mm	≤16	18～20	22～25	28～32	36～40
拧紧扭矩 /（N·m）	100	200	260	320	360

丝头加工的质量及安装的拧紧扭矩应抽检不少于10%。接头的质量检验以500个同批号、同种钢套筒及其接头为一批，不足500个仍为一批，随机截取三个试件作抗拉试验，若其中一个不合格，应加倍抽取试件进行复试。

钢筋冷挤压连接

3）冷挤压连接

冷挤压连接法是将两根待接钢筋均匀插入钢套筒后，用液压设备沿径向挤压套筒，使之产生塑性变形，通过套筒与钢筋肋纹的咬合力将两根钢筋连接成整体（图4.10）。这种接头质量稳定可靠，受力能力不低于母材，但只能连接带肋钢筋。其施工速度较慢，操作强度大，套筒体型大且对其强度及塑性要求较高，故综合成本高。

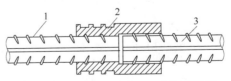

1—已挤压的钢筋；2—钢套筒；3—待挤压的钢筋。

图 4.10　钢筋冷挤压连接

连接时，钢筋表面应洁净，端头齐平，肋纹完整。钢筋插入套筒前应做标记，端头距套筒中点不宜多于 10mm，以确保连接长度，防止压空。钢筋与套筒需同轴对正。挤压应从套筒中央逐道向端部进行，每端挤压点数量随钢筋直径和强度等级增大而增多，一般每侧为 3 ～ 8 道。压痕深度为套筒外径的 10% ～ 15%，压后套筒不得有肉眼可见的裂纹。接头的质量检验批及要求同直螺纹连接。

4.2.3　钢筋的配料

钢筋配料是根据施工图纸计算构件中各号钢筋的下料长度、根数及重量，然后编制钢筋配料单，以此作为备料、加工、验收及结算的依据。

在施工图纸上，通过构件尺寸扣掉保护层厚度可以得到钢筋外包尺寸。而钢筋弯折处的外包尺寸大于轴线尺寸，其差值称为量度差值。此外，在钢筋末端因构造要求所做的弯钩，其增加值未包含在外包尺寸之内。图 4.11 所示，钢筋的下料长度 L 应为

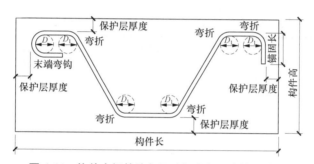

图 4.11　构件中钢筋外包尺寸与弯折、弯钩示意图

L = 各段外包尺寸之和 – 各弯折处的量度差值 + 末端弯钩的增加值。

1. 钢筋中间弯折处的量度差值

规范规定，钢筋弯折时其弯弧内径 D_1，对于 300MPa 级钢筋不应小于 2.5d（d 为钢筋直径）；对 400MPa 级不应小于 4d；对 500MPa 级不应小于 6d。图 4.12 所示，弯折角度为 α，若取 D_1=5d 时，钢筋弯折处的外包尺寸为折线 $A'B'$ 与 $B'C'$ 之和：

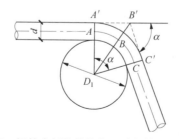

图 4.12　钢筋弯折处的外包尺寸与轴线长度示意

$$A'B'+B'C' =2\ A'B'=2\left(\frac{D_1}{2}+d\right)\cdot \tan\left(\frac{\alpha}{2}\right)=2\left(\frac{5d}{2}+d\right)\cdot \tan\frac{\alpha}{2}=7d\cdot \tan\frac{\alpha}{2}$$

钢筋弯折处的轴线长度（$\overset{\frown}{ABC}$）为

$$\overset{\frown}{ABC}=\left(\frac{D_1}{2}+\frac{d}{2}\right)\cdot\frac{\alpha\pi}{180°}=(D_1+d)\cdot\frac{\alpha\pi}{360°}=6d\cdot\frac{\alpha\pi}{360°}$$

则钢筋弯折处的量度差值为

$$7d\cdot\tan\frac{\alpha}{2}-6d\cdot\frac{\alpha\pi}{360°}=7d\cdot\tan\frac{\alpha}{2}-d\cdot\frac{\alpha\pi}{60°}=\left(7\tan\frac{\alpha}{2}-\frac{\alpha\pi}{60°}\right)d$$

例如，当弯折 45° 时，即将 $\alpha=45°$ 代入上式，其量度差值为

$$\left(7\tan\frac{45°}{2}-\frac{45°}{60°}\pi\right)d\approx\left(7\times0.414-\frac{3}{4}\times3.14\right)d=0.543d，常取 0.5d。$$

当 $D_1=5d$ 时，常用钢筋弯折角度的计算量度差值及取用值见表 4-6。

表 4-6　常用钢筋弯折角度的计算量度差值及取用值

弯折角度	量度差值	取用值
30°	0.306d	0.3d
45°	0.543d	0.5d
60°	0.9d	1d
90°	2.29d	2d

2. 钢筋末端弯钩增加值计算

规范规定，光圆受拉钢筋末端须做 180° 弯钩，HPB300 钢筋的弯弧内直径 D 不应小于 2.5d，弯钩末端平直部分长度不宜小于 3d。从图 4.13 可知，当钢筋弯成一个 180° 标准弯钩时所需的钢筋长度 AE 为

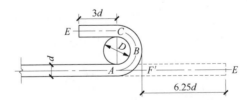

图 4.13　钢筋末端 180° 弯钩长度计算示意

$$AE=\overset{\frown}{ABC}+CE=\frac{\pi}{2}(D+d)+3d$$

取 $D=2.5d$，则 $AE=\frac{\pi}{2}(2.5d+d)+3d\approx8.5d$。因一般钢筋外包尺寸是由 A 量至 F'，则 $AF'=\frac{D}{2}+d=\frac{2.5d}{2}+d=2.25d$，故每个弯钩增加长度为：$AE-AF'=8.5d-2.25d=6.25d$。

3. 箍筋弯钩增加值

箍筋末端的弯钩形式如图 4.14 所示。对有抗震要求或受扭的结构应按图 4.14（a）加工；对一般结构可按图 4.14（b）加工。弯心直径 D 应满足前述要求且大于所箍各纵向钢筋的直径。弯钩平直段的长度，对一般结构不小于 $5d$，对抗震和受扭的结构不应小于 $10d$ 和 75mm 中较大值。

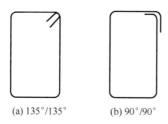

(a) 135°/135°　　(b) 90°/90°

图 4.14　绑扎箍筋的形式

箍筋每个弯钩增加值（图 4.15）为

$$90° \text{ 弯钩增加值} = \left(\frac{D}{2} + \frac{d}{2}\right)\frac{\pi}{2} - \left(\frac{D}{2} + d\right) + \text{平直段长；}$$

$$135° \text{ 弯钩增加值} = \left(\frac{D}{2} + \frac{d}{2}\right)\frac{3\pi}{4} - \left(\frac{D}{2} + d\right) + \text{平直段长；}$$

$$180° \text{ 弯钩增加值} = \left(\frac{D}{2} + \frac{d}{2}\right)\pi - \left(\frac{D}{2} + d\right) + \text{平直段长。}$$

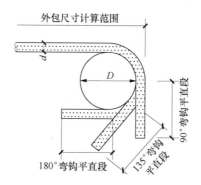

图 4.15　箍筋弯钩增加值计算简图

对于 135°/135° 弯钩的矩形箍筋，其下料长度可近似计算为：$L=$ 箍筋外包尺寸 $+2 \times$ 平直段长。

【例 4-1】某房屋为抗震结构，有现浇钢筋混凝土主梁 L_1 共 5 根，配筋图如 4.16 所示，③、④号钢筋为 45° 弯起，试计算各种钢筋的下料长度及 5 根梁的钢筋总重量。

解：

1. 钢筋下料长度及重量计算

构件处于室内环境，箍筋保护层厚度取 20mm；梁主筋端头保护层厚度取 20mm，其他部位取 20+8=28（mm）。

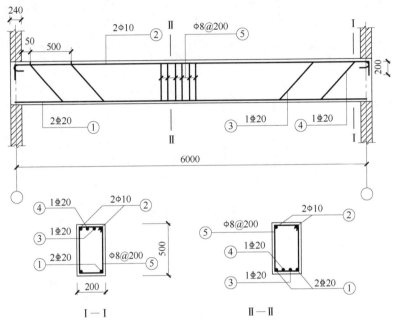

图 4.16　梁 L_1 配筋图

① 号钢筋（受拉主筋）计算如下。

下料长度：$L_①$=6000+2×120−2×20=6200（mm）

每根钢筋重量 =2.47×6.200=15.314（kg）

② 号钢筋（架立筋）计算如下。

外包尺寸：6000+2×120−2×20=6200（mm）

下料长度：$L_②$=6200+2×6.25×10=6325（mm）

每根重量：0.617×6.325≈3.903（kg）

③ 号钢筋（弯起筋）计算如下。

外包尺寸分段计算步骤如下。

端部平直段长：240+50+500−20=770（mm）

斜段长：（500−2×28）×1.414=444×1.414≈628（mm）

中间直段长：6240−2×（240+50+500+444）=3772（mm）

端部竖直外包长：200（mm）

下料长度：$L_③$=2×（770+628+200）+3772−2×2d−4×0.5d

=6968−2×2×20−4×0.5×20=6848（mm）

每根重量：2.47×6.848≈16.915（kg）

④ 号钢筋（弯起筋）：下料长度及重量与③号钢筋相同，亦为6848mm、16.915kg。

⑤ 号钢筋（箍筋）计算如下。

外包宽度：200−2×20=160（mm）

外包高度：500−2×20=460（mm）

箍筋有三处 90° 弯折，每个弯折的量度差值为：$2d = 2 \times 8 = 16$（mm）

抗震结构，箍筋取 135°/135° 形式，D 取 25mm；平直段长 $10d$ =80mm，已不小于 75mm。则每个弯钩增加值为

$$\frac{3}{8}\pi（D+d）-\left(\frac{D}{2}+d\right)+80 = \frac{3}{8}\pi（25+8）-\left(\frac{25}{2}+8\right)+80 \approx 98（mm）$$

下料长度：$L_⑤$=2×（160+460）−3×16+2×98 = 1388（mm）

每根重量：0.395×1.388≈0.548（kg）

箍筋自 50mm 起步绑扎，则每梁根数为（6240−2×50）÷200+1≈32（根）

2.编制钢筋下料单

某工程主梁 L_1 钢筋下料单见表 4-7，以供计划、备料、加工及验收使用。

表 4-7　某工程主梁 L_1 钢筋下料单

构件名称	钢筋编号	钢筋简图	钢号与直径	下料长度/mm	单根钢筋重量/kg	单梁根数/根	合计根数/根	质量/kg
L_1梁，共 5 根	①	6200	Φ20	6200	15.314	2	10	153.14
	②	6200	ϕ10	6325	3.903	2	10	39.03
	③	200 770 628 3772	Φ20	6848	16.915	1	5	84.58
	④	200 270 628 4772	Φ20	6848	16.915	1	5	84.58
	⑤	160 460	ϕ8	1388	0.548	32	160	87.68
钢筋重量合计								449.01

4.2.4　钢筋的代换

钢筋的级别、种类和直径应按设计要求采用，如因供应缺乏或安装困难等确需代换，应办理设计变更文件。

1.钢筋代换的方法

（1）等强代换。对计算配筋的钢筋，应按抗力不减的原则进行代换，即满足下式要求。

$$A_{s2}f_{y2} \geq A_{s1}f_{y1}\qquad\qquad (4\text{-}1)$$

式中　A_{s1}、f_{y1}——原设计钢筋总面积、设计强度；

　　　A_{s2}、f_{y2}——代换后钢筋总面积、设计强度。

（2）等面积代换。对按最小配筋率或构造配筋的钢筋、同级别钢筋代换时，应满足下式要求。

$$A_{s2} \geq A_{s1}\qquad\qquad (4\text{-}2)$$

2.钢筋代换注意事项

（1）对重要构件，不宜用 HPB300 级光圆钢筋代换 HRB400 级、HRB500 级带肋钢筋。

（2）钢筋代换后，应满足构造规定，如钢筋的最小直径、间距、根数、锚固长度等。

（3）每根钢筋的拉力差不应过大（直径差不大于 5mm），以免构件受力不均。

（4）受力不同的钢筋应分别代换。

（5）当构件受抗裂或挠度控制时，钢筋代换后应进行抗裂度或挠度验算。

（6）预制构件的吊环，必须采用 HPB300 级热轧钢筋制作，严禁以其他钢筋代换。

（7）钢筋代换应征得设计单位同意。

4.2.5　钢筋的加工与安装

1.钢筋加工

钢筋加工包括调直、除锈、切断、弯曲等。经加工后，钢筋的形状、尺寸必须符合设计要求，表面应洁净、无损伤，油污和铁锈等应在使用前清除干净。

调直切断

钢筋的调直宜采用机械方法。直径较小的钢筋（盘圆）可采用调直机进行调直（如 TQY5-4/14 型钢筋调直机，可调直 4～14mm 直径的钢筋，同时还具有除锈和自动切断功能）。粗钢筋可采用锤直和扳直的方法调直。调直过程中不得损伤带肋钢筋的横肋。钢筋除锈常用电动除锈机或喷砂除锈机。经调直机调直的钢筋，一般不必再除锈，但有鳞片状锈斑者必须除锈。

钢筋下料时须按下料长度进行切断。切断可采用钢筋切断机剪切或切割机锯切。前者切断速度快，但端面呈马蹄状、不平整；对采用机械连接接头者应锯切。

钢筋弯曲

钢筋弯曲常采用弯曲机或弯箍机进行。弯曲时应先画线，以保证成品的尺寸和角度。对弯曲形状较为复杂的钢筋，应先放实样再进行弯曲。

2. 钢筋安装

（1）搭接长度。

钢筋绑扎搭接连接是利用混凝土的黏结锚固作用及自身抗力来传递钢筋的应力。因此，必须满足搭接长度的要求。纵向受拉钢筋最小搭接长度应符合表 4-8 的规定，且不应小于 300mm。对直径大于 25mm 的带肋钢筋，其最小搭接长度应按相应数值乘以系数 1.1；对一、二级抗震设防的结构构件，应乘以 1.15；对三级抗震设防的结构构件，应乘以 1.05。

钢筋绑扎安装

表 4-8　纵向受拉钢筋最小搭接长度

钢筋类型		混凝土强度等级							
		C25	C30	C35	C40	C45	C50	C55	≥C60
光面	300MPa 级	41d	37d	34d	31d	29d	28d	—	—
带肋	400MPa 级	48d	43d	39d	36d	34d	33d	31d	30d
	500MPa 级	58d	52d	47d	43d	41d	39d	38d	36d

注：d 为钢筋直径。两搭接筋的直径不等时，以较细者计算。

受压钢筋绑扎搭接长度取受拉钢筋搭接长度的 70%，但不应小于 200mm。

（2）搭接位置。

钢筋的绑扎搭接接头位置应相互错开（图 4.17）。在 1.3 倍搭接长度范围内，纵向钢筋搭接接头面积百分率为：梁、板、墙构件，不宜大于 25%；柱类及筏板构件，不宜大于 50%。不能满足时，其搭接长度应乘以 1.15～1.35 的系数。

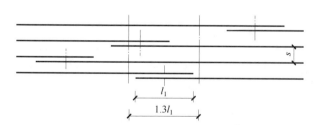

图 4.17　钢筋搭接位置错开及净距示意图

（注：图中所示 1.3l_1 区段内，有接头的钢筋面积按两根计。）

（3）钢筋净距。

绑扎搭接处钢筋的净距 s 不应小于钢筋直径 d，且不应小于 25mm。

（4）箍筋的安装。

箍筋的弯钩或焊点应均匀错开设置，起步筋距构件边缘宜为 50mm。受拉搭接区段的箍筋间距不应大于搭接钢筋较小直径的 5 倍，且不应大于 100mm；受压搭接区段不应大于 10 倍，且不应大于 200mm。

（5）保护层厚度控制。

钢筋的混凝土保护层厚度是保证结构构件寿命的关键。当设计无具体要求时，最外层钢筋（含箍筋、构造筋、分布筋）的混凝土保护层厚度应符合表 4-9 的规定。当混凝土强度等级为 C25 时需增加 5mm。有混凝土垫层的基础，保护层最小厚度为 40mm。钢筋接头套筒的保护层不得少于钢筋保护层厚度的 0.75 倍，且不得少于 15mm。

表 4-9　钢筋的混凝土保护层最小厚度

环境等级	主要特征	板、墙、壳	梁、柱
一	室内干燥环境；无侵蚀静水	15	20
二 a	室内潮湿；非寒冷地区露天	20	25
二 b	干湿交替；寒冷地区露天	25	35
三 a	寒冷地区水位变动；海风	30	40
三 b	盐渍土；除冰盐作用；海岸	40	50

为保证保护层厚度，常用预制混凝土、水泥砂浆或塑料等垫块、卡环等间隔件（图 4.18）垫在钢筋与模板之间，其设置间距一般不大于 1m，采用梅花形布置。为防止间隔件窜动，需用细钢丝与钢筋扎牢。上下钢筋网片之间的间隔尺寸可设置钢筋马凳或钢支架来控制。

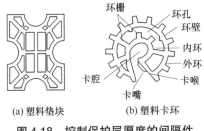

(a) 塑料垫块　　(b) 塑料卡环

图 4.18　控制保护层厚度的间隔件

4.2.6　钢筋的验收

钢筋工程属于隐蔽工程。在浇筑混凝土之前，施工单位应会同监理或建设单位、设计单位对钢筋及预埋件进行检查验收，并做隐蔽工程验收记录。

验收时，应对照图纸检查钢筋的牌号、直径、根数和间距是否正确，对负弯矩筋固定状况需特别注意，应能防止施工时踩倒。注意检查钢筋连接方法、接头位置及搭接长度、端头锚固长度是否满足要求，是否有变形、松脱和开焊的现象，保护层是否符合要求，钢筋表面有无油污或模板隔离剂，预埋件位置及数量是否正确，钢筋安装位置偏差是否在规范允许范围内。验收合格后，有关各方应在验收书上签字，以备查考。

4.3　模 板 工 程

模板工程主要包括模板和支架两个部分。模板是使新浇的混凝土成形的模型，由与混凝土直接接触的面板及支撑、连接件组成。模板的种类较多，主要有以下 4 种分类方式。

（1）按结构构件类型分，有基础模板、柱模板、墙模板、梁模板、楼板模板、楼梯模板等。

（2）按作用及承载种类分，有侧模板、底模板等。

（3）按构造及施工方法分：①拼装式模板（如木模板、胶合板模板）；②组合式模板（如组合式钢模板、铝合金模板、钢框胶合板模板）；③工具式模板（如大模、台模）；④移动式模板（如爬模、滑模）；⑤永久式模板（如压型钢板模板、预应力混凝土薄板、叠合板）等。

（4）按材料分，有木模板、钢模板、钢木模板、铝合金模板、胶合板模板、塑料模板、玻璃钢模板等。目前木（竹）胶合板模板、钢模板占据主要地位，铝合金模板、塑料模板正得到快速发展。

模板及支架应根据施工过程中的各种控制工况进行设计，并满足如下基本要求。

（1）应保证结构构件各部分的形状、尺寸和位置准确；

（2）具有足够的承载力、刚度和整体稳固性；

（3）构造简单、装拆方便，且便于钢筋安装和混凝土浇筑、养护；

（4）表面平整、拼缝严密，能满足混凝土内部及表面质量要求；

（5）材料轻质、高强、耐用、环保，利于周转使用。

4.3.1　一般现浇结构构件的模板构造

1. 基础模板

基础模板（图 4.19）主要由侧模及支撑构成。安装时，要满足各台阶的高度要求、保证整体浇筑且上下模板不发生相对位移。两个台阶的条形基础模板如图 4.20 所示，上一台阶需采用吊模或设置底部支撑。

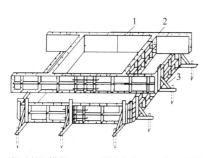

1—钢（铝）模板；2—T 形连接件；3—钢三角撑。

图 4.19　基础模板

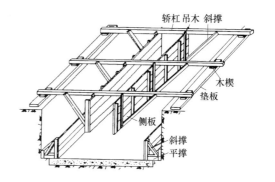

图 4.20　两个台阶的条形基础模板

柱墙梁板模板安装演示

2. 柱模板

一般矩形柱模板（图 4.21）由四块拼板围成。外侧设置柱箍，以抵抗新浇混凝土产生的侧压力，其间距主要取决于柱子高度和混凝土的坍落度，一般为 0.5～1.0m。对于截面较大的柱子，还应在截面中间设置对拉螺栓。为了保证柱子的位置和垂直度，模板周围应设置足够的支撑或拉杆。工具式柱模板自带可调支腿和操作平台，如图 4.22 所示。

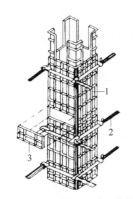

1—钢模板；2—柱箍；3—浇注孔盖板。

图 4.21　柱模板

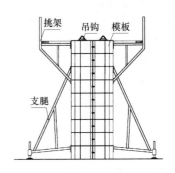

图 4.22　工具式柱模板

3. 梁、板模板

梁模板（图 4.23）由底模及夹住底模的两片侧模组成。底模下应设有足够的支架，以承受压力并保证稳定；侧模外侧应设置斜撑，当梁高大于 600mm 时，其腰部还应增设对拉杆件，以抵抗新浇混凝土的侧压力。

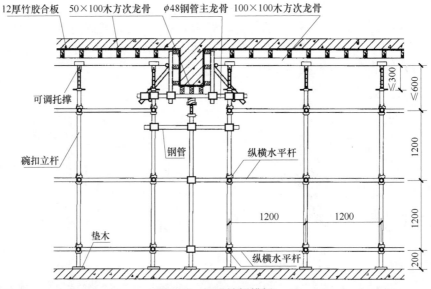

图 4.23　梁及楼板模板

楼板模板由支架、主次龙骨和面板组成，面板宜采用大块模板（如防水胶合板）以减少接缝和提高平整度。

为了避免在钢筋和新浇混凝土等重力的作用下，因模板及支架的压缩变形而导致梁、板产生挠度，支模时宜起拱。当梁、板的跨度大于等于 4m 时必须起拱，且跨中起拱高度应为跨度的 1‰ ～ 3‰。

一般梁、板模板的支架常采用落地式脚手架材料搭设。立杆纵距、横距均不应大于 1.5m，底部应设置不少于 50mm 厚的垫板，顶部使用可调高度的 U 型托撑（螺杆插入钢管内的长度不少于 150mm，外露不大于 300mm）。立杆间应有足够的水平杆件纵横拉结，其底杆距地不宜大于 200mm，顶杆距梁、板底的距离，扣件式支架不宜大于 500mm、碗扣式支架不宜大于 650mm，中间拉杆的间距不大于 1.8m。支架周边应连续设置竖向剪刀撑，中间剪刀撑的设置间距不宜大于 8m，以防整体失稳。

4. 墙模板

墙模板（图 4.24）由面板、纵横（主）肋、穿墙对拉螺栓及支撑构成。面板常用钢、铝模板（含平模、角模）或胶合板模板，通过纵横肋组拼成大块模板，以提高刚度和便于安装。对拉螺栓应能承受新浇混凝土的侧压力、冲击力及振捣荷载，其间距、直径应计算确定。对拉螺栓上应套塑料管，以便拆模后抽出重复使用。

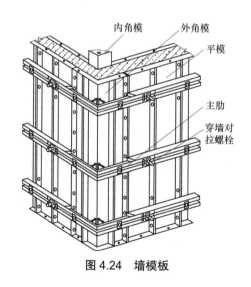

图 4.24　墙模板

5. 楼梯模板

楼梯模板（图 4.25）由支架、底模板和踏步模板构成。底模板及支架构造与楼板模板基本相同，踏步模板宜采用定型楼梯钢模板，其刚度好，支拆方便，易于保证混凝土质量。

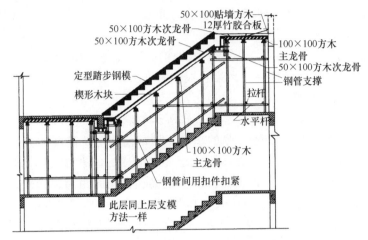

图4.25 楼梯模板（下一楼层的支架未画）

4.3.2 组合式模板

组合式模板是由工厂制造、具有多种标准规格面板和相应配件的模板体系，具有通用性强、装拆方便、周转次数多的特点。施工时，可按设计要求事先组拼成梁、柱、墙的大块模板，整体吊装就位，也可采用散装散拆方法。

1. 组合式钢模板

组合式钢模板是目前使用较广的一种通用性组合模板，按肋高分为55、60、70、86等系列（肋高大则刚度及块体大）。组合式钢模板的部件，主要由钢模板、连接件和支承件三部分组成。

1）钢模板

钢模板采用Q235或低合金钢材制成，钢板厚度2.5mm，对于面宽≥400mm的钢模板应采用2.75mm或3.0mm厚钢板。钢模板主要包括平面模板、阳角模板、阴角模板、连接角模（图4.26）。

结合我国建筑模数制，55系列钢模板的肋高为55mm，平模宽度有300mm、250mm、200mm、150mm、100mm五种规格，长度有1500mm、1200mm、900mm、750mm、600mm、450mm六种规格，可横竖拼装。当配板设计出现空缺，可用木枋补足。

平面模板与角模边框留有连接孔，孔距均为150mm，以便连接。平面模板的代号为P，如宽300mm、长1500mm的平面模板，其代号为P3015。

阴角模板的代号为E，阳角模板的代号为Y，连接角模的代号为J。

2）连接件

连接件主要有钩头螺栓、L形插销、U形卡、紧固螺栓等（图4.27）。

3）支承件

支承件包括支承梁、板模板的托架、支撑桁架和顶撑及支撑墙模板的斜撑等。

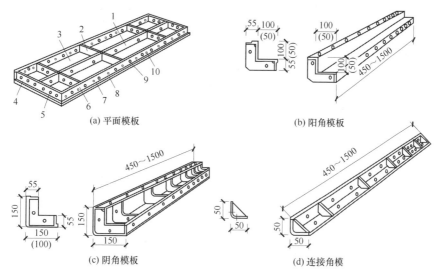

1—中纵肋；2—中横肋；3—面板；4—横肋；5—插销孔；6—纵肋；7—凸棱；8—凸鼓；9—U 形卡孔；10—钉子孔。

图 4.26　55 系列组合式钢模板构造形式

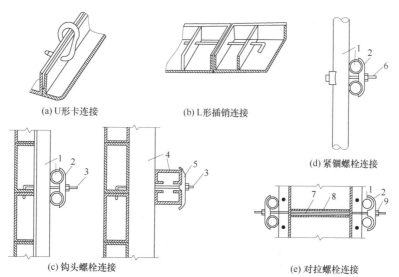

1—圆钢管钢楞；2—"3"形扣件；3—钩头螺栓；4—内卷边槽钢钢楞；
5—蝶形扣件；6—紧固螺栓；7—对拉螺栓；8—塑料套管；9—螺母。

图 4.27　组合式钢模板的连接件

4）钢模板配板与安装

由于同一面积的模板可以有不同的配板方案，而方案的优劣直接影响到工程进度、质量和成本。所以配板设计时要选用最佳方案。配板时应尽量采用大规格模板，减少木枋嵌补量；模板的长边宜与结构的长边平行布置，最好采用错缝拼接，以提高模板的整体性和刚度；每块钢模板应至少有两道钢楞支承，以免在接缝处出现弯折。配板方案选定之后，应绘制模板配板图，如图 4.28 所示。

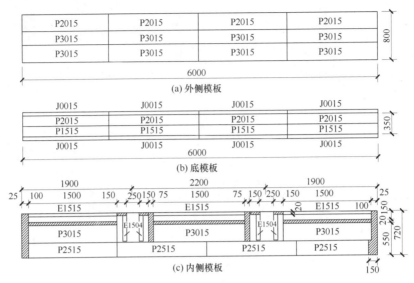

图 4.28　某边梁配板图

模板的支设方法主要有两种，即单块就位组装（散装）和预组拼安装。采用预组拼方法，可以提高工效和模板的安装质量。预组拼时，可分片组拼，也可整体组拼。

2. 组合式铝合金模板

铝合金模板
安装工艺
演示

组合式铝合金模板是新一代的绿色模板技术。它主要由模板系统、支撑系统、紧固系统、附件系统等构成，具有重量轻、刚度大、稳定性好、板面大、精度高、拆装方便、周转次数多、回收价值高、利于环保等特点。

该种模板常采用 3.2mm 厚平板与加强背肋制成。54 型铝合金模板共有 135 种规格，最大板面为 2700mm × 900mm。

该种模板以销连接为主，施工方便快捷，如图 4.29 所示。顶板模板和支撑系统实现了一体化设计，支撑杆件少，且可采用早拆技术，提高模板的周转率。

图 4.29　组合式铝合金模板支设的墙体、楼板模板

组合式铝合金模板由于重量轻，可全人工拼装，也可以拼成中型或大型模板后，用机械吊装，可作为柱、梁、墙、楼板的模板以及爬升模板等使用。

3. 钢框胶合板模板

钢框胶合板模板（图 4.30）由钢框和防水木胶合板或竹胶合板组成。将胶合板平铺在钢框上，用沉头螺栓与钢框连牢，通过钢边框上的连接孔，可用连接件纵横连接，组装各种尺寸的模板。它具有定型组合钢模板的优点，且重量轻、易脱模、保温好、可打钉，能周转 50 次以上，还可翻转或更换面板。

图 4.30　钢框胶合板模板

该种模板按肋高有 55、70、75 系列，模板的宽度有 300mm、600mm 两种，长度有 900mm、1200mm、1500mm、1800mm、2400mm 等，可作为混凝土结构柱、梁、墙、楼板的模板。

4.3.3　工具式模板

大模板施工

1. 大模板

大模板是用于墙体施工的大型工具式模板，具有施工速度快、机械化程度高、混凝土表观质量好等优点，但其通用性较差。在剪力墙结构施工中应用最为广泛。

1）大模板的构造

大模板（图 4.31）主要由面板、主肋、次肋、操作平台、稳定机构、穿墙螺栓和附件组成。下面主要介绍钢制大模板。

（1）面板。面板常用 5～6mm 厚的钢板制成，表面平整光滑，拆模后墙表面可不再抹灰。

（2）主肋。其作用是保证模板刚度，并作为穿墙螺栓的固定点，承受模板传来的水平力和垂直力。一般用背靠背的两根 8 号以上槽钢或钢管制作，间距 0.9～1.2m。

（3）次肋。其作用是固定模板、保证模板的刚度，并将力传递到主肋上去。次肋可单向设置或双向设置，常用 8 号槽钢或钢管制作，间距一般为 300～500mm。

（4）操作平台。操作平台是施工人员操作的场所和运行通道，由安装在主肋上的三角支架、满铺的脚手板、护身栏杆及 φ20 钢筋焊成的钢爬梯等组成。

（5）稳定机构。其作用是调整模板的垂直度，并保证模板的稳定性。一般通过旋转花篮螺栓套管，即可达到调整模板垂直度的目的。

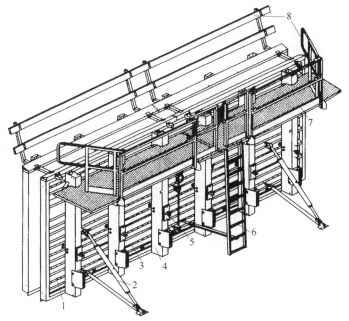

1—面板；2—稳定机构；3—次肋；4—主肋；5—穿墙螺栓；6—爬梯；
7—操作平台；8—栏杆。

图 4.31 大模板构造与组装

（6）穿墙螺栓（图 4.32）。穿墙螺栓也称穿墙对拉螺栓，其主要作用是承受主肋传来的混凝土侧压力并控制墙体厚度。为保证抽拆方便，穿墙螺栓常做成锥形，也可加设塑料套管。

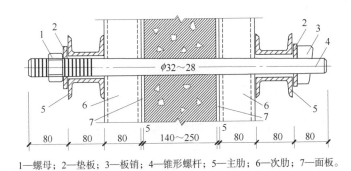

1—螺母；2—垫板；3—板销；4—锥形螺杆；5—主肋；6—次肋；7—面板。

图 4.32 钢制大模板穿墙螺栓的连接构造

2）大模板的安装与拆除

大模板停放时，应按照其自稳角度面对面放置，对没有稳定机构的模板应放在插放架内，避免倾覆伤人。在安装之前，应做好表面清理，并涂刷隔离剂。

大模板安装时，应按照布置图对号入座。按安装控制线调整位置，连接穿墙螺栓后，调整垂直度并做好缝隙处理。转角处用特制角模连接（图 4.33、图 4.34）。阳角模板与相邻平面模板之间，宜采用型钢直芯带和钢楔子连接，以保证连接点刚度和接缝严密。

混凝土浇筑后，在其强度达到 1～1.2MPa 以上时方可拆除大模板。拆模时，应先解除穿墙螺栓，再旋转稳定机构的花篮螺栓套管使模板后仰脱模。塔吊起吊时要缓慢，防止碰撞墙体。

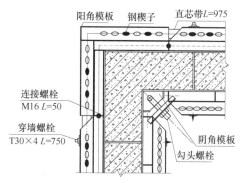

图 4.33　阴阳角模板的连接

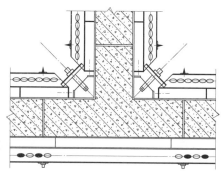

图 4.34　丁字墙角模的连接

2. 爬升模板

爬升模板（即爬模）是将大块模板与爬升或提升系统结合而形成的模板体系，适用于现浇混凝土竖直或倾斜结构（如墙体、桥墩、塔柱等）施工。其按上升方式分为爬架式爬模、导轨式爬模和顶升式爬模等种类，目前已逐步形成单块爬升、整体爬升等工艺。单块爬升工艺适用于较大面积房屋的墙体施工，整体爬升工艺多用于筒、柱、墩的施工。

爬架式爬模演示

1）组成与构造

爬模（图 4.35）由大模板、爬架和爬升（提升）设备三部分组成。模板可通过爬升（提升）设备，随结构浇筑混凝土的升高而交替升高。爬架可利用提升葫芦与模板互爬，或利用导轨通过液压千斤顶爬升。

导轨式爬模演示

2）特点与适用

爬模兼具大模板的工艺和特点，同时具有滑升模板的优点，适用于高层、超高层建筑的墙体或核心筒施工。

爬架支撑点在施工层下 1～2 层，混凝土的强度易于满足承受模板系统荷载的要求（≥10MPa），故可加快施工速度（如 2 天一层）。由于带有爬升（提升）机构，减少了施工中吊运大模板的工作量；本身装有操作脚手架，施工时有可靠的安全围护，故不需要搭设外脚手架。模板逐层分块安装，垂直度和平整度易于调整和控制，可避免施工误差的积累。但由于爬模的位置是固定的，无法实行分段流水施工，因此模板周转率低，配置量多于大模板。

顶升平台爬模演示

3. 滑升模板

滑升模板简称滑模，它是随着混凝土的浇筑，通过千斤顶或提升机等设备，带动模板沿着混凝土表面向上滑动而逐步完成浇筑的模板装置。其主要用于现浇高耸的构筑物和建筑物，如剪力墙结构、筒体结构的墙体，尤以烟囱、水塔、筒仓、桥墩、沉井等更为适用。对有较多水平构件或截面变化频繁者，效果较差。

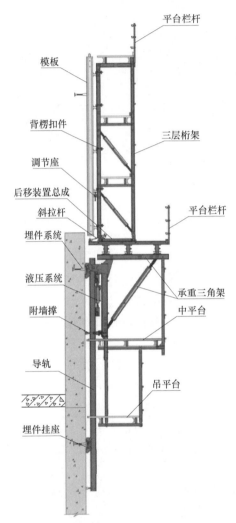

图 4.35 某导轨式液压爬模构造

滑模仅需一次安装和一次拆除，且可节省大量模板、脚手架材料，能降低工程费用，加快施工进度。但滑模设备一次性投资较大，对施工技术和管理水平要求较高，质量控制难度较大。

1）滑模的构造

滑模（图 4.36）由模板系统、操作平台系统和提升系统三部分组成。

（1）模板系统。

模板系统由模板、围圈和提升架组成。为保证结构准确成形，模板应具备一定的强度和刚度，以承受新浇混凝土的侧压力、冲击力和滑升时与混凝土产生的摩阻力。模板的高度取决于滑升速度和混凝土达到出模强度（0.2 ～ 0.4MPa）所需要的时间，一般取1.0 ～ 1.2m（可容纳 3 ～ 4 层混凝土）。模板拼板宽度一般不超过 500mm，多为钢模或钢木混合模板。相邻模板用螺栓或 U 形卡连接到一起，模板挂或搭在围圈上。

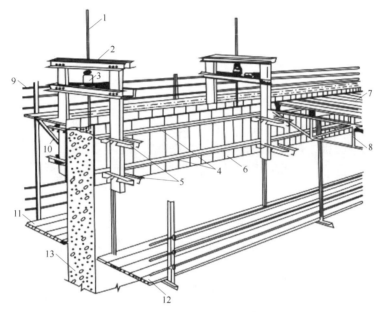

1—支承杆；2—提升架；3—液压千斤顶；4—围圈；5—围圈支托；6—模板；7—操作平台；8—平台桁架；
9—栏杆；10—外挑三角架；11—外吊脚手；12—内吊脚手；13—混凝土墙体。

图 4.36　滑模组成示意图

为减小滑升摩阻力，便于混凝土脱模，内外模板应形成上口小、下口大的形式。一般单面倾斜度为 0.2% ～ 0.5%。

围圈多用槽钢制作，其作用是固定模板和保证模板刚度，并将模板与提升架联结起来。当提升架上升时，通过围圈带动模板上升。

提升架的作用是固定围圈的位置，防止模板侧向变形，承受模板系统和操作平台系统传来的全部荷载，并将其传给千斤顶。提升架多用槽钢或工字钢制作。

（2）操作平台系统。

操作平台系统由操作平台、内外吊脚手和外挑三角架组成。其主要承受施工时的荷载，因此应具有足够的强度、刚度和稳定性。操作平台多用型钢制作骨架，上铺木板制成。当采用滑一层墙体浇一层楼板工艺时，平台的中间部分应做成便于拆卸的活动式结构，以便现浇楼板的施工。

（3）提升系统。

常用提升系统包括支承杆、液压千斤顶和操作台等，是滑升模板的动力装置。支承杆既是千斤顶的导轨，又是整个滑升模板的承重支柱。常采用$\phi25$的圆钢或$\phi48$的钢管制作。其接头可采用丝扣连接、榫接或焊接，接头部位应处理光滑，以保证千斤顶顺利通过。

液压千斤顶有楔块卡头式和钢珠卡头式两种。它可以通过给油回油沿支承杆单向上升，从而带动模板系统向上滑升。

2）滑升工艺

滑模应根据混凝土凝结速度、出模强度、气温情况等，选择适宜的滑升速度。滑升速度过快，会引起混凝土出模后流淌、坍落；滑升速度过慢，会因与混凝土黏结力过大，使滑升困难。因此，滑升速度一般为100～350mm/h，一般每滑升300mm高度浇筑一层混凝土。滑升时，要保证全部千斤顶同步上升，防止结构倾斜。

滑模主要用来浇筑竖向结构，如柱、墙等，而现浇楼板常采用逐楼层空滑法。此法是当墙体滑到上一层楼板板底标高后，将模板空滑至其下口脱离墙体一定高度后，吊走操作平台的活动平台板，进行楼板的支模、绑扎钢筋和浇筑混凝土工作，然后继续滑升墙体，如此逐楼层进行。也可采用楼板后跟或最后降模施工。

4. 台模

台模（或称飞模、桌模）主要用于楼板的施工，一般以一个房间为一块台模。台模（图4.37）主要由台面和台架组成。台面可由一整块模板构成，也可由组合式模板拼装而成。为便于拆模，台架支腿可做成伸缩式或折叠式，其底部带有轮子，待混凝土达到一定强度，下落台面，向外推出，吊至另一工作面。台模也可直接支撑在墙面或柱面上，称无脚式台模。

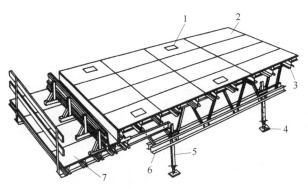

1—吊点；2—胶合板面板；3—铝龙骨；4—底座；5—可调钢支腿；
6—铝合金桁架；7—操作平台。

图4.37　铝桁架式台模

模壳施工

5. 模壳

模壳是用于现浇钢筋混凝土密肋楼盖的一种工具式模板。密肋楼盖是由薄板和间距较小的单向或双向密肋组成，使用木模板或组合式模板组拼难度较大，且不经济。因此，采用塑料或玻璃钢按密肋楼盖的规格尺寸加工成需要的模壳，其具有一次成型多次周转使用的特点。模壳（图 4.38）主要采用玻璃纤维增强塑料和聚丙烯塑料制成，配置以钢支柱、钢（木）龙骨、钢拉杆及斜撑等的支撑系统。

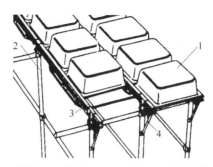

1—模壳；2—钢支柱；3—木龙骨；4—悬挑斜撑。

图 4.38　模壳及支撑系统

6. 模板早拆体系

模板早拆原理是根据短跨支撑、早期拆模的思想，利用早拆柱头、立柱和丝杠组成的竖向支撑，使原设计的楼板跨度处于短跨（立柱间距 <2m）受力状态，即可在其混凝土达到设计强度的 50% 后拆除模板，而竖向支撑原位保留。该体系可加快模板的周转速度，以减少楼板模板的用量；同时，又能够满足现浇结构保留支撑 2～3 层以上以分散、传递施工超载的需求。

图 4.39 为模板早拆体系。它是在一般模板的基础上，增添早拆支撑调整器（早拆柱头）即可。拆模时，旋转早拆柱头的上手柄，将龙骨及楼板模板降落拆除，而支柱不动。此种早拆体系可节省 2/3 的模板和钢楞，具有良好的经济效益。

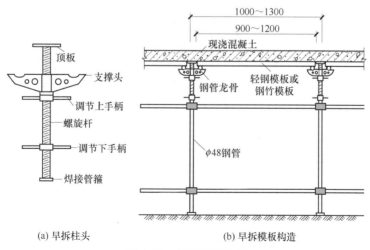

(a) 早拆柱头　　　　　(b) 早拆模板构造

图 4.39　模板早拆体系

4.3.4 永久式模板

永久式模板是在浇筑混凝土时起模板作用，而施工后无须拆除，并可成为结构的一部分。其种类有压型金属薄板、混凝土薄板、玻纤水泥波形板等。其特点是施工简便、速度快，可减少大量支撑，不但节约材料，也可减少施工层之间的干扰和等待，从而缩短工期。

1. 压型钢板模板

楼承板施工

压型钢板模板在钢框架结构的楼板施工中应用最为广泛，它采用镀锌等防腐处理的薄钢板，经冷轧成具有开口或闭口梯形、燕尾形截面的槽状钢板。安装时，板块相互搭接，并通过栓钉与钢梁焊接，不但固定了模板，也能使混凝土楼板与钢框架连成一体，以提高结构的刚度（图 4.40）。近几年，在压型钢板上焊接了钢筋桁架而使刚度大大提高的楼承板得到了进一步应用。

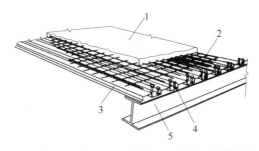

1—现浇混凝土楼板；2—钢筋；3—压型钢板；4—用栓钉与钢梁焊接；5—钢梁。

图 4.40　压型钢板模板组合楼板示意图

2. 混凝土薄板模板

混凝土薄板模板一般在构件厂预制，分为普通板和预应力板。它既可以作为现浇楼板的永久性模板，又可与现浇混凝土结合而形成叠合板，构成受力结构。只需在预制薄板中配置楼板全部或部分钢筋，安装后绑扎构造筋或其余钢筋、浇筑混凝土叠合层即可（图 4.41）。混凝土薄板模板在装配整体式的混凝土剪力墙结构、框架结构中广泛应用。

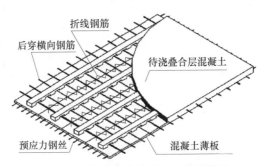

图 4.41　带肋预应力混凝土薄板模板

混凝土薄板模板底面光滑，可以免除顶棚的抹灰作业。为了加强薄板与叠浇混凝土的结合，在薄板生产时，应采取设肋，或在板的上表面划毛、压沟槽、凹坑（图 4.42），以及增设抗剪钢筋等处理。

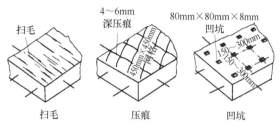

图 4.42　混凝土薄板的表面处理

4.3.5　模板的设计

模板设计包括模板及支架的选型、构造设计、荷载及效应计算、承载力及刚度验算、抗倾覆验算、绘制模板及支架施工图等。

1.模板及支架的荷载

1）荷载标准值

（1）模板及支架自重（G_1）。

模板及支架自重应据模板施工图确定。楼板模板及支架的自重标准值可按表 4-10 采用。

表 4-10　楼板模板及支架的自重标准值　　　　　　　　　单位：kN/m^2

项目名称	木模板	定型组合钢模板
无梁楼板的模板及小楞	0.3	0.5
有梁楼板模板（包含梁的模板）	0.5	0.75
楼板模板及支架（楼层高度为 4m 以下）	0.75	1.10

（2）新浇混凝土的重量（G_2）。

新浇混凝土的重量应根据混凝土实际重力密度确定。普通混凝土可取 $24kN/m^3$。

（3）钢筋自重（G_3）。

钢筋自重应根据施工图确定。对一般梁板结构，每立方米混凝土的钢筋含量可取：楼板 1.1kN；梁 1.5kN。

（4）新浇混凝土对模板的侧压力（G_4）。

新浇混凝土对模板的侧压力与混凝土的骨料种类、坍落度、外加剂及浇筑速度等有关。当采用插入式振动器且在高度方向浇筑速度不大于 10m/h、混凝土坍落度不大于 180mm 时，新浇混凝土对模板的侧压力可按下列两式分别计算，并取其中的较小值。

$$F = 0.28r_c \, t_0 \beta V^{\frac{1}{2}} \tag{4-3}$$

$$F = r_c H \tag{4-4}$$

当浇筑速度大于 10m/h，或混凝土坍落度大于 180mm 时，侧压力可按（4-4）式计算。

式中　F——新浇混凝土作用于模板的最大侧压力标准值（kN/m^2）；

r_c——混凝土的重力密度（kN/m^3）；

t_0——新浇混凝土的初凝时间（h），可按实测确定。当缺乏试验资料时，可采用 $t_0 = 200/(T+15)$ 计算，T 为混凝土的温度（℃）；

β——混凝土坍落度影响修正系数。当坍落度（s）为 50mm< s ≤90mm 时取 0.85，为 90mm< s ≤130mm 时取 0.9，为 130mm< s ≤180mm 时取 1.0；

V——混凝土在高度方向的浇筑速度（m/h）；

H——混凝土对模板的侧压力计算位置处至新浇混凝土顶面的总高度（m）。

混凝土对模板的侧压力的计算分布图形如图 4.43 所示，其中 h 为有效压头高度，$h = F/r_c$（m）。

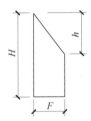

h—有效压头高度；H—模板内混凝土总高度；F—最大侧压力。

图 4.43　混凝土对模板的侧压力的计算分布图形

（5）施工人员及设备荷载（Q_1）。

施工人员及设备荷载可按实际情况计算，且不小于 $2.5kN/m^2$。

（6）混凝土下料产生的水平冲击荷载（Q_2）。

施工中采用泵管、导管或溜槽、串筒下料，水平冲击荷载取 $2kN/m^2$；用吊斗下料或小车直接倾倒时，水平冲击荷载取 $4kN/m^2$。该荷载的作用范围可取为有效压头高度之内。

（7）附加水平荷载（Q_3）。

采用泵送混凝土或不均匀堆载等将会对模板及支架产生附加水平荷载。该荷载可取计算工况下竖向永久荷载标准值的 2%，并应作用在模板及支架上端水平方向。

（8）风荷载（Q_4）。

可按《建筑结构荷载规范》的有关规定确定，基本风荷载可按 10 年一遇取值，但不小于 $0.2kN/m^2$。

2）荷载效应组合

（1）荷载组合。

进行模板及支架承载力计算时，其荷载可按表 4-11 组合确定，并应采用最不利者。而进行模板及支架刚度或变形验算时，则仅组合永久荷载（G_i）。

表 4-11 参与模板及支架承载力计算的各项荷载

计算内容		参与荷载项
模板	底面模板的承载力	$G_1 + G_2 + G_3 + Q_1$
	侧面模板的承载力	$G_4 + Q_2$
支架	支架水平杆及节点的承载力	$G_1 + G_2 + G_3 + Q_1$
	立杆的承载力	$G_1 + G_2 + G_3 + Q_1 + Q_4$
	支架结构的整体稳定	$G_1 + G_2 + G_3 + Q_1 + Q_3$ $G_1 + G_2 + G_3 + Q_1 + Q_4$

（2）设计荷载效应值（S）。

模板及支架的荷载基本组合的效应设计值按下式计算。

$$S = 1.35\alpha \sum_{i \geq 1} S_{G_{ik}} + 1.4\psi_{cj} \sum_{j \geq 1} S_{Q_{jk}} \tag{4-5}$$

式中 $S_{G_{ik}}$——第 i 个永久荷载标准值产生的效应值；

$S_{Q_{jk}}$——第 j 个可变荷载标准值产生的效应值；

α——模板及支架的类型系数，侧模取 0.9，底模及支架取 1.0；

ψ_{cj}——第 j 个可变荷载的组合系数，宜取 $\psi_{cj} \geq 0.9$。

2. 模板及支架承载力计算要求

由于模板属临时结构，模板及支架应按短暂设计状况进行承载力计算。计算其承受的荷载时，可根据模板及支架的重要性，将荷载基本组合的效应设计值乘以 0.9～1 的折减系数。而对于模板及支架的承载能力，也需根据重复使用情况作适当折减。

3. 模板设计时应注意的问题

（1）模板及支架的刚度验算规定。

按永久荷载标准值计算的构件变形值，不得超过以下限值：

① 对结构表面外露的模板，为模板构件计算跨度的 1/400；

② 对结构表面隐蔽的模板，为模板构件计算跨度的 1/250；

③ 支架的轴向压缩变形或侧向挠度，为计算高度或计算跨度的 1/1000；

④ 清水混凝土的模板，应满足设计要求。

（2）模板及支架的稳定性。

要保证模板及支架的稳定性，首先要从构造上保证是稳定性结构。例如，立柱必须有相互垂直的两个方向的撑拉杆件，长细比应符合要求；桁架的平面刚度不应过小，当支架高宽比大于3时，必须加强整体稳固措施，如设置水平和垂直支撑、剪刀撑等。

模板及支架的钢构件容许最大长细比为：立柱及桁架180；斜撑、剪刀撑200；受拉杆件350。

（3）组合模板、大模板、爬升及滑升模板的设计尚应符合其相应规范的有关规定。

【例4-2】某工程地下室墙体高3m，宽3.3m，厚180mm。拟用组合钢模板组拼。钢模板采用55系列P3015、P2515、P1015分二行竖排拼成。次龙骨采用2根$\phi48 \times 3.5$钢管，间距为750mm，主龙骨采用与次龙骨相同规格钢管，间距为900mm。穿墙螺栓采用M20，间距为750mm，如图4.44所示。

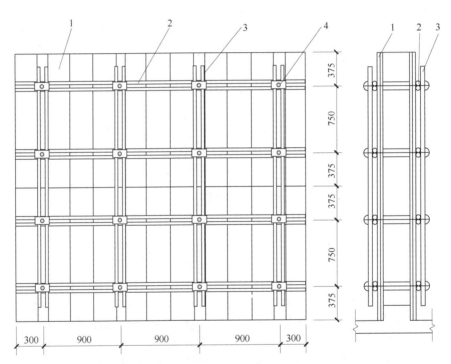

1—组合钢模板；2—次（内）龙骨；3—主（外）龙骨；4—穿墙螺栓。

图4.44 墙体组合钢模板拼装图

混凝土自重为24kN/m³，强度等级C30，坍落度为90mm，采用泵管下料，浇筑速度为1.8m/h，混凝土温度为20℃，用插入式振动器振捣。钢材抗拉强度设计值：Q235钢为215N/mm²，普通螺栓为170N/mm²。钢模的允许挠度：面板为1.5mm，主次龙骨为3mm。试验算：钢模板、龙骨和穿墙螺栓是否满足设计要求。

解：

1. 荷载设计值

（1）混凝土侧压力标准值。

混凝土侧压力标准值按式 4-3 和式 4-4 计算。其中初凝时间 $t_0 = \dfrac{200}{20+15} \approx 5.71$（h）；坍落度系数 $\beta = 0.85$。

$$F_1 = 0.28 r_c t_0 \beta V^{\frac{1}{2}} = 0.28 \times 24 \times 5.71 \times 0.85 \times 1.8^{\frac{1}{2}} \approx 43.76 \ (\text{kN/m}^2)$$

$$F_2 = r_c H = 24 \times 3 = 72 \ (\text{kN/m}^2)$$

取两者中较小值，即 $F = 43.76 \text{kN/m}^2$。

（2）混凝土下料时产生的水平冲击荷载。

采用泵管下料，水平冲击荷载取 2kN/m^2。

（3）混凝土对模板的侧压力设计荷载效应组合值。

按表 4-11 进行荷载组合，并按式 4-5 计算，得

$$S = 1.35 \times 0.9 \times 43.76 + 1.4 \times 0.9 \times 2 = 55.69 \ (\text{kN/m}^2)$$

因模板属短暂性承载，对一般工程应乘以 0.9 重要性系数作为承载力设计值，则

$$F_{设} = 55.69 \times 0.9 = 50.12 \ (\text{kN/m}^2)$$

2. 验算

（1）钢模板验算。

以强度、刚度较差的大块模板进行验算。查《建筑施工手册》可知，P3015 钢模板（$\delta = 2.5\text{mm}$）截面特征为，$I_{xj} = 26.97 \times 10^4 \text{mm}^4$，$w_{xj} = 5.94 \times 10^3 \text{mm}^3$。

① 计算简图，如图 4.45 所示。

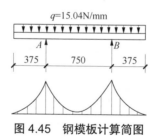

图 4.45 钢模板计算简图

化为线均布荷载：

$$q_1 = \frac{F_{设} \times 0.3}{1000} = \frac{50.12 \times 1000 \times 0.3}{1000} \approx 15.04 \ (\text{N/mm})（用于计算承载力）;$$

$$q_2 = \frac{F \times 0.3}{1000} = \frac{43.76 \times 1000 \times 0.3}{1000} \approx 13.13 \ (\text{N/mm})（用于验算挠度）.$$

② 抗弯强度验算：

$$M = \frac{q_1 m^2}{2} = \frac{15.04 \times 375^2}{2} \approx 1.06 \times 10^6 \ (\text{N} \cdot \text{mm})_{\circ}$$

组合钢模板受弯状态下的模板应力为：

$$\sigma = \frac{M}{W} = \frac{1.06 \times 10^6}{5.94 \times 10^3} \approx 178.45 \ (\text{N/mm}^2) < f_m = 215 \text{N/mm}^2 \ (\text{满足})_{\circ}$$

③ 挠度验算：

$$\omega = \frac{q_2 m}{24 E I_{xj}} (-l^3 + 6m^2 l + 3m^3) = \frac{13.13 \times 375 \times (-750^3 + 6 \times 375^2 \times 750 + 3 \times 375^3)}{24 \times 2.06 \times 10^5 \times 26.97 \times 10^4}$$

$$\approx 1.36 \ (\text{mm}) < [\omega] = 1.5 \text{mm} \ (\text{满足})_{\circ}$$

（2）次龙骨（双根 $\phi 48 \times 3.5$ 钢管）验算。

2 根 $\phi 48 \times 3.5$ 钢管的截面特征为，$I = 2 \times 12.19 \times 10^4 \ (\text{mm}^4)$，$w = 2 \times 5.08 \times 10^3 \ (\text{mm}^3)$

① 计算简图，如图 4.46 所示。

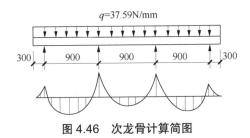

图 4.46　次龙骨计算简图

化为线均布荷载：

$$q_1 = \frac{F_{设} \times 0.75}{1000} = \frac{50.12 \times 1000 \times 0.75}{1000} = 37.59 \ (\text{N/mm}) \ (\text{用于计算承载力});$$

$$q_2 = \frac{F \times 0.75}{1000} = \frac{43.76 \times 1000 \times 0.75}{1000} = 32.82 \ (\text{N/mm}) \ (\text{用于验算挠度})_{\circ}$$

② 抗弯强度验算：由于次龙骨两端的伸臂长度（300mm）与基本跨度（900mm）之比，300/900 ≈ 0.33<0.4，则伸臂端头挠度比基本跨度挠度小，故可按近似三跨连续梁计算。

$$M = 0.1 q_1 l^2 = 0.1 \times 37.59 \times 900^2 \ (\text{N} \cdot \text{mm})$$

抗弯承载能力：

$$\sigma = \frac{M}{W} = \frac{0.1 \times 37.59 \times 900^2}{2 \times 5.08 \times 10^3} \approx 299.68 \ (\text{N/mm}^2) > f_m = 215 \text{N/mm}^2 \ (\text{不满足})_{\circ}$$

改用 2 根 $60 \times 40 \times 2.5$ 方钢管，其截面特征为，$I = 2 \times 21.88 \times 10^4 \ (\text{mm}^4)$，$W = 2 \times 7.29 \times 10^3 \ (\text{mm}^3)$，其抗弯承载能力：

$$\sigma = \frac{M}{W} = \frac{0.10 \times 37.59 \times 900^2}{2 \times 7.29 \times 10^3} \approx 208.83（\text{N/mm}^2）<f_m=215\text{N/mm}^2（满足）。$$

③ 挠度验算：

$$\omega = \frac{0.677q_2l^4}{100EI} = \frac{0.677 \times 32.82 \times 900^4}{100 \times 2.06 \times 10^5 \times 2 \times 21.88 \times 10^4} \approx 1.62（\text{mm}）<3.0\text{mm}（满足）。$$

（3）穿墙螺栓验算。

M20 螺栓净截面面积 A=241mm²。

① 穿墙螺栓的拉力

$$N=F_设 \times 次龙骨间距 \times 主龙骨间距 =50.12 \times 0.75 \times 0.9 \approx 33.83（\text{kN}）。$$

② 穿墙螺栓的应力

$$\sigma = \frac{N}{A} = \frac{33.83 \times 10^3}{241} \approx 140.38（\text{N/mm}^2）<170\text{N/mm}^2（满足）。$$

4.3.6　模板的安装与拆除

1. 模板安装要求

安装现浇结构的上层模板及支架时，下层楼板应具有承受上层荷载的承载能力，或加设支架；涂刷模板隔离剂时，不得沾污钢筋和混凝土接槎处；模板的起拱高度应满足要求，接缝不应漏浆；固定在模板上的预埋件和预留孔、洞不得遗漏，且应安装牢固。在浇筑混凝土之前，应对模板工程进行验收。现浇结构模板安装的允许偏差及检验方法应符合表 4-12 的规定。

表 4-12　现浇结构模板安装的允许偏差及检验方法

项目		允许偏差 /mm	检验方法
轴线位置		5	尺量
底模上表面标高		±5	水准仪或拉线、尺量
模板内部尺寸	基础	±10	尺量
	柱、墙、梁	±5	
	楼梯相邻踏步高差	5	
柱、墙垂直度	层高≤6m	8	经纬仪或吊线、尺量
	层高>6m	10	
相邻模板表面高差		2	尺量
表面平整度		5	2m 靠尺和塞尺量测

注：检查轴线位置时，当有纵横两个方向时，沿纵、横两个方向量测，并取其偏差的较大值。

2.模板的拆除

模板拆除时，可采取先支的后拆、后支的先拆，先拆非承重模板、后拆承重模板的顺序，并应从上向下进行拆除。现浇钢筋混凝土拆模时应符合下列要求：

（1）侧模应在混凝土强度能保证其表面及棱角不受损伤后，方可拆除。

（2）底模及支架应在混凝土的强度达到设计要求后再拆除。当设计无具体要求时，与结构构件同条件养护的混凝土试件的抗压强度应符合表 4-13 的要求。

表 4-13　底模拆除时的混凝土强度要求

构件类型	构件跨度 /m	达到混凝土强度等级值的百分率 / （%）
板	≤2	≥50
	>2，≤8	≥75
	>8	100
梁、拱、壳	≤8	≥75
	>8	≥100
悬臂结构	—	≥100

（3）多个楼层的梁板支架拆除，宜保持在施工层下有 2～3 个楼层的连续支撑，以分散和传递较大的施工荷载。

（4）对后张法施工的预应力混凝土构件，侧模宜在预应力筋张拉前拆除，底模及支架应在预应力建立后拆除。

（5）模板拆除时，不得强砸硬撬、损坏构件，不应对楼层形成冲击。拆下的模板和支架宜分散堆放并及时清运和修复。

4.4　混凝土工程

混凝土工程包括配料、搅拌、运输、浇灌、振捣和养护等工序。各工序具有紧密的联系和影响，必须保证每一道工序的质量，以确保混凝土的强度、刚度、密实性和整体性。

4.4.1　混凝土的制备

1.原材料质量与检查

（1）水泥进场时，应检查产品合格证、出厂检验报告，并抽样复验其强度、安定性、凝结时间及氯离子含量等指标。同种水泥袋装者不超过 200t、散装者不超过 500t 作为一个检验批。水泥出厂超过三个月时应进行复验，并按复验结果使用。

（2）骨料以 400m³ 或 600t 为一检验批。检验颗粒级配、含泥量、泥块含量，以及粗骨料中针片状含量等指标，必要时还应对骨料进行碱活性检验。其中，砂的坚固性指标不应大于 10%，氯离子含量不大于 0.03%，海砂必须经过净化处理后使用。粗骨料的坚固性指标不应大于 12%；石子粒径，对一般构件不应超过其最小截面尺寸的 1/4，且不应超过 3/4 钢筋净距，对楼板则不超过板厚的 1/3，且不超过 40mm。

（3）饮用水可直接使用，其他水源应检验其成分及放射性。严禁使用海水。

2. 混凝土配制强度的确定

混凝土配合比设计应经试验确定。由于施工中干扰因素较多，为使混凝土强度保证率达到 95% 以上，实验室在进行配合比计算和确定时，对低于 C60 的混凝土应按下式确定配制强度。

$$f_{cu,0} = f_{cu,k} + 1.645\sigma \qquad (4\text{-}6)$$

式中　$f_{cu,0}$——混凝土的配制强度（MPa）；

$f_{cu,k}$——混凝土立方体抗压强度标准值（MPa）；

σ——混凝土强度标准差（MPa）。

当不具备 30 组以上的近期同品种混凝土强度资料时，混凝土强度标准差 σ 值可按表 4-14 取用。

表 4-14　混凝土强度标准差 σ 值（MPa）

混凝土强度等级	≤C20	C25～C45	≥C50～C55
σ	4.0	5.0	6.0

当配置 C60 及以上强度等级的混凝土时，其配制强度应按下式确定：

$$f_{cu,0} \geq 1.15 f_{cu,k} \qquad (4\text{-}7)$$

3. 混凝土施工配合比

混凝土的施工配合比是指在施工现场的实际投料比例，是根据实验室提供的试验配合比（骨料中不含水）及考虑现场砂石的含水率而确定的。

假设试验配合比为：水泥∶砂∶石子 = 1∶x∶y，水胶比为 W/C。现场测得砂含水率为 W_x，石子含水率为 W_y，则施工配合比为

水泥∶砂∶石子∶水 = 1∶$x(1+W_x)$∶$y(1+W_y)$∶$(W-xW_x-yW_y)$

【例 4-3】某工程混凝土实验室提供的试验配合比为 1∶2.18∶3.62，水胶比 W/C=0.55，水泥用量为 315kg/m³，现场实测砂石含水率分别为 3% 和 1%，求施工配合比。如采用出料容量为 350L 的搅拌机，求搅拌每盘混凝土的各种材料投料量。

解：

（1）混凝土施工配合比为

水泥∶砂∶石子∶水 = 1∶$x(1+W_x)$∶$y(1+W_y)$∶$(W-xW_x-yW_y)$
= 1∶[2.18×(1+3%)]∶[3.62×(1+1%)]∶(0.55−2.18×3%−3.62×1%)

$$\approx 1 : 2.25 : 3.66 : 0.448$$

（2）搅拌机每盘投料量为

水泥：$315 \times 0.35 = 110$（kg），取 100kg（即 2 袋），则

砂：$100 \times 2.25 = 225$（kg）

石子：$100 \times 3.66 = 366$（kg）

水：$100 \times 0.448 = 44.8$（kg）

拌制混凝土时，各种材料应准确称量，其偏差不得超过：水泥、矿物掺和料 ±2%，粗细骨料 ±3%，水、外加剂 ±1%，以保证拌合物的质量。

4. 混凝土搅拌机的选择

混凝土宜采用机械搅拌。混凝土搅拌机的类型（表 4-15）按搅拌原理可分为自落式和强制式两大类。混凝土结构施工宜采用预拌混凝土，预拌厂都使用强制式搅拌机。

表 4-15　混凝土搅拌机的类型

强制式				自落式		
立轴式			卧轴式 （单轴双轴）	鼓筒式	双锥式	
涡浆式	行星式				反转出料	倾翻出料
	定盘式	盘转式				

自落式搅拌机是依靠旋转的搅拌筒内壁上的弧形叶片，将物料带到一定高度后自由落下而互相混合，拌和能力较差，只适宜搅拌流动性较大的普通混凝土。

强制式搅拌机是通过搅拌叶片的强行转动，推动物料旋转、剪切、交流而达到拌和的目的。其搅拌作用强烈，拌和效果好，生产效率高，操作简便、安全，但能耗大，叶片衬板磨损快，适于拌制各种混凝土。对于干硬性混凝土、轻骨料混凝土及高性能混凝土，必须用该类机械搅拌。

搅拌机的选择应根据混凝土工程量大小、坍落度、骨料种类及大小等来选定，在满足技术要求的同时也要考虑经济效益和节约能源、环境保护等问题。

5. 混凝土的拌制

为了获得均匀优质的混凝土拌合物，除需合理选择搅拌机外，还应严格控制原材料质量，正确确定搅拌制度，包括装料量、投料顺序、搅拌时间、开盘鉴定等。

1）装料量

搅拌机一次能装各种材料的松散体积之和称为装料量。经搅拌后，各种材料由于互相填补空隙而使总体积变小，即出料量小于装料量。一般出料系数为 0.5 ～ 0.75。搅拌机不宜超量装料，如超过 10% 以上，将会因搅拌空间不足而影响拌合物的均匀性。反之，装料过少又降低了生产率。因此必须根据搅拌机的出料量和施工配合比计算各种材

料的装料量。

2）投料顺序

投料顺序是指各种材料投入搅拌机的先后次序。投料顺序将影响到混凝土的搅拌质量、搅拌机的磨损程度、拌合物与机械内壁的黏结程度，以及能否改善操作环境等问题。有以下三种投料顺序。

（1）一次投料法，是在上料斗中先装石子，再装水泥和砂，提起后倒入搅拌筒（水直接放入搅拌筒）。水泥夹在石子和砂之间，减少飞扬，且水泥和砂先进入搅拌筒内形成水泥砂浆，可缩短包裹石子的时间，对于出料口在下部的立轴强制式搅拌机，为防止漏水，应在投入原料的同时缓慢均匀地加水。

（2）二次投料法，也叫砂浆裹石法，是先投入砂、水泥、水，待搅拌一分钟左右后再投入石子，再搅拌一分钟左右。此方法可避免水向石子表面集聚的不良影响，水泥包裹砂，水泥颗粒分散性好，泌水性小，可提高混凝土的强度。

（3）两次加水法，也叫造壳法，是先将全部石子、砂和70%的拌合水倒入搅拌机，拌和15s，使骨料湿润后再倒入全部水泥进行造壳搅拌30s左右，然后加入剩余的拌合水再搅拌60s左右进行颗粒间润滑。较前两者，该法具有提高混凝土强度或节约水泥的优点。

粉煤灰、矿粉等掺合料宜与水泥同步投料。液体外加剂宜滞后于水和水泥投料，粉状外加剂宜溶解后再投料。

3）搅拌时间

搅拌时间是指全部材料装入搅拌筒中起至开始卸料止的时间，过长或过短都会影响到混凝土的质量。当采用强制式搅拌机搅拌混凝土时，最短时间应满足表4-16的规定。当使用自落式搅拌机时，应各增加30s；当掺有外加剂或矿物掺合料时，搅拌时间应适当延长。

表4-16 强制式搅拌机搅拌混凝土的最短时间　　单位：s

混凝土坍落度 /mm	搅拌机出料量 /L		
	<250	250～500	>500
≤40	60	90	120
>40 且 <100	60	60	90
≥100	60		

4）开盘鉴定

对首次使用的混凝土施工配合比应进行开盘鉴定，以检验原材料、强度、凝结时间、稠度等是否满足设计配合比的要求，并保存开盘鉴定资料和强度试验报告。

4.4.2 混凝土的运输

1. 混凝土运输的基本要求

（1）在运输中应避免产生分层离析现象，否则要在浇筑前进行二次搅拌。

混凝土运输

（2）运输容器及输送管道、溜槽应严密、不漏浆、不吸水，保证通畅，并满足环境要求。

（3）尽量缩短运输时间，以减少混凝土性能的变化。

（4）连续浇筑时，运输能力应能保证浇筑强度（单位时间浇筑量）的要求。

2. 运输工具的选择

混凝土的运输可分为地面水平运输、垂直运输和楼面水平运输。

（1）地面水平运输。当工程采用预拌混凝土或运距较远时，最好采用混凝土搅拌运输车。该车在运输过程中，搅拌筒可缓慢转动而进行拌和扰动，能防止混凝土离析。当距离过远时，可装入干料，在到达浇筑现场前 10 ~ 15min 放入搅拌水，边行走边进行搅拌。若现场搅拌混凝土时，可采用小型机动翻斗车或手推车运输。

（2）垂直运输。垂直运输可采用塔式起重机配合混凝土吊斗运输并完成浇灌。当混凝土量较大时，宜采用泵送运输。

（3）楼面水平运输。楼面水平运输多采用混凝土泵通过布料杆运输布料，塔式起重机亦可兼顾楼面水平运输，少量时可用双轮手推车。

搅拌运输车及泵车原理

3. 混凝土泵送运输

混凝土泵送运输是以混凝土泵为动力，通过管道、布料杆将混凝土直接输送至浇筑地点，是施工现场混凝土输送与灌注的主要方式。

混凝土泵按其移动方式，可分为拖式泵、车载式泵和泵车。将混凝土泵装在汽车上即为车载式泵，再装布料杆便成为混凝土泵车。三折叠式混凝土泵车的浇筑范围如图 4.47 所示。

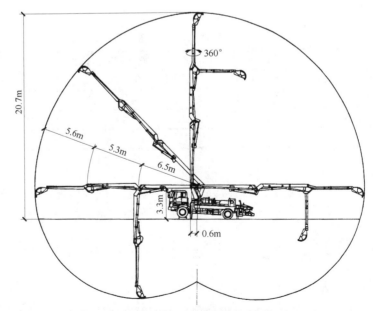

图 4.47　三折叠式混凝土泵车的浇筑范围

目前混凝土泵常用液压泵，它是利用液压控制两个往复运动的柱塞，交替地将混凝土吸入和压出而实现连续输送的。其工作原理如图 4.48 所示。

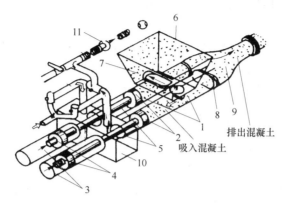

1—混凝土缸；2—活塞；3—液压缸；4—液压活塞；5—活塞杆；6—料斗；7—进料阀门；
8—出料阀；9—Y 形管；10—水箱；11—水洗系统。

图 4.48　液压活塞式混凝土泵工作原理图

混凝土输送管一般为钢管。内径为 75 ～ 200mm，常用 125mm。当混凝土粗骨料最大粒径为 25 ～ 40mm 时，宜使用 150mm 直径的泵管。每段直管的标准长度有 4m、3m、2m、1m、0.5m 等数种，用快速接头连接，并配有 90°、45° 等不同角度的弯管，以便管道转弯。弯管、锥形管和软管的流动阻力大，计算输送距离时应换算成相当的水平距离。垂直运输高度超过 100m 时，泵端管根处应设止逆阀，以防止停泵时混凝土倒流。

为充分发挥混凝土泵的效率，降低劳动强度，对拖式泵和车载式泵，应在浇筑地点设置布料杆，将输送来的混凝土灌注或摊铺入模。立柱式布料杆有移置式、管柱式和爬升式。其臂架和末端输送管都能做 360° 回转。手动移置式布料杆（图 4.49）可由人工拉动回转，完成回转半径控制范围内各部位混凝土的浇筑，在解开连接泵管，取下平衡重后，可利用塔式起重机移动位置，安装后再行浇筑。

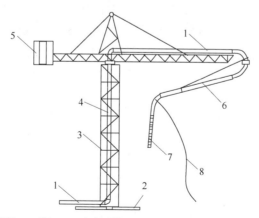

1—水平泵管；2—底座；3—塔架；4—竖向泵管；5—平衡重；6—可转动泵管；7—软管；8—拉绳。

图 4.49　手动移置式布料杆

泵送混凝土配制时应符合下列规定：骨料最大粒径与输送管内径之比不宜大于1∶4；通过 0.315mm 筛孔的砂不应少于 15%；砂率宜控制在 35% ~ 45%；最小胶凝材料用量为 300kg/m³；混凝土的坍落度宜为 80 ~ 180mm；混凝土内宜掺加适量的外加剂以改善混凝土的流动性。

泵送施工时，应先打部分水泥浆或水泥砂浆润滑管路。混凝土输送完毕后应及时清洗管路。输送管线宜直，转弯宜缓，接头应严密。混凝土供应应尽量保证泵送连续，以避免管道粘附堵塞。如预计泵送中断超过 45 分钟，应立即用压力水或其他方法将混凝土清出管道。冲洗管道时管口处不得站人，防止混凝土喷出伤人。

泵送混凝土浇筑速度快，对模板侧压力较大，模板系统要有较高的强度和稳定性。由于水泥用量较大，要注意浇筑后混凝土的养护，以防止龟裂。

4.4.3 混凝土的浇筑

1. 准备工作

混凝土浇筑前应做好必要的准备工作，对模板及其支架、钢筋、预埋件和预埋管线必须进行检查，并做好隐蔽工程的验收，符合设计要求后方能浇筑混凝土。

在地基或基土上浇筑混凝土时，应清除淤泥和杂物，并应有排水和防水措施。对于表面干燥的地基、垫层、模板应洒水湿润；现场环境温度高于 35℃ 时宜对金属模板进行洒水降温，洒水后不得留有积水。

在浇筑混凝土之前，应将模板内的杂物和钢筋上的油污等清理干净；对模板的缝隙及孔洞应予堵严；对无覆膜的木模板应浇水湿润，但不得有积水。

筏基底板及
外墙浇筑

2. 混凝土浇筑的一般规定

（1）混凝土运输、输送、浇筑过程中严禁加水。在运输、输送、浇筑过程中散落的混凝土严禁用于结构浇筑。

（2）混凝土入模温度不应低于 5℃，也不应高于 35℃。不宜在降雨雪时露天浇筑。必须浇筑时，应采取确保混凝土质量的有效措施。

（3）为便于振捣密实和防止损坏模板，混凝土浇筑应分层进行，且上层混凝土应在下层混凝土初凝之前浇筑完毕。若振捣采用内部插入式振动器时，每层浇筑的厚度不得超过振捣棒长度的 1.25 倍；使用表面振动器时，每层浇筑的厚度不超过 200mm。

（4）混凝土运输、输送入模的过程，应能保证混凝土连续浇筑。其延续时间不宜超过表 4-17 的规定，且不应超过总时间限值的规定。对掺早强型减水剂、早强剂的混凝土，以及有特殊要求的混凝土，应根据设计及施工要求，通过试验确定允许时间。

（5）同一结构或构件混凝土宜一次连续浇筑，即各层、块之间不得出现初凝现象。当预计超过初凝时间时应留置施工缝或后浇带。

（6）为减少下料冲击，浇筑结构或构件时应先竖向、后水平，先低区域、后高区域。

表 4-17　运输到输送入模的延续时间及总时间限值　　　　　单位：min

条件	运输到输送入模的延续时间		运输、输送入模及其间歇总时间限值	
	≤ 25℃	> 25℃	≤ 25℃	> 25℃
不掺外加剂	90	60	180	150
掺外加剂	150	120	240	210

（7）控制倾落高度，防止分层离析。浇筑柱、墙混凝土时，若骨料粒径大于 25mm，则倾落高度不得超过 3m；若骨料粒径在 25mm 及以下时不得超过 6m。在钢管内浇筑自密实混凝土时，倾落高度不宜大于 9m，否则应使用串筒、溜管、溜槽等，以防下落动能大的粗骨料积聚在结构底部，造成混凝土分层离析。

（8）采用输送管浇筑时，宜由远而近倒退浇筑；多根输送管同时浇筑时宜速度一致。

3. 施工缝与后浇带的留设及处理

规范规定，后浇带的留设位置应符合设计要求。后浇带和施工缝的留设及处理方法应符合施工方案要求。

1）施工缝

施工缝是指由于设计要求或施工需要分段、分块浇筑而在先、后浇筑的混凝土之间所形成的接缝。施工缝处由于连接较差，特别是粗骨料不能相互嵌固，使抗剪强度大大降低。

（1）施工缝的位置。施工缝应在混凝土浇筑之前确定，并宜留置在结构受剪力较小且便于施工的位置。

① 柱的水平施工缝，柱底可留置在基础或楼层结构顶面及以上 100mm 范围内，柱顶可留在梁或柱帽下的 50mm 范围内（图 4.50）。

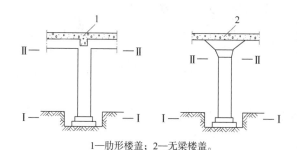

1—肋形楼盖；2—无梁楼盖。

图 4.50　浇筑柱的施工缝位置

（注：Ⅰ—Ⅰ、Ⅱ—Ⅱ表示施工缝位置。）

② 梁与板应同时浇筑。但当梁断面过大时，可先浇筑梁，将水平施工缝留置在板底面以下 20mm 内。

③ 单向板的垂直施工缝可留置在平行于短边的任何位置。

④ 有主次梁的楼盖宜顺着次梁方向浇筑，其施工缝（图 4.51）应留置在次梁中间的 1/3 跨度范围内。实际工程中，常留在剪力、弯矩均较小的 1/3 跨度处。

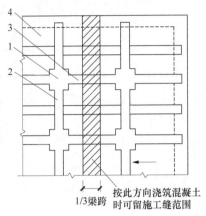

1—柱；2—主梁；3—次梁；4—楼板。

图 4.51　有主次梁楼盖的施工缝位置

⑤ 墙的水平施工缝，墙底可留在距基础或楼层结构顶面 0 ～ 300mm 范围内，墙顶可留在距板底 0 ～ 50mm 范围内。墙的竖向施工缝宜设置在门洞过梁的中间 1/3 跨度范围内，也可留设在纵横墙交接处。

⑥ 受力复杂或有防水抗渗要求的结构或构件、特殊结构部位，留设施工缝应经设计单位确认。

（2）留设方法。水平施工缝应在浇筑混凝土前，在钢筋或模板上弹出浇筑控制线。垂直施工缝应采取支模板或固定快易收口网、钢板网、钢丝网等封挡，以保证缝口垂直。

（3）接缝处理。在施工缝处继续浇筑混凝土时，应符合下列规定：

① 已浇筑的混凝土强度不应低于 1.2MPa。

② 结合面应提前进行粗糙处理，清除浮浆、松动石子以及软弱混凝土层，并经冲洗湿润，但不得有积水。

③ 接缝时，宜先铺 10 ～ 30mm 厚与混凝土浆液同成分的水泥砂浆接浆层，随即浇筑混凝土。

④ 浇混凝土时应细致捣实，使新旧混凝土紧密结合，但不得碰触原混凝土。

2）后浇带

后浇带是既能满足施工期间混凝土结构变形需要，又能保证刚性连接的接缝，主要用于不允许设置变形缝，且后期变形趋于稳定的结构。其包括收缩后浇带和沉降后浇带。前者是为了避免面积或体型原因造成混凝土收缩开裂，后者是为了避免高度或重量差异过大而造成沉降开裂。

后浇带留设的宽度一般为 0.7 ～ 1.2m，钢筋不断。梁、板的后浇带常留在其 1/3 跨度处，可采用支设模板留出。后浇带处梁、板的底模应单独支设，以便既不妨碍其他部位拆模，又能使后浇带部位保持支撑而防止其两侧结构受到损伤。

后浇带的封闭时间应待混凝土收缩或结构沉降基本完成，且不得少于 14d，并应经设计单位认可后进行。按施工缝处理后，宜浇筑高一个等级的减缩混凝土，并加强养护。

4. 框架、剪力墙结构的浇筑

同一施工段内，每排柱子应由两端对称地向中间进行浇筑，不应自一端向另一端顺序推进，以防止柱子模板向一侧推移倾斜，造成误差积累过大而难以纠正。

梁板浇筑

为防止混凝土墙、柱"烂根"（根部出现蜂窝、麻面、漏筋、漏石、孔洞等现象），在浇筑混凝土前，除了对模板根部缝隙进行封堵外，还应在底部先浇筑 20 ～ 30mm 厚与所浇筑混凝土浆液同成分的水泥砂浆，然后立即浇筑混凝土，并加强根部振捣。

应控制每层浇筑厚度，以保证振捣密实、上下均匀一致。

竖向构件（柱子、墙体）与水平构件（梁、板）宜分两次浇筑，做好施工缝留设与处理。若欲将柱、墙与梁、板一次浇筑完毕，且不留施工缝时，则应在柱、墙浇筑完毕后停歇 1 ～ 1.5h，待其混凝土初步沉实后，再浇筑上面的梁、板结构，以防止柱、墙与梁、板之间由于沉降、泌水不同而产生缝隙。

浇筑墙体

对有窗口的剪力墙，在窗口下部应薄层慢浇、加强振捣、排净空气，以防出现孔洞。窗口两侧应对称下料，以防压斜窗口模板。

当柱、墙混凝土强度比梁、板混凝土高两个等级及以上时，必须保证节点为高标号混凝土。施工时，应在距柱、墙边缘不少于 500mm 的梁、板内，用快易收口网或钢丝网等进行分隔。先浇节点的高标号混凝土，在其初凝前，及时浇筑梁、板混凝土。

梁、板混凝土应同时浇筑。梁宜自两端节点向跨中用赶浆法浇筑，楼板应拉线控制厚度和标高。在混凝土初凝前和终凝前，应对混凝土裸露表面进行 2 次抹面处理。

5. 大体积混凝土浇筑

大体积混凝土是指结构或构件的最小边长尺寸在 1m 以上，或可能由于温度变形而开裂的混凝土。在工业与民用建筑中多为设备基础、桩基承台或基础底板等。

由于基础的整体性要求高，大体积混凝土常需连续浇筑，一气呵成，不留施工缝。施工工艺上既要做到分层浇筑、分层捣实，又必须保证上下层混凝土在初凝之前结合好，不致形成"冷缝"。在特殊的情况下方可留设施工缝或后浇带。

大体积混凝土浇筑方案演示

1）浇筑方案的确定

大体积混凝土常用的浇筑方案有全面水平分层、分块分层和斜面分层三种（图 4.52），应根据结构形状、大小、钢筋疏密、混凝土供应等具体情况选用，一般宜采用斜面分层法。

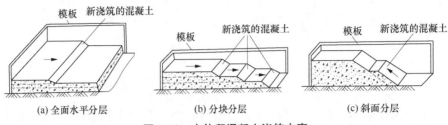

(a) 全面水平分层　　　　(b) 分块分层　　　　(c) 斜面分层

图 4.52　大体积混凝土浇筑方案

（1）全面水平分层。全面水平分层是在整个基础内按水平分层浇筑混凝土。要做到第一层全部浇筑完毕回来浇筑第二层时，所到之处的第一层混凝土均未初凝，如此逐层进行，直至浇筑完毕。这种方案适用于结构的平面尺寸不太大的工程。

（2）分块分层。混凝土从底层开始浇筑，进行一定距离（一个段长）后回来浇筑第二层，如此依次向前浇筑各层段。其适宜于厚度不太大而面积较大的结构。

（3）斜面分层。斜面分层是在整个高度范围内，按照流淌坡度和一定厚度，逐层完成浇筑。其适用于结构的长度较大的工程，是目前大型建筑基础底板或承台最常用的方法。当结构宽度较大时，可采用多台机械分条同步浇筑，使其形成连续整体。分条宽度不宜大于 10m，每条的振捣应从浇筑层斜面的下端开始，逐渐上移，或在不同高度处分区振捣，以保证混凝土施工质量。

大体积混凝土浇筑的分层厚度取决于振动器的棒长和振动力的大小，也需考虑混凝土的供应能力和可能浇筑量的多少，一般不宜超过 500mm。

为保证结构的整体性，在初定浇筑方案后要计算混凝土的浇筑强度 Q，以检验在现有供应能力下方案的可行性，或采用初定方案时确定资源配置。

$$Q = \frac{FH}{T} \tag{4-8}$$

式中　Q ——混凝土最小浇筑强度（m³/h）；

　　　F ——所定方案中每层的面积（m²）；

　　　H ——每层浇筑厚度（m）；

　　　T ——从开始浇筑到混凝土初凝的延续时间（初凝时间 – 运输及等待时间）（h）。

【例 4-4】某工程混凝土承台，南北长 36m，东西宽 27m，厚 1.6m，为 C30 混凝土，要求整体连续浇筑。拟使用 3 台混凝土泵车（各负责 1/3 宽度）从南向北平行等速浇灌，每台泵车的实际输送能力为 30m³/h。拟采取斜面分层浇筑方案，斜面坡度为 1:6，每层厚 0.5m。所用混凝土的初凝时间为 4h。配备充足的混凝土搅拌运输车供料，混凝土的地面运输及泵送时间预计 2h。试完成以下内容：

（1）通过计算判断该方案是否可行。

（2）在正常施工情况下，该承台浇筑的时间是多少？

（3）允许的最长浇筑时间（不出现冷缝的时间）是多少？

解：

（1）计算保证整体性的最小浇筑强度，判断方案可行性。

按每台泵车的正常（最大）浇筑层计算（斜面分层的每层体积计算示意图，如图 4.53 所示）

厚度 1.6m，坡度 1：6，则水平投影面长度 L=1.6×6=9.6（m）；

每层斜面长度：$\sqrt{1.6^2+9.6^2} \approx 9.73$（m）；

每台泵车浇筑宽度 27÷3=9（m），

最小浇筑强度 $Q=\dfrac{FH}{T}=\dfrac{9 \times 9.73 \times 0.5}{4-2} \approx 21.89$（m³/h）

泵车输送能力 30m³/h ＞Q=21.89m³/h，该方案可行。

（2）在正常施工情况下，该承台浇筑的时间为

$$T_1=\frac{36 \times 9 \times 1.6}{30}=17.28\text{（h）}$$

（3）允许的最长浇筑时间（超过此时间，内部会存在"冷缝"缺陷）为

$$T_2=\frac{36 \times 9 \times 1.6}{21.89} \approx 23.68\text{（h）}$$

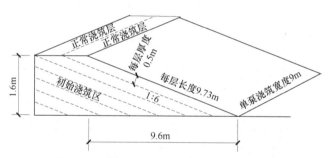

图 4.53　斜面分层的每层体积计算示意图

2）防止开裂的措施

大体积混凝土浇筑的另一关键问题是由于水化热作用易产生两种开裂。一是在升温阶段，由于水泥进行水化反应会放出大量热能，内部热量不断积聚而升温，而结构表面散热快温度低，当内外温差超过 25℃时，混凝土结构将产生表面开裂。二是在混凝土水化反应接近完成的降温阶段，由于体积收缩受到地基土、垫层、钢筋或桩等的约束，使结构中间部位受到很大的拉应力，当其超过当时混凝土的极限抗拉强度时，混凝土会被拉裂，甚至裂缝会贯穿整个混凝土截面，造成断裂。

要防止大体积混凝土浇筑后产生裂缝，需尽量减少水化热，避免水化热的积聚，以及过早过快降温。为此，宜选用低水化热的水泥（如矿渣、火山灰、粉煤灰类水泥）；掺入适量的粉煤灰以减少水泥用量；扩大浇筑面和散热面，降低浇筑速度或减小浇筑层厚度，在低温时浇筑。必要时采取人工降温措施，如：采用风冷却；用冰水拌制混凝土；

在混凝土内部埋设冷却水管，用循环水来降低内部温度等。控制入模温度不高于30℃、最大温升不超过50℃；在混凝土浇筑后，采取保温措施，延缓降温时间，提高混凝土的抗拉能力，减少收缩阻力等。

此外，现代施工中，对超长体型的混凝土结构或构件，为避免温度裂缝，常采用留设后浇带、设置膨胀加强带、采用跳仓法施工（图4.54）等措施。留设后浇带时，需待两侧混凝土收缩完成且龄期不少于14d后，补浇强度高一等级的微膨胀混凝土。膨胀加强带是结构浇筑时，在需设置后浇带处浇筑宽度约2m的膨胀型混凝土带，以补偿两侧混凝土的收缩而避免裂缝。采用跳仓法施工时，补仓浇筑应待周围块体龄期不少于7d后进行。

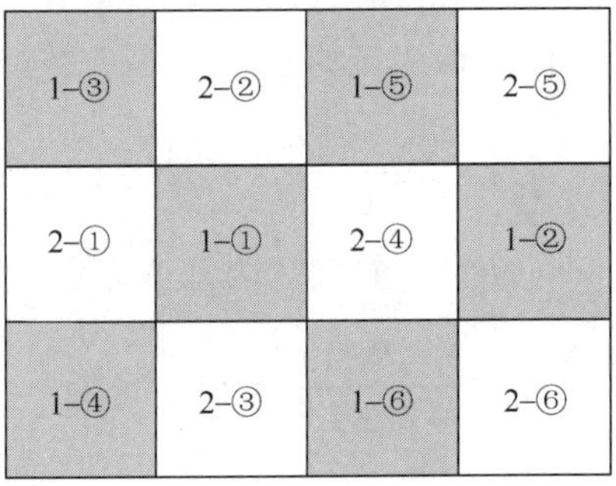

1-③	2-②	1-⑤	2-⑤
2-①	1-①	2-④	1-②
1-④	2-③	1-⑥	2-⑥

1—首次浇筑；2—补仓浇筑。

图4.54 跳仓法施工顺序示意

6. 混凝土的密实成型

混凝土只有经密实成型才能达到设计的强度、抗冻性、抗渗性和耐久性要求。

目前混凝土密实成型的途经主要有三种：一是利用机械振动克服拌合物的黏着力和内摩擦力而使之液化、沉实；二是通过在拌合物中掺减水剂、增大坍落度等措施，使其自流成型；三是在拌合物中增加用水量以提高流动性、便于成型，然后用离心法、真空吸水法或透水模板，将多余的水分和空气排出。工程中应用最多的是振捣密实。

1）机械振捣密实成型

机械振捣密实的原理是通过机械振动，使混凝土黏结力和骨料间的摩擦力减小，流动性增加，骨料在自重作用下下降，气泡逸出，孔隙减少，使混凝土均匀地充满模板内的全部空间，达到密实、成型的目的。

振捣机械（图4.55）的类型可分为：内部（插入式）振动器、外部（附着式）振动器、表面（平板式）振动器和振动台。在施工现场，主要是应用插入式振动器和平板式振动器。

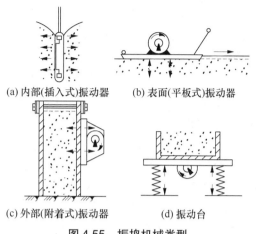

(a) 内部(插入式)振动器　　　(b) 表面(平板式)振动器

(c) 外部(附着式)振动器　　　(d) 振动台

图 4.55　振捣机械类型

（1）插入式振动器，又称振捣棒。它由电动机、软轴和振动棒三部分组成。振动棒是工作部分，棒管内安装着偏心振子，在电机驱动下，偏心振子的离心力使整个棒体产生圆振动。工作时，将它插入混凝土中，可把振动能量直接传给混凝土，故振实效率高。其适用于基础、柱、梁、墙等深度或厚度较大的结构或构件的混凝土捣实。

按振动棒激振原理的不同，插入式振动器可分为偏心轴式振捣棒和行星滚锥式（简称行星式）振捣棒两种（图 4.56）。偏心轴式振捣棒的激振原理是利用安装在振动棒中心具有偏心质量的转轴，在作高速旋转时所产生的离心力使振动棒产生圆振动。由于其振动频率低（5000 ~ 8000 次 / 分钟）、软轴磨损较大，已逐渐被行星式振捣棒所取代。

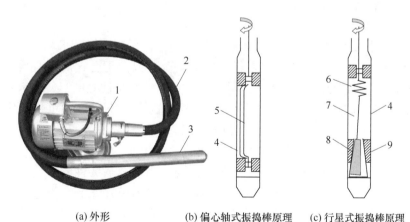

(a) 外形　　　(b) 偏心轴式振捣棒原理　　(c) 行星式振捣棒原理

1—电动机；2—软轴；3—振动棒；4—振动棒外壳；5—偏心转轴；
6—挠性联轴节；7—滚动轴；8—滚锥；9—滚道。

图 4.56　插入式振动器构成及原理图

行星式振捣棒是利用振动棒中一端空悬的滚锥，在它自转时，还能沿棒壳内的圆锥面（即滚道）作公转滚动，从而形成行星运动。自转一周可公转若干周，而每公转一周，振动棒壳体即可产生一次圆振动，故振动频率可达 1.2 ～ 1.9 万次 / 分钟。其具有振捣效率高、机械磨损少等优点，因而得到普遍的应用。

使用插入式振动器时，要使振动棒自然地垂直沉入混凝土中，且应快插慢拔。为使上下层混凝土结合成整体，振动棒应插入下一层不少于 50mm。因棒端头作用最强烈，故振捣时应将棒上下抽动，以保证混凝土均匀。还应避免振动棒碰撞钢筋、模板和埋设物。

振动棒各插点的间距不得超过振动棒有效作用半径 R（一般取振动棒半径的 8 ～ 10 倍）的 1.4 倍，振动棒与模板的距离不应大于 0.5R。插点的布置方式有行列式与交错式两种（图 4.57），其中交错式重叠、搭接较多，振捣效果较好。振动棒在各插点的振动时间，以混凝土表面基本平坦、不再明显塌陷、泛出水泥浆、不再冒气泡为止。

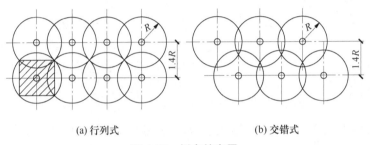

(a) 行列式　　　　　　　　(b) 交错式

图 4.57　插点的布置

（2）平板式振动器。它是将带有偏心块的电动机固定在平板上而成，适用于捣实楼板、地坪等平面面积大而厚度较小的混凝土构件。振捣时，每次移动的间距应保证底板能与上次振捣区域重叠 50mm 左右，以防止漏振。

2）自密实混凝土

自密实混凝土又称免振混凝土，其通过外加剂（包括高性能减水剂、超塑化剂、稳定剂等）、超细矿物粉等胶结材料和粗细骨料的搭配，以及配合比的精心设计，使混凝土拌合物屈服剪应力减小到适宜范围，同时又具有足够的塑性黏度，使骨料悬浮于水泥浆中，不出现离析和泌水等问题，在不用外力振捣的条件下通过自重作用实现自由流淌，充分填充模板内的空间而形成密实且均匀的结构体。

配合比设计及配制时，应重点控制拌合物的工作性（主要包括黏聚性、流动性和保水性），着重解决好混凝土的高工作性与混凝土硬化强度及耐久性的矛盾。自密实混凝土的工作性能宜为：坍落度 250 ～ 270mm，扩展度 550 ～ 700mm，流过高差≤15mm。骨料最大粒径不宜大于 20mm。浇筑前确定好布料点和下料间距；浇筑时应控制浇筑速度和单次下料量，并应分层浇筑至设计标高，以防止模板受损。

4.4.4　混凝土的养护

混凝土的养护是指混凝土浇筑后，在硬化过程中进行温度和湿度环境的控制，使其达到设计强度。混凝土养护的主要方法有自然养护和人工环境养护（如蒸汽养护）。施工现场多采用自然养护的方法，构件厂常用蒸汽养护的方法。

1. 自然养护

自然养护是通过洒水、覆盖、喷涂养护剂等方式，使混凝土在规定的时间内保持足够的温湿状态，使其强度得以增长的养护方法。养护方式应考虑现场条件、环境温湿度、构件特点、技术要求、施工操作等因素合理选择，可单独使用或同时使用。覆盖法是在混凝土裸露表面覆盖塑料薄膜或塑料薄膜加岩棉被、草帘被等保温材料。养护剂法是将养护剂喷涂在已凝结的混凝土表面，溶剂挥发后形成可消失的薄膜来保湿，常用于大面积结构或不易覆盖的构件（如墙体）。

混凝土的自然养护应符合如下规定：

（1）混凝土终凝后应据其性能及所处环境及时进行养护，防止失水开裂。对高性能混凝土宜在浇筑时即开始喷雾保湿。

（2）混凝土的养护时间：硅酸盐水泥、普通硅酸盐水泥或矿渣硅酸盐水泥拌制的混凝土，不得少于 7d；采用缓凝型外加剂或大掺量矿物掺合料配制的混凝土、大体积混凝土、后浇带、抗渗混凝土以及 C60 以上混凝土均不得少于 14d；地下室底层和结构首层的柱、墙混凝土宜适当增加养护时间，且带模养护不宜少于 3d。

（3）洒水养护的洒水次数，应能保持混凝土始终处于湿润状态。养护用水应与拌制用水相同。当日最低温度低于 5℃时，不应采用洒水养护。

（4）采用塑料薄膜覆盖养护时，应覆盖严密，并应保持薄膜内有凝结水。

（5）喷涂养护剂养护时，其保湿效果应通过试验检验。喷涂应均匀无遗漏。

（6）混凝土强度达到 1.2MPa 前，不得上人作业。

2. 蒸汽养护

蒸汽养护是将构件放在充满饱和蒸汽的养护室内或就地覆盖围挡后通入蒸汽，在较高的温湿度环境中加速水泥水化反应，使混凝土强度快速增长的养护方法。蒸汽养护主要用于构件厂制作构件，也可用于现场冬期施工。

4.4.5 混凝土冬期施工

1. 混凝土冬期施工原理

根据当地多年气象资料，当室外日平均气温连续 5d 稳定低于 5℃时，混凝土工程应采取冬期施工措施，并应及时采取气温突然下降的防冻措施。

冻结对早期混凝土将造成严重危害。其主要原因是混凝土内部的水结冰后体积膨胀，冰晶应力使强度还很低的混凝土内部产生无法弥补的微裂纹；导热性强的钢筋、粗骨料表面易形成冰膜，削弱了砂浆与石子、混凝土与钢筋间的握裹力，导致混凝土最终强度损失。试验证明，混凝土遭冻时间愈早，水胶比愈大，则强度损失愈多，反之则少。

混凝土受冻后，当温度恢复至正温时其强度还能继续增长。当混凝土达到某一初期强度值后遭到冻结，解冻后再经 28d 标养，其强度如能达到设计等级值的 95% 以上时，则受冻前的预养强度值称为混凝土的允许受冻临界强度。混凝土受冻临界强度规范规定见表 4-18。

表 4-18　混凝土受冻临界强度

混凝土种类	受冻临界强度
用硅酸盐、普通硅酸盐水泥配制的混凝土	30% 设计强度等级值
用矿渣硅酸盐等水泥配制的混凝土	40% 设计强度等级值
抗渗混凝土	50% 设计强度等级值
有抗冻耐久性要求的混凝土	70% 设计强度等级值

注：当施工需提高混凝土强度等级时，应按提高后的强度等级确定受冻临界强度。

2. 混凝土冬期施工要求与方法

1）原材料的选择及要求

（1）水泥。水泥应优先选用水化热高、早期强度高的水泥，如硅酸盐或普通硅酸盐水泥，水泥用量不少于 280kg/m^3，水胶比不大于 0.55。

（2）骨料。骨料中不得含有冰雪和冻块；当掺用含钾、钠离子的防冻剂时，不得混有活性骨料。

（3）外加剂。混凝土中不宜使用氯盐类防冻剂；对抗冻性要求高的混凝土，宜使用引气剂或减水剂。

2）原材料的加热

冬期施工常用热拌混凝土。在拌制前应优先考虑对水进行加热，当其不能满足要求时，再对骨料进行加热。水泥不得加热，宜运至暖棚中存放。水及骨料的加热温度，应根据热工计算确定，但不得超过表 4-19 的规定。在任何情况下，水泥都不得与 80℃以上的水直接接触，以避免出现“假凝”现象（水泥颗粒表面快速水化而形成硬壳，致使内部难以进行水化反应。看似凝结，实则强度很低）。

表 4-19　拌合水及骨料加热最高温度（℃）

普通硅酸盐水泥、矿渣硅酸盐水泥的强度等级	拌合水	骨料
42.5 以下	80	60
42.5 及以上	60	40

3）混凝土的搅拌

在混凝土搅拌前，先用热水或蒸汽冲洗、预热搅拌机。搅拌投料顺序是：当水温不高于表 4-19 的规定时，可将水泥和骨料先投入，干拌均匀后再加入水，直至搅拌均匀为止；否则应先投入骨料和热水，拌至温度下降后再投入水泥。

搅拌时间应较常温延长 50%，以使拌和及温度均匀。拌合物的出机温度不宜低于 10℃，预拌混凝土或远距离运输者不宜低于 15℃。

4）混凝土运输和浇筑

运输混凝土所用的容器应有保温措施，运输时间应尽量缩短，保证混凝土的入模温度不低于 5℃。混凝土在浇筑前，应清除模板和钢筋上的冰雪和污垢；不得在强冻胀性地基上浇筑；当在弱冻胀性地基上浇筑时，基土不得遭冻。当分层浇筑大体积混凝土时，已浇筑层在被上一层覆盖前，不得低于按热工计算要求的温度，且不得低于 2℃。

5）混凝土养护方法

冬期施工混凝土的养护方法一般要经过技术经济比较确定。在免遭冻害的前提下，选择质量优、费用低、污染小，且简单易行的方法。

（1）蓄热养护法。

蓄热养护法利用原材料加热及水泥水化放热，并采取适当保温措施延缓混凝土冷却，在混凝土温度降到 0℃ 前达到受冻临界强度。该法具有施工简单、节省能源、费用低等优点，适用于室外最低温度不低于 −15℃ 时，地面以下的工程或表面系数（表面积 / 体积）不大于 5m^{-1} 的结构。当表面系数较大（5～15m^{-1}）时，可在混凝土中掺加具有减水、引气功能的早强剂，构成综合蓄热法。

蓄热养护法的关键要素是：混凝土的入模温度、围护层的总传热系数和水泥水化热值。采用该法时，宜使用水化热高的水泥，适量掺加早强剂，提高入模温度，采用导热系数小、价廉耐用且具有一定防火性能的保温材料（如岩棉被），加强棱角处覆盖。

（2）外加剂法。

外加剂法通过外加剂抗冻、早强、催化、减水等功能，降低混凝土的冰点、在负温下能继续硬化、尽早达到要求的强度。该法简单易行，施工时应做好试验检验工作，避免不同类型外加剂间的相互影响，防止产生不利作用和环境污染，且保证混凝土入模、初始温度符合要求。

（3）加热养护法。

①蒸汽养护法，是利用蒸汽对混凝土进行加热，以达到受冻临界强度。该法效果好，但费用较高。具体方法包括蒸汽室法、蒸汽套法、毛细管法和构件内部通汽法等。

使用该法，应得到设计同意，并严格控制温度和升降温速度。混凝土加热养护前的温度不得低于 2℃；当加热温度需在 40℃ 以上时，应采取防止产生较大温度应力的措施。

②电热养护法，分为电极法和电热器法两种。电极法是在新浇筑的混凝土中，事先按一定间距埋入电极，利用混凝土本身的电阻或电极钢筋的电阻将电能转变为热能进行加热养护的方法。电热器法是利用各种电加热器（如电热毯、工频涡流、线圈感应、红外线辐射等）对混凝土加热养护的方法，此法要注意防止混凝土早期脱水，最好在表面覆盖一层塑料薄膜。

（4）暖棚法。

暖棚法是在建筑物或构件周围搭起暖棚，棚内设置热源，以维持棚内不低于 5℃ 的环境，使混凝土养护硬化。此法施工操作与常温无异，但搭设暖棚耗资大、耗能多，且仅适用于建筑面积不大而混凝土工程又很集中的工程，在地下及基坑中施工使用较多。

6）质量控制

冬期施工应加强混凝土温度的监测，以便及时采取措施，保证混凝土安全达到受冻临界强度。因此，要按规范要求布置和留设测温孔或安装测温设备、安排专人监测。每次留置混凝土抗压强度试件时，应增加不少于 2 组同条件养护试件，以检查受冻时的强度和最终强度。

4.4.6 混凝土施工质量检查

混凝土的质量检查包括施工过程中的质量检查及成品的强度、外观检查。

1. 施工过程中的质量检查

在混凝土拌制和浇筑过程中，对拌制混凝土所用原材料的品种、规格和用量的检查，每一工作班至少两次。当混凝土配合比由于外界影响有变动时，应及时检查并调整。混凝土的搅拌时间，应随时检查。

2. 混凝土试块的留置

为了检查混凝土强度等级是否达到设计或施工阶段的要求，应制作试块进行抗压强度试验。混凝土试块的尺寸及强度的尺寸换算系数见表 4-20。

表 4-20　混凝土试块的尺寸及强度的尺寸换算系数

骨料最大粒径 /mm	试块尺寸 /mm	强度的尺寸换算系数
≤31.5	$100 \times 100 \times 100$	0.95
≤40	$150 \times 150 \times 150$	1.00
≤63	$200 \times 200 \times 200$	1.05

注：对 C60 及以上的混凝土试件，其强度的尺寸换算系数可通过试验确定。

1）检查混凝土是否能达到设计强度要求

制作标准养护试块，经 28d 养护后做抗压强度试验。其结果作为确定结构或构件的混凝土强度是否达到设计要求的依据。

标准养护试块，应在浇筑地点随机取样制作。其组数，应按下列规定留置。

（1）每个工作班、每一楼层、每拌制 100 盘且不超过 100m³ 同配合比的混凝土，取样均不得少于 1 次。

（2）每次取样应至少留置 1 组（3 个）标准试块。每组试块应在同盘混凝土中取样制作。

2）检查各施工各阶段混凝土的实体强度

为了确定结构或构件能否拆模、运输、吊装、施加预应力或临时负荷等，或应结构实体验收要求，尚应留置与结构或构件同条件下养护的试块。其数量按实际需要确定，但不得少于 3 组。取样应均匀分布在施工周期内。

3. 混凝土强度的评定

1）每组试块强度代表值的确定

混凝土强度应分批进行验收。同一验收批的混凝土应由强度等级、龄期、生产工艺和配合比相同的混凝土组成。每一验收批的混凝土强度，应以同批内各组标准试件的强度代表值来评定。每组试块的强度代表值按以下规定确定。

（1）取 3 个试块试验结果的平均值，作为该组试块的强度代表值。

（2）当 3 个试块中的最大或最小的强度值，与中间值相比超过 15% 时，取中间值代表该组的混凝土试块的强度。

（3）当 3 个试块中的最大和最小的强度值，与中间值相比均超过 15% 时，该组试件作废。

2）混凝土强度评定方法

根据混凝土生产情况，在混凝土强度检验评定时，有以下三种评定方法。

（1）标准差已知统计法。

当混凝土的生产条件在较长时间内能保持一致，且同一品种混凝土的强度变异性能保持稳定时，由连续的三组试块代表一个验收批进行评定。

（2）标准差未知统计法。

当混凝土的生产条件不能满足上述规定，或在前一个检验期内的同一品种混凝土没有足够的数据用以确定标准差时，应由不少于 10 组的试块代表一个验收批，进行强度评定。

（3）非统计法。

对零星生产的预制构件的混凝土或现场搅拌的批量不大的混凝土，可采用非统计法评定。此时，验收批混凝土的强度必须满足：同一验收批混凝土立方体抗压强度平均值不低于 1.15 倍设计标准值，且其中最小值不低于 0.95 倍设计标准值。

4. 外观质量检查与处理

混凝土结构的外观质量不应有严重缺陷及影响结构性能和使用功能的尺寸偏差。

1）检查内容与偏差要求

现浇钢筋混凝土结构拆模后，应检查构件的轴线位置、标高、截面尺寸、表面平整度、垂直度、外观缺陷、连接及构造做法；预埋件数量、位置；结构的轴线位置、标高、全高垂直度等。其尺寸偏差应符合表 4-21 中的规定。

2）外观缺陷与处理

纵向受力钢筋有露筋，构件主要受力部位有蜂窝、孔洞、夹渣、疏松、裂缝，连接部位有影响传力性能的缺陷，清水混凝土有影响使用功能或装饰效果的外形、外表缺陷，均属于严重缺陷。在此之外的、不影响受力和使用功能的外观和尺寸偏差等属于一般缺陷。

对严重缺陷，应由施工单位提出技术处理方案，经监理单位认可后进行处理；对裂缝或连接部位的严重缺陷及其他影响结构安全的严重缺陷，技术处理方案尚应经设计单位认可。对一般缺陷，施工单位可按技术处理方案进行处理。

表 4-21　现浇结构尺寸允许偏差和检验方法

项 目			允许偏差 /mm	检验方法
轴线位置	整体基础		15	经纬仪及尺量
	独立基础		10	
	柱、墙、梁		8	尺量
垂直度	层高	≤6m	10	经纬仪或吊线、尺量
		>6m	12	
	全高（H）	≤300m	H/30000+20	经纬仪、尺量
		>300m	H/10000 且 ≤80	
标高	层高		±10	水准仪或拉线、尺量
	全高		±30	
截面尺寸	基础		+15，−10	尺量
	柱、梁、板、墙		+10，−5	
	楼梯相邻踏步高差		6	
电梯井	中心位置		10	尺量
	长、宽尺寸		+25，0	
表面平整度			8	2m靠尺和塞尺量测
预埋件中心位置	预埋板		10	尺量
	预埋螺栓		5	
	预埋管		5	
预留洞、孔中心线位置			15	尺量

注：1. 检查柱轴线、中心线位置时，沿纵、横两个方向量测，并取其中偏差的较大值；

2. H 为全高，单位为 mm。

5. 结构实体质量检验

规范规定，混凝土结构工程验收时，应对涉及结构安全的有代表性部位进行结构实体质量检验。检验内容主要包括混凝土强度、钢筋保护层厚度、结构位置与尺寸偏差等。

结构实体质量检验应由施工单位制定专项方案，经监理单位审批并组织实施和过程见证。结构实体质量检验项目除结构位置与尺寸偏差外，均应由具有相应资质的检测机构完成。其中混凝土强度应检验同条件养护的试件，其龄期按正温下日平均温度逐日累计应达到 600℃·d，且不应小于 14d。当缺乏同条件养护试件或其强度不符合要求时，可采用回弹—取芯法进行检验。

习　题

一、单项选择题

1. 对 4 根 φ20 钢筋对焊接头的外观检查结果分别如下，其中合格的是（　　　）。
   A. 接头表面有横向裂缝　　　　　　B. 钢筋表面有烧伤
   C. 接头弯折 5°　　　　　　　　　　D. 钢筋轴线偏移 1mm

2. 构件按最小配筋率配筋时，其钢筋代换应按代换前后（　　　）相等的原则进行。
   A. 面积　　　　　B. 承载力　　　　　C. 重量　　　　D. 间距

3. 钢筋经冷加工后不得用作（　　　）。
   A. 梁的箍筋　　　B. 预应力筋　　　C. 构件吊环　　D. 柱的主筋

4. 在混凝土结构施工中，拆装方便、通用性强的模板是（　　　）。
   A. 大模板　　　　B. 组合式模板　　C. 滑升模板　　D. 爬升模板

5. 以下混凝土配料所用的砂率中，适合泵送是（　　　）。
   A. 25%　　　　　B. 30%　　　　　C. 45%　　　　D. 60%

6. 混凝土施工缝宜留置在（　　　）。
   A. 结构受剪力较小且便于施工的位置　　　　B. 遇雨停工处
   C. 结构受弯矩较小且便于施工的位置　　　　D. 结构受力复杂处

二、填空题

1. 钢筋的连接方法包括_____、_____、_____。

2. 若两根直径不同的钢筋搭接，搭接长度应以较_____的钢筋计算。

3. 爬升模板由_____、爬架、_____三部分组成。

4. 某悬挑长度为 1.2m 的阳台，要在混凝土达到设计强度等级的_____后方可拆模。

5. 当楼、板混凝土强度至少达到_____以后，方可上人继续施工。

6. 若柱子与梁混凝土连续浇筑时，应在柱混凝土浇筑完毕后停歇_____h，使其初步沉实再继续浇筑，以防止出现_____。

三、术语解释题

1. 钢筋机械连接。
2. 组合式模板。
3. 二次投料法。
4. 混凝土施工缝。
5. 混凝土后浇带。

四、简答题

1. 试述闪光对焊工艺种类与适用范围，质量检查的内容与方法。

2. 试述梁模板起拱的目的与要求。

3. 试述确定混凝土施工缝留设位置的原则，接缝的时间与施工要求。

4. 试述为保证整体性，大体积混凝土的浇筑方案及其适用范围。

5. 试述混凝土强度试块留置的目的与要求。

五、计算绘图题

1. 计算图 4.58 所示梁的钢筋下料长度（抗震结构），并绘制出配料单。该梁共 10 根。

注：各种钢筋单位长度的质量为 φ8（0.395kg/m），φ12（0.888kg/m），Φ22（2.98kg/m），Φ25（3.85kg/m）。

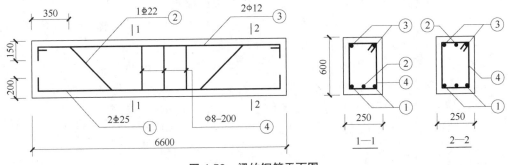

图 4.58　梁的钢筋平面图

2. 某混凝土墙高 4m，采用坍落度为 150mm 的普通混凝土，浇筑速度为 2m/h，浇筑入模温度为 22℃。试计算模板侧压力的有效压头高度及设计荷载组合效应值。

3. 某混凝土设备基础：长 × 宽 × 厚 =15m×4m×3.2m，要求整体连续浇筑，拟采取全面水平分层浇筑方案。现有 3 台搅拌机，每台生产率为 6m³/h，若混凝土的初凝时间为 3h，运输时间为 0.5h，每层浇筑厚度为 400mm，试确定：

（1）此方案是否可行？

（2）搅拌机最少应开动几台？

（3）该设备基础浇筑的可能最短时间与允许的最长时间。

在线答题

拓展习题

第 5 章
预应力混凝土工程

知识结构图

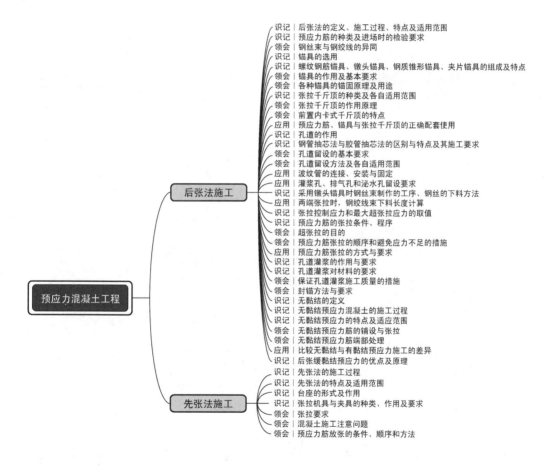

预应力混凝土工程

后张法施工
- 识记 | 后张法的定义、施工过程、特点及适用范围
- 识记 | 预应力筋的种类及进场时的检验要求
- 领会 | 钢丝束与钢绞线的异同
- 识记 | 锚具的选用
- 识记 | 螺纹钢筋锚具、镦头锚具、钢质锥形锚具、夹片锚具的组成及特点
- 领会 | 锚具的作用及基本要求
- 领会 | 各种锚具的锚固原理及用途
- 识记 | 张拉千斤顶的种类及各自适用范围
- 领会 | 张拉千斤顶的作用原理
- 领会 | 前置内卡式千斤顶的特点
- 应用 | 预应力筋、锚具与张拉千斤顶的正确配套使用
- 识记 | 孔道的作用
- 识记 | 钢管抽芯法与胶管抽芯法的区别与特点及其施工要求
- 领会 | 孔道留设的基本要求
- 领会 | 孔道留设方法及各自适用范围
- 应用 | 波纹管的连接、安装与固定
- 应用 | 灌浆孔、排气孔和泌水孔留设要求
- 识记 | 采用镦头锚具时钢丝束制作的工序、钢丝的下料方法
- 应用 | 两端张拉时，钢绞线束下料长度计算
- 识记 | 张拉控制应力和最大超张拉应力的取值
- 识记 | 预应力筋的张拉条件、程序
- 领会 | 超张拉的目的
- 领会 | 预应力筋张拉的顺序和避免应力不足的措施
- 应用 | 预应力筋张拉的方式与要求
- 识记 | 孔道灌浆的作用与要求
- 识记 | 孔道灌浆对材料的要求
- 领会 | 保证孔道灌浆施工质量的措施
- 领会 | 封锚方法与要求
- 识记 | 无黏结的定义
- 识记 | 无黏结预应力混凝土的施工过程
- 识记 | 无黏结预应力的特点及适应范围
- 领会 | 无黏结预应力筋的铺设与张拉
- 领会 | 无黏结预应力筋端部处理
- 应用 | 比较无黏结与有黏结预应力施工的差异
- 识记 | 后张缓黏结预应力的优点及原理

先张法施工
- 识记 | 先张法的施工过程
- 识记 | 先张法的特点及适用范围
- 识记 | 台座的形式及作用
- 识记 | 张拉机具与夹具的种类、作用及要求
- 领会 | 张拉要求
- 领会 | 混凝土施工注意问题
- 领会 | 预应力筋放张的条件、顺序和方法

预应力混凝土结构是在结构或构件承受设计荷载之前，预先对混凝土的受拉区施加压应力，以改善其性能的结构形式。预应力混凝土可以提高结构或构件的刚度、抗裂性和耐久性，增加结构的稳定性，也能将散件拼装成整体。预应力混凝土结构能有效地发挥高强材料的作用，结构跨度大、自重轻，构件截面小、材料省，结构变形小、抗裂度高、耐久性好，有较好的综合效益。近年来，在混凝土结构中得到广泛应用。

预应力混凝土按张拉预应力筋与浇筑混凝土间的顺序不同，分为先张法施工和后张法施工；按预应力筋与混凝土的结合状态，分为有黏结、无黏结及缓黏结等。

5.1 后张法施工

后张法是先制作结构或构件，待其混凝土达到一定强度后，直接在结构或构件上张拉预应力筋的方法（图 5.1）。该法不需要台座，灵活性大，但锚具需留在结构体上，费用较高，工艺较复杂。后张法是现场进行预应力混凝土结构施工的必用方法，也用于构件厂制作大型预应力构件。

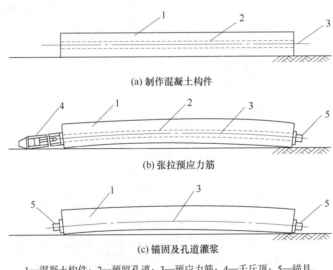

(a) 制作混凝土构件

(b) 张拉预应力筋

(c) 锚固及孔道灌浆

1—混凝土构件；2—预留孔道；3—预应力筋；4—千斤顶；5—锚具。

图 5.1 后张有黏结预应力施工过程

5.1.1 材料、机具设备

1. 材料

预应力混凝土结构或构件的预压应力来自预应力筋的回弹力，因此对预应力筋的要求较高，包括高强度、低松弛、与混凝土黏结性能好等。目前以高强钢材为主，碳纤维、芳纶纤维等纤维增强复合预应力筋也已开始使用。同时，预应力结构或构件所用的混凝土亦应协调配套，楼板强度等级不应低于 C30，其他构件强度等级不低于 C40，以提供足够的抗压支撑力。

预应力筋按材料类型可分为预应力用钢丝、钢绞线、螺纹钢筋等。预应力筋进场时应检查其规格、尺寸、外观及质量证明文件，并应抽取试件作抗拉强度、伸长率检验。在运输、存放、加工、安装过程中，应采取防止损伤、锈蚀、污染的措施。

1）钢丝

预应力混凝土常用钢丝包括中强度钢丝和消除应力钢丝两类。

中强度钢丝是将低碳钢通过冷拔、冷轧等冷加工或再进行稳定化热处理制成，其屈服强度为 620 ～ 980MPa，常加工成螺旋肋或刻痕等形式，提高了锚固性能，宜用于先张法施工的构件。其由于存在脆性大、残余应力大等弱点，故使用较少。

消除应力钢丝是将高碳钢盘条经淬火、酸洗、拉拔和回火处理制成。其极限强度为 1470 ～ 1860MPa，钢丝直径一般为 3 ～ 8mm。

2）钢绞线

预应力混凝土用钢绞线（图 5.2）是将冷拉钢丝在绞线机上绞和，并经回火消除应力处理而成。钢绞线的强度高（极限强度 1570 ～ 1960MPa）、柔性较好、施工方便，应用极为广泛。

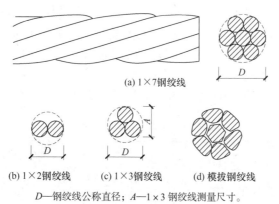

(a) 1×7钢绞线

(b) 1×2钢绞线　　(c) 1×3钢绞线　　(d) 模拔钢绞线

D—钢绞线公称直径；A—1×3 钢绞线测量尺寸。

图 5.2　预应力混凝土用钢绞线

钢绞线除强度等级差异外，根据加工要求又可分为标准型钢绞线、刻痕钢绞线和模拔钢绞线。

（1）标准型钢绞线，由冷拉光圆钢丝捻制。常用低松弛钢绞线。其力学性能优异、质量稳定、价格适中，是用途最广、用量最大的一种预应力筋。

（2）刻痕钢绞线，由刻痕钢丝捻制而成，与混凝土的握裹力强。其力学性能与低松弛钢绞线相同。

（3）模拔钢绞线，是在捻制成型后，再经模拔处理制成。钢绞线内的钢丝在模拔时被挤压，各根钢丝间成为面接触，使钢绞线的密度提高约18%。在相同截面面积时，其外径较小，可减少所需孔道直径，或在同径孔道内可增加钢绞线的数量，且与锚具的接触面较大，锚固效率高。

3）预应力螺纹钢筋

预应力螺纹钢筋也称为精轧螺纹钢筋（图5.3）。其表面热轧成不连续的外螺纹，可用带有内螺纹的套筒连接或螺母锚固。其直径有18mm、25mm、32mm、40mm、50mm几种，按屈服强度分为785MPa、930MPa、1080MPa三个等级，以代号"PSB"加上规定屈服强度值表示。这种钢筋具有强度较高、锚固及接长简单、无须焊接、施工方便等优点。

图5.3 精轧螺纹钢筋

2. 锚具及连接器

锚具是在后张法结构或构件中，为保持预应力筋拉力并将其传递给混凝土的永久性锚固装置。连接器用于预应力筋接长。锚具的锚固能力及耐久性直接影响结构的性能及寿命，因此结构设计时必须合理选用。锚具或连接器进场时，必须对其静载锚固性能等进行检验；施工时，应保证锚固系统配套使用，并能在结构中可靠传递预加力。

锚具的类型很多，应据预应力筋的种类和锚具所处位置按表5-1适当选用。

表5-1 常用锚具的选用

预应力筋种类	张拉端	固定端	
		安装在结构外部	安装在结构内部
钢绞线	夹片锚具 压接锚具	夹片锚具 挤压锚具 压接锚具	压花锚具 挤压锚具
钢丝束	镦头锚具 冷（热）铸锚	冷（热）铸锚	镦头锚具
预应力螺纹钢筋	螺母锚具	螺母锚具	螺母锚具

常用的锚具按锚固机理分为支承式（如螺母锚具和镦头锚具）、夹片式（由锚环和夹片组成，分为块状夹片锚具和包裹式夹片锚具两类）、握裹式（如挤压锚具和压花锚具）和锥塞式（如钢质锥形锚具）等几大类。下面，按预应力筋种类介绍相应的锚具。

1）预应力螺纹钢筋锚具

采用预应力螺纹钢筋作为预应力筋者，其张拉端和非张拉端均可使用螺母锚具

［图 5.4（b）］。它由螺母和垫板构成，一般采用 45 号钢制作。预应力螺纹钢筋需接长时，可使用螺纹接长套筒［图 5.4（a）］。

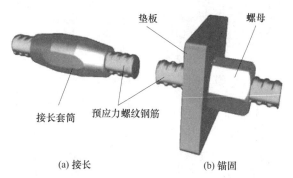

镦头锚具使用方法

（a）接长 （b）锚固

图 5.4 预应力螺纹钢筋的锚固与接长装配形式

2）钢丝锚具

（1）镦头锚具。

单根钢丝或钢丝束均可使用镦头锚具。高强钢丝的镦头宜采用冷镦，镦头的强度应不低于钢丝强度标准值的 98%。钢丝束镦头锚具分 A 型与 B 型。A 型由锚环与螺母组成，可用于张拉端；B 型为锚板，用于固定端。镦头锚具构造与镦头机具，如图 5.5 所示。

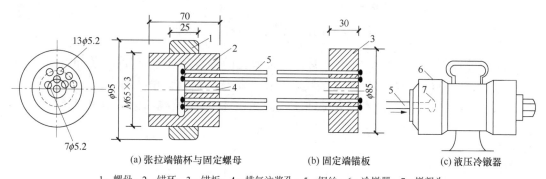

（a）张拉端锚杯与固定螺母 （b）固定端锚板 （c）液压冷镦器

1—螺母；2—锚环；3—锚板；4—排气注浆孔；5—钢丝；6—冷镦器；7—镦粗头。

图 5.5 镦头锚具构造与镦头机具

（2）钢质锥形锚具。

钢质锥形锚具（图 5.6）由锚环和锚塞组成，用于锚固钢丝束。其尺寸较小，便于分散布置。缺点是易产生单根滑丝现象且很难补救，钢丝回缩量较大，故应力损失亦大。

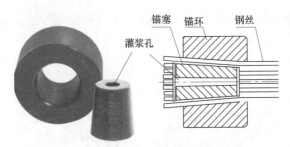

图 5.6　钢质锥形锚具及装配图

3）钢绞线锚具

（1）张拉端

钢质锥锚使
用方法

钢绞线作预应力钢筋时，张拉端常用夹片锚具。该类锚具由锚环与楔形夹片组成。夹片包裹并夹持住钢绞线，利用楔形原理挤紧锁固。锚具按夹片的数量分为二夹片式或三夹片式，夹片的开缝形式有斜开缝和直开缝；按照一个锚环（或称锚板）可锚固钢绞线的数量又分为单孔式和多孔式。

① 单孔锚具（图 5.7）。它由一个圆锥形孔的锚环（套筒）和二或三个夹片组成，适用于单根钢绞线的锚固。

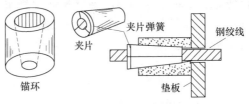

图 5.7　单孔三夹片锚具构成与装配图

② 多孔锚具（图 5.8）。它由开有多个锥形孔的锚板和多组夹片构成，利用每孔内的夹片来夹持一根钢绞线的楔紧式锚具。其特点是每根钢绞线单独锚固，若某根锚固失效，不会引发整体失效。该类锚具适用于锚固 3 ~ 51 根钢绞线，也可锚固钢丝束。

多孔 XM 型
锚具原理与
安装方法

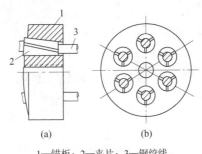

(a)　　　　　(b)

1—锚板；2—夹片；3—钢绞线。

图 5.8　多孔 XM 型锚具

多孔锚具常采用将端头垫板与喇叭管铸成整体的锚座，以分散端部混凝土局部压力，保证孔道严密和便于灌浆。其装配构造如图 5.9 所示。

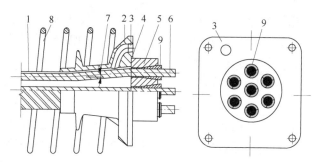

1—波纹管；2—喇叭管锚垫板；3—灌浆孔；4—对中企口；5—锚板；6—钢绞线；7—钢绞线折角；8—螺旋箍筋；9—夹片。

图 5.9 多孔夹片锚固装配构造

（2）非张拉端

钢绞线的非张拉端（固定在混凝土内）的锚固，有挤压锚具和压花锚具两种。

① 挤压锚具。挤压锚具（图 5.10）是利用液压压头机将套筒挤紧在钢绞线端头，并通过垫板锚固钢绞线，适用于受力大或端部尺寸受限的情况。套筒挤压完成后，钢绞线外端露出套筒的长度不应小于 1mm。施工时，要保证套筒与垫板顶紧。

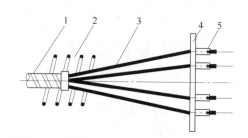

1—波纹管；2—螺旋筋；3—钢绞线；4—钢垫板；5—挤压套筒。

图 5.10 挤压锚具

② 压花锚具。压花锚具（图 5.11）是利用液压压花机将钢绞线端头压成梨形散花状的一种锚具。施工时，应保证梨形头尺寸和直线锚固段长度不小于设计值。

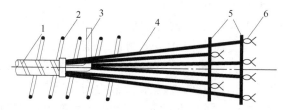

1—波纹管；2—螺旋筋；3—灌浆管；4—钢绞线；5—钢筋支架；6—梨形自锚头。

图 5.11 压花锚具

3. 张拉设备

后张法的张拉设备由液压千斤顶、高压油泵、悬吊支架和控制系统组成。常用的液压千斤顶有穿心式千斤顶、拉杆式千斤顶、锥锚式千斤顶、前置内卡式千斤顶和大孔径穿心式千斤顶。

1）穿心式千斤顶

穿心式千斤顶是将预应力筋穿过中心孔而锚固于尾部，利用双液缸完成预应力筋张拉和顶紧锚具夹片的双作用千斤顶。穿心式千斤顶既适用于需要顶压的锚具，配上撑脚与拉杆后，也适用于螺杆锚具和镦头锚具。该系列产品有 YC20D、YC60、YC120 和 YC200 等型号。

YC60 型穿心式千斤顶的最大张拉力为 600kN（图 5.12）。张拉预应力筋时，张拉缸油嘴进油，顶压缸油嘴回油，顶压油缸带动撑脚右移顶住锚环，张拉油缸带动工具锚左移张拉预应力筋。顶压锚固时，在保持张拉力稳定的条件下，顶压缸油嘴进油，顶压活塞右移将夹片强力顶入锚环内。张拉缸采用液压回程，此时张拉缸油嘴回油，顶压缸油嘴进油。顶压活塞采用弹簧回程，此时张拉缸和顶压缸油嘴同时回油，顶压活塞在弹簧压力作用下回程复位。

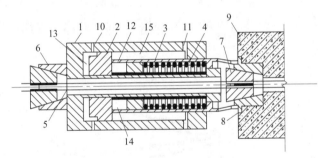

1—张拉油缸；2—顶压油缸；3—顶压活塞；4—回程弹簧；5—预应力筋；6—工具锚；
7—楔块；8—锚环；9—构件；10—张拉缸油嘴；11—顶压缸油嘴；12—油孔；13—张拉工作油室；
14—顶压工作油室；15—张拉回程油室。

图 5.12 YC60 型穿心式千斤顶构造与工作原理

2）拉杆式千斤顶

拉杆式千斤顶（图 5.13）适用于张拉使用螺母锚具、镦头锚具等的预应力筋。目前，常用的拉杆式千斤顶为 YL60 型，此外还有 YL400 型和 YL500 型。

拉杆式千斤顶张拉预应力筋时，使连接器与预应力筋的螺丝端杆相连接，传力架支撑在构件端部的预埋钢板上。高压油进入主缸时，则推动主缸活塞向右移动，并带动拉杆和连接器以及螺纹筋或螺丝端杆同时向右移动，对预应力筋进行张拉。达到设定拉力时，拧紧预应力筋的螺母完成锚固。高压油再进入副缸，推动副缸使主缸活塞和拉杆向左移动，使其回复到初始位置。

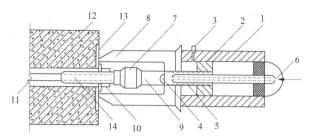

1—主缸；2—主缸活塞；3—主缸进油孔；4—副缸；5—副缸活塞；6—副缸进油孔；7—连接器；8—传力架；
9—拉杆；10—螺母；11—预应力筋；12—混凝土构件；13—预埋钢板；14—螺纹筋或螺丝端杆。

图 5.13 拉杆式千斤顶构造与工作原理图

3）锥锚式千斤顶

锥锚式千斤顶是具有张拉、顶锚和退楔功能的三作用千斤顶，适用于
张拉使用钢质锥形锚具的钢丝束。常见的型号有 YZ38、YZ60 和 YZ85 型。

锥锚式千斤顶作业过程

锥锚式千斤顶由主油缸、副油缸、退楔装置、锥形卡环等组成（见
图 5.14）。其工作原理是：当主油缸进油时，主缸活塞被压移，使固定在
其上的预应力筋被张拉。张拉后，改由副油缸进油，其活塞将锚塞顶入锚
环中。主油缸、副油缸同时回油，活塞在弹簧作用下回程复位。

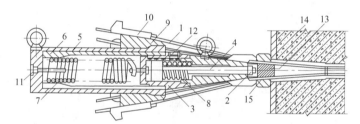

1—预应力筋；2—预压头；3—副缸；4—副缸活塞；5—主缸；6—主缸活塞；7—主缸拉力弹簧；8—副缸压力弹簧；
9—锥形卡环；10—楔块；11—主缸油嘴；12—副缸油嘴；13—锚塞；14—构件；15—锚环。

图 5.14 锥锚式双作用千斤顶构造与工作原理图

4）前置内卡式千斤顶

前置内卡式千斤顶（图 5.15）是将工具锚安装在前端体内的穿心式千斤顶。由于工
作夹具在千斤顶前端，只要钢绞线外露长度 200mm 以上即可张拉。其优点是节约预应
力筋、小巧灵活、操作简单快捷、张拉时可自锁锚固、使用安全可靠、效率高，适用于
单根钢绞线张拉或多孔锚具的单根张拉。

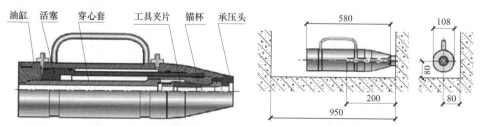

图 5.15 YDC250 型前置内卡式千斤顶构造与工作空间示意图

5）大孔径穿心式千斤顶

大孔径穿心式千斤顶主要用于群锚钢绞线束的整体张拉，其 YDC 系列外形如图 5.16 所示。该类千斤顶有多种型号，张拉力为 650 ～ 12000kN，穿心孔径为 72 ～ 280mm，外形尺寸为 $\phi200mm \times 300mm$ ～ $\phi720mm \times 900mm$，每次张拉行程 200mm。不但张拉力大、操作简单，且性能可靠。大孔径穿心式千斤顶构造与工作原理如图 5.17 所示。

图 5.16　大孔径穿心式千斤顶 YDC 系列外形

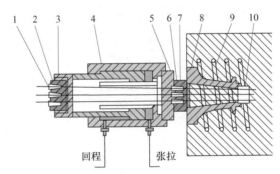

回程　　　张拉

1—工具夹片；2—工具锚环；3—过度套；4—千斤顶；5—限位板；6—工作夹片；
7—工作锚环；8—锚垫板；9—螺旋筋；10—波纹管。

图 5.17　大孔径穿心式千斤顶构造与工作原理示意图

预应力工程所用的张拉机具设备及仪表，应定期维护和校验。张拉机具设备应配套标定，并配套使用。张拉机具设备的标定期限不应超过半年。当在使用过程中出现反常现象时或在千斤顶检修后，应重新标定。

5.1.2　后张法施工工艺

后张法施工的结构或构件，按预应力筋与混凝土的关系可分为有黏结、无黏结和缓黏结三种。

1.后张有黏结预应力施工

后张有黏结预应力施工过程如图 5.1 所示。混凝土结构或构件制作时，首先，在预应力筋部位预先留设孔道，然后浇筑混凝土并进行养护。其次，制作预应力筋并将其穿入孔道，待混凝土达到设计要求的强度后，张拉预应力筋并用锚具锚固。最后，进行孔道灌浆与封锚。这种施工方法通过孔道灌浆，使预应力筋与混凝土相互黏结，提高了结构或构件的整体性、锚固的可靠性与耐久性，广泛用于主要承重结构或构件。

后张有黏结
预应力施工
演示

1）孔道留设

孔道留设位置应准确、内壁光滑，端部预埋钢板应与孔道中心线垂直。孔道的直径应比预应力筋及连接器外径大 6 ~ 15mm，截面积为预应力筋的 3 ~ 4 倍，以利于预应力筋穿入、张拉和注浆黏结。在留设曲线孔道时，对峰谷差较大者还应留设排气孔。

（1）孔道留设方法。

孔道留设方法有钢管抽芯法、胶管抽芯法及预埋波纹管法，抽芯法仅用于构件制作。

① 钢管抽芯法。

钢管抽芯法是在制作构件时，在预应力筋位置预先安置钢管，在混凝土浇筑后，每隔 10 ~ 15min 慢慢转动钢管，使之不与混凝土黏结，待混凝土初凝后、终凝前（浇筑后 80 ~ 100℃·h）再将钢管转动并抽出的留孔方法。

钢管要平直光滑，安放位置须准确。为防止浇筑混凝土时钢管位移，需用不小于 $\phi 10$ 的钢筋井字架固定钢管，其间距不超过 1m。钢管长度一般不超过 15m，外露长度不少于 0.5m，以便旋转和抽管。较长构件可用两根钢管以木塞对接，且接头处外包长度为 30 ~ 40cm 的铁皮套管。钢管抽芯法仅适用于留设直线孔道。

抽管顺序宜先上后下，可用人工或卷扬机边转边抽，应速度均匀、与孔道成一直线。

② 胶管抽芯法。

胶管抽芯法是在绑扎构件钢筋后，在预应力筋的位置穿入并固定胶管，待混凝土终凝后（浇筑后 200℃·h）用机械拉拔抽出的留孔方法。该法既可以留设直线孔道，也可留设曲线孔道。

胶管常采用衬有钢丝网的厚壁胶管，利用其弹性易于拔出。胶管需用钢筋井字架与其他钢筋固定牢靠。在直线段，固定点间距不大于 0.5m，曲线段应适当加密。抽管宜先上后下，先曲后直。

预应力梁波
纹管留设
孔道

③ 预埋波纹管法。

波纹管（图 5.18）为特制的带波纹的金属管或塑料管，它在轴线方向有较好的柔性且与混凝土有良好的黏结力。波纹管预埋在混凝土构件中不再抽出，因此，施工方便、质量可靠、张拉阻力小，常用于大型构件，更适合现场结构施工。波纹管应具有足够的径向刚度和抗渗漏性能，安装连接时应采用防水胶带做好接缝密封，安装位置应准确，固定间距不得大于 0.8m。

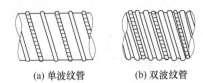

(a) 单波纹管　　　　(b) 双波纹管

图 5.18　波纹管

（2）灌浆孔、排气孔和泌水孔留设。

孔道留设时应设置灌浆孔和排气孔（图 5.19）。构件两端可利用锚具或锚垫板上的留孔，中间部位需利用灌浆管引至构件外。孔径不宜小于 20mm。对抽芯成型孔道，灌浆孔和排气孔的间距不宜大于 12m。

曲线预应力筋孔道的每个波峰处，应设置泌水孔，其间距不大于 30m，伸出构件顶面的高度不宜小于 0.3m，泌水孔也可兼作灌浆孔和排气孔。波峰应留在孔道顶部，而波谷则应从孔道侧面引出。对现浇预应力结构金属波纹管，可用带嘴的塑料弧形压板接塑料管留设（图 5.20）。一般预制构件的灌浆孔，也可采用木塞留设。

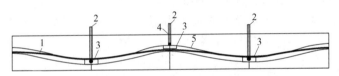

1—预应力筋；2—排气孔；3—弧形盖板；4—塑料管；5—波形管孔道。

图 5.19　排气孔设置及做法

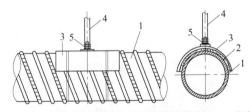

1—波纹管；2—海绵垫；3—塑料弧形盖板用钢丝固定并用胶带封闭；4—塑料管；5—固定卡子。

图 5.20　波纹管上留孔构造

2）预应力筋制作

预应力筋下料应采用砂轮锯或切断机切断，下料长度应经计算确定。

（1）钢绞线束。

钢绞线一般成盘状供应。先开盘，然后按照计算下料长度切断。切断前，应在切口两侧各 50mm 处用铅丝绑扎钢绞线，以免松散。

采用夹片式锚具时，钢绞线束下料长度如图 5.21 所示。钢绞线束的下料长度 L 按式 5-1 或式 5-2 计算，尺寸单位均为 mm。

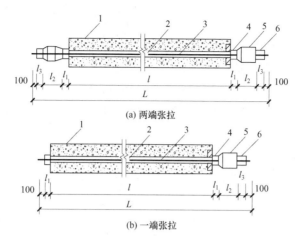

(a) 两端张拉

(b) 一端张拉

1—混凝土构件；2—孔道；3—钢绞线束；4—夹片式工作锚；5—穿心式千斤顶；6—夹片式工具锚。

图 5.21 钢绞线束下料长度计算简图

$$两端张拉：L=l+2\left(l_1+l_2+l_3+100\right) \tag{5-1}$$

$$一端张拉：L=l+2\left(l_1+100\right)+l_2+l_3 \tag{5-2}$$

式中 l ——构件的孔道长度，对抛物线形孔道长度 l_p，可按 $l_p=\left(1+\dfrac{8h^2}{3l^2}\right)l$ 计算；

  l_1 ——夹片式工作锚厚度；

  l_2 ——穿心式千斤顶长度，当采用前置内卡式千斤顶时，仅算至千斤顶体内工具锚处；

  l_3 ——夹片式工具锚厚度；

  h ——预应力筋抛物线的矢高。

（2）钢丝束。

钢丝束两端均采用镦头锚具时，同一束钢丝长度应一致，最大差值不得超过钢丝长度的 1/5000，且不得大于 5mm。钢丝束下料长度如图 5.22 所示。当成组张拉时，各钢丝的极差不得大于 2mm。为了保证下料长度准确，应采用应力下料，常用控制应力取 300N/mm²。钢丝的下料长度 L 可按钢丝束张拉后螺母位于锚环中部计算，见式 5-3。

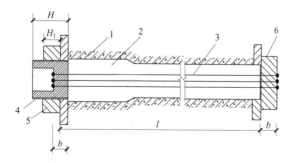

1—混凝土构件；2—孔道；3—钢丝束；4—锚环；5—螺母；6—锚板。

图 5.22 钢丝束下料长度计算简图

$$L = l + 2(b+s) - K(H - H_1) - \Delta L - c \qquad (5\text{-}3)$$

式中　　l ——构件的孔道长度；

　　　　b ——锚环底部厚度或锚板厚度；

　　　　s ——钢丝镦头留量，对 Φ^P5 光面消除应力钢丝取 10mm；

　　　　K ——系数，一端张拉时取 0.5，两端张拉时取 1.0；

　　　　H ——锚环高度；

　　　　H_1 ——螺母高度；

　　　　ΔL ——钢丝束张拉伸长值；

　　　　c ——张拉时构件混凝土的弹性压缩值。

钢丝下料后应进行编束，以免扭结缠绕。安装锚具后用液压镦头器进行冷镦头。镦头的头型直径不得小于钢丝直径的 1.5 倍，镦头高度不小于钢丝直径。

3）预应力筋张拉

（1）张拉条件。

预应力钢筋张拉时，混凝土的强度应满足设计要求，且同条件养护的试件强度不低于设计强度等级值的 75%，梁、板混凝土的龄期分别不少于 7d 和 5d。

（2）张拉控制应力与张拉程序。

① 张拉控制应力。

根据《混凝土结构设计规范》的规定，预应力筋的张拉控制应力 σ_{con} 应满足表 5-2 要求。

表 5-2　张拉控制应力和允许最大应力

项次	预应力筋种类	张拉控制应力 σ_{con}	调整后的最大应力限值 σ_{max}
1	消除应力钢丝、钢铰线	$0.75 f_{ptk}$	$0.80 f_{ptk}$
2	中强度预应力钢丝	$0.70 f_{ptk}$	$0.75 f_{ptk}$
3	预应力螺纹钢筋	$0.85 f_{pyk}$	$0.90 f_{pyk}$

注：1. f_{ptk} 为预应力筋极限抗拉强度标准值；

　　2. f_{pyk} 为预应力筋屈服强度标准值。

② 张拉程序。

预应力筋张拉一般可按下列程序进行。

$$0 \rightarrow 1.05\sigma_{con} \xrightarrow{\text{持荷2min}} \sigma_{con} \rightarrow 固定$$

$$或\ 0 \rightarrow 1.03\sigma_{con} \rightarrow 固定$$

上述张拉程序中，都有超过张拉控制应力的步骤，其目的是减少预应力筋松弛造成的预应力损失。在高应力状态下，钢筋在 1min 内可完成应力松弛的 50%，24h 可完成

80%。前者，先超张拉 5%σ_{con} 经持荷 2min 再调整到控制应力，则可减少大部分松弛损失，建立的预应力值较为准确，但工效较低，且所用锚夹具应能允许反复拆装或调整；后者，将 3%σ_{con} 作为松弛损失的补偿，其特点是工艺简单、工效高，但预应力值的准确度略低。

（3）张拉力计算。

预应力筋的张拉力大小，直接影响预应力效果。因此，设计人员不仅在图纸上要标明张拉力大小，还要注明所考虑的预应力损失项目与取值。以便施工人员据实际情况调整张拉力，确保预应力值准确。

① 预应力筋张拉力。预应力筋的张拉力 P_j 为

$$P_j = \sigma_{con} A_p \tag{5-4}$$

式中　σ_{con}——预应力筋的张拉控制应力；

　　　A_p——预应力筋的截面面积。

预应力筋的张拉控制应力应符合设计要求。施工时如需超张拉，其调整后的最大应力不宜超过表 5-2 的限值。

② 预应力损失。其根据预应力筋应力损失发生的时间可分为瞬间损失和长期损失。张拉阶段瞬间损失包括孔道摩擦损失、锚固损失、弹性压缩损失等；张拉后长期损失包括预应力筋应力松弛损失和混凝土收缩徐变损失等。对先张法施工，有时还有热养护损失；对后张法施工，还有锚口摩擦损失、变角张拉损失等；对平卧重叠生产的构件，还有叠层摩阻损失。

上述预应力损失的主要项目（孔道摩擦损失、锚固损失、应力松弛损失、收缩徐变损失等），设计时都应计算在内。当施工条件变化时，应复算预应力损失值，调整张拉力。

（4）张拉顺序。

预应力筋的张拉顺序应符合设计要求，并根据结构受力特点及操作安全，同时要考虑均匀、对称的原则来确定。对现浇预应力混凝土楼盖，宜先楼板、次梁、再张拉主梁预应力筋；对预制屋架等叠浇构件，应从上至下逐层张拉，且逐层加大拉应力，以减少叠层之间的摩擦力、黏结力引起的预应力损失，但顶底拉应力相差不得超过 5%，如不能满足，应在移开上部构件后，进行二次补强。

（5）张拉要求。

根据预应力混凝土结构的特点、预应力筋形状与长度，以及施工方法的不同，预应力筋张拉要求如下。

① 采用应力控制法张拉时，应校核最大张拉力下预应力筋的伸长值。实测伸长值与计算伸长值的偏差应在 ±6% 以内，否则应查明原因并采取措施后再张拉。必要时，应测定孔道摩擦系数并据实测结果调整张拉控制力。

② 张拉方式。较短的预应力筋可一端张拉；对长度大于 20m 的曲线预应力筋和长度大于 35m 的直线预应力筋，应两端张拉，以减少预应力损失。两端张拉可两端同时进行，也可一端张拉锚固后，在另一端补足。当预应力筋长度超过 50m 时，宜采取分

段张拉和锚固的措施。

③ 对配有多束预应力筋的构件或结构应分批、对称进行张拉。此时应考虑，后批预应力筋张拉所产生的混凝土弹性压缩对先批造成的预应力损失，所以先批的张拉力，应加上该弹性压缩损失值。

④ 预应力筋张拉后应可靠锚固，且不应有断丝或滑丝。

4）孔道灌浆与封锚

预应力筋张拉后，对腐蚀极为敏感，应及时进行孔道灌浆，以防止预应力筋锈蚀、增加预应力筋与混凝土间的黏结，也有利于结构的整体性和耐久性。灌浆应密实、饱满。

（1）灌浆材料。

灌浆所用的水泥浆，应具备强度高、黏结力大、流动性大、干缩性及泌水性小等特点。因此，配制水泥浆常采用强度等级不低于 42.5 的普通硅酸盐水泥（泌水率小），水灰比不得大于 0.45；普通灌浆时稠度宜为 12～20s，真空辅助灌浆宜为 18～25s；搅拌后 3h 泌水率宜为 0，且不应大于 1%，泌水应在 24h 内全部被水泥浆吸收。浆体的强度不得低于 30MPa。为了增加灌浆的密实度和强度，可使用对预应力筋无锈蚀作用的膨胀剂和减水剂，但 24h 的膨胀率应不大于 6%，采用真空灌浆工艺时不应大于 3%。

（2）灌浆施工。

灌浆施工应在 5～35℃ 的环境下进行。施工前应全面检查构件孔道及灌浆孔、泌水孔、排气孔是否畅通。对抽芯法留设的孔道可采用压力水冲洗；对预埋管孔道可采用压缩空气清孔。灌浆前，应采用水泥浆或水泥砂浆封闭锚具缝隙，待封堵材料的抗压强度大于 10MPa 后方可灌浆。

灌浆顺序宜先灌下层孔道，后灌上层孔道，以免漏浆堵塞；直线孔道灌浆，应从构件的一端到另一端；曲线孔道灌浆，应从孔道最低处开始向两端进行。

灌浆应缓慢均匀地进行，不得中断，并应排气通畅，在孔道两端冒出浓浆并封闭排气孔后，宜再继续加压至 0.5～0.7MPa，稳压 1～2min 后封闭灌浆孔。

水泥浆拌制后至灌浆完毕的时间不得超过 30min。较长的孔道宜采用真空辅助灌浆（一端抽真空，另一端压浆）。

（3）封锚。

张拉后应切除多余预应力筋，其露出锚具的长度应不小于 1.5 倍预应力筋直径，且不小于 30mm，宜采用机械切割。灌浆后，按照设计要求进行封端处理。对凹入式锚固区，常用微胀混凝土或低收缩防水砂浆密封。对凸出式锚固区，可采用外包钢筋混凝土圈梁封闭。锚具的保护层厚度不得小于 50mm。预应力筋的保护层厚度，正常环境下不小于 20mm，易受腐蚀的环境下不小于 50mm。

无黏结预应力施工

2. 后张无黏结预应力施工

无黏结预应力是后张法预应力的一个分支，是指预应力筋不与混凝土接触、仅通过锚具传递预应力的方法。施工时，把无黏结预应力筋安装固定在模板内，然后浇筑混凝土，待混凝土达到要求的强度时，进行预应力张拉和锚固。与后张有黏结预应力相比，其占用空间小，施工简单，无须预留孔道和孔道灌浆。在受力方面，当荷载作用于结构或构件不同位置时，预应力筋可自行调整使各部位的应力基本相同。但构件整体性略差，对锚具要求高。该法在现浇楼板中应用最为广泛。

1）无黏结预应力筋的组成

无黏结预应力筋（图 5.23）由预应力筋、涂料层和护套组成。其预应力筋一般采用钢绞线、钢丝等柔性较好的钢材制作。涂料层主要起润滑、防腐蚀作用，且有较好的耐高低温和耐久性，常用油脂、环氧树脂等。护套材料应具有足够的刚度、强度及韧性，且能防水抗蚀，低温不脆化，高温化学稳定性好，常用高密度的聚乙烯或聚丙烯。其厚度不得小于 1mm，表面应光滑、无裂纹和褶皱。材料进场时，除应作抗拉强度、伸长率检验外，还应进行防腐润滑脂量和护套厚度的检验；材料进场后，应成盘立放，避免挤压和暴晒。

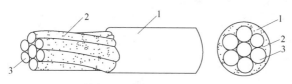

1—护套；2—涂料层；3—预应力筋。

图 5.23　无黏结预应力筋

2）无黏结预应力筋的铺设

（1）铺设顺序。

无黏结预应力筋的铺设，通常是在非预应力筋安装后进行，并按先低后高的顺序铺设，避免两个方向的无黏结预应力筋相互穿插编结。

（2）就位固定。

无黏结预应力筋应按设计要求的位置进行固定。竖向位置，宜用支撑钢筋或钢筋马凳控制，其间距为 1～2m。水平位置应保持顺直。在支座部位，无黏结预应力筋可直接绑扎在梁或墙的顶部钢筋上。

（3）端部做法。

无黏结预应力筋应按施工图所标预应力筋的位置，将张拉端的模板钻孔。张拉端的承压板钉固在端模板上或焊在钢筋上［图 5.24（a）］；当张拉端采用凹入式作法时，可采用泡沫塑料或塑料穴模等形成凹口［图 5.24（b）］。固定端锚座应与其他钢筋绑扎或焊接固定，并使挤压锚具的套筒与锚座顶紧［图 5.24（c）］。若预应力筋为曲线筋或折线形式时，曲线段的起始点至张拉锚固点应有不小于 300mm 的直线段，固定承压板时应保证与预应力筋末端的切线垂直。

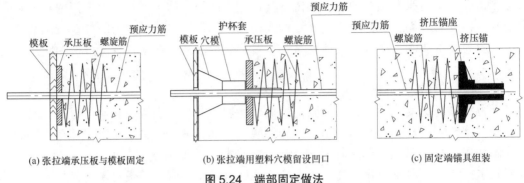

(a) 张拉端承压板与模板固定   (b) 张拉端用塑料穴模留设凹口   (c) 固定端锚具组装

图 5.24　端部固定做法

3）混凝土浇筑

无黏结预应力筋应经隐蔽工程验收合格后，方可浇筑混凝土。无黏结预应力筋的护套不得有破损。混凝土浇筑时，严禁踏压碰撞无黏结预应力筋、支撑钢筋及端部预埋件；张拉端与固定端混凝土应仔细捣实。

4）无黏结预应力筋的张拉

张拉前应清理承压板表面，并检查承压板后面的混凝土质量。混凝土楼盖结构，宜先张拉楼板，后张拉次梁、主梁。板中的无黏结预应力筋，可依次张拉。梁中的无黏结预应力筋宜对称张拉。张拉时一般采用前置内卡式千斤顶单根张拉，并用单孔夹片锚具锚固。

无黏结曲线预应力筋的长度超过 40m 时，宜采取两端张拉。当筋长超过 50m 时，宜采取分段张拉。

5）无黏结预应力筋的端部处理

无黏结预应力筋张拉完成后，应及时对锚固区进行保护。锚固区必须有严格的密封防护措施，严防水汽进入产生锈蚀。

先切除多余的预应力筋，使锚固后的外露长度不小于 $1.5d$ 和 30mm，多余部分用砂轮锯或液压剪切割，不得用热熔法切割。在锚具与承压板表面涂防锈漆或环氧涂料、锚具端头涂防腐润滑油脂后，罩上封端塑料盖帽，再用微胀混凝土或低收缩防水砂浆密封，即封锚处理（图 5.25）。

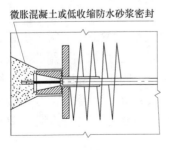
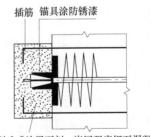

(a) 凹口式的封锚处理   (b) 外露式的封锚处理

图 5.25　封锚方法示意

3.后张缓黏结预应力施工

缓黏结预应力是一种新的后张法预应力施工技术。它综合了无黏结预应力与有黏结预应力各自的优点。缓黏结预应力筋（图 5.26）截面小、布筋自由、使用方便、张拉阻力小、无须留设孔道和压浆，又具有构件整体性好、锚固能力及抗腐蚀性强等优点。

缓黏结预应力筋的作用机理是在预应力筋的外侧包裹一种特殊的缓凝砂浆或胶黏剂，这种砂浆或胶黏剂在 5 ～ 40℃密闭条件下，能够根据工程实际需要，在一定时期内不凝结，以满足施工现场张拉预应力筋的时间要求。其后开始逐渐硬化，并对预应力筋产生握裹、保护作用，最终达到一定的抗压强度。

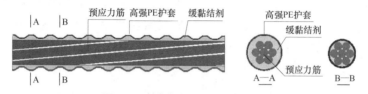

图 5.26　缓黏结预应力筋剖面图

缓黏结预应力施工工艺与无黏结预应力施工工艺基本相同，不再赘述。

5.2　先张法施工

先张法是先在台座上张拉预应力筋，并临时固定于台座，然后浇筑混凝土，养护至设计强度等级的 75% 以上后断筋放张，预应力筋回弹，通过黏结锚固效应，对构件混凝土施加预压应力。其主要施工过程如图 5.27 所示。先张法具有钢筋和混凝土之间黏结可靠度高、构件整体性好、节省锚具、经济效益高等优点；缺点是生产占地面积大，养护要求高，必须有承载能力强且刚度大的台座。因此仅适用于构件厂生产中小型构件。

先张法制作
预应力板

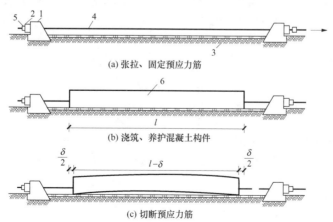

1—台座；2—横梁；3—台面；4—预应力筋；5—锚固夹具；6—混凝土构件。

图 5.27　先张法主要施工过程

5.2.1 设备与机具

1. 台座

台座是先张法生产的主要设备，将承受预应力筋的全部张拉力，故应有足够的强度、刚度和稳定性。

台座种类有固定于地面的墩式台座和槽式台座，也可利用专用的钢模板作为台座，即钢模板台座。

1）墩式台座

墩式台座主要靠台座自重和土压力来平衡张拉力及其引起的倾覆力矩。其基本形式有重力式（图 5.28）和构架式（图 5.29）。墩式台座长度一般可达 100 ~ 150m，张拉一次预应力筋可生产多个构件，不但能减少张拉的工作量，还可减少应力损失，常用于生产屋架、空心板、平板等中小型构件。

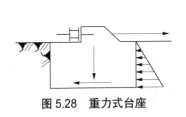

图 5.28　重力式台座

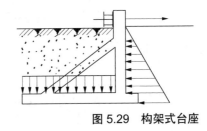

图 5.29　构架式台座

2）槽式台座

槽式台座（图 5.30）具有通长的钢筋混凝土压杆，故可承受较大的张拉力和倾覆力矩。其由于压杆上加砌砖墙等形成槽状，便于覆盖进行蒸汽养护，故常用于生产梁、屋架等预应力较大的构件或双向预应力构件。

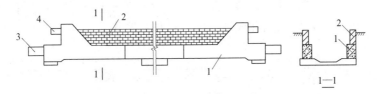

1—钢筋混凝土压杆；2—砖墙；3—下横梁；4—上横梁。

图 5.30　槽式台座

3）钢模板台座

钢模板台座是将具有足够刚度的钢模板作为预应力筋的锚固支座，一块模板中可制作 1 个或几个构件，便于移位和吊运至蒸汽池养护，常在流水线上使用，主要用于楼板、管桩、轨枕等小型构件制作。

2. 张拉机具与夹具

预应力张拉常采用液压千斤顶作为主要张拉机具，并使用悬吊、支撑、连接等配套组件。夹具是在先张法施工中用于夹持或固定预应力筋的工具，可重复使用。将预

应力筋与张拉机械相连的夹持工具称为张拉夹具，张拉后将预应力筋固定于台座的称
为锚固夹具。应根据预应力筋种类及数量、张拉与锚固方式不同，选用相应的张拉机
具和夹具。

1）单根钢筋张拉

单根螺纹钢筋的张拉常用拉杆式千斤顶，其张拉原理如图 5.31 所示。张拉时，将
千斤顶的螺母头与钢筋螺纹旋紧而连接。张拉后，通过垫板和拧紧的锚具螺母锚固于台
座横梁。

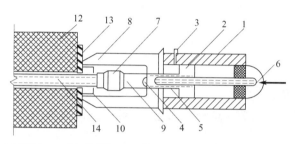

1—主缸；2—主缸活塞；3—主缸进油孔；4—副缸；5—副缸活塞；6—副缸进油孔；7—连接器；
8—传力架；9—拉杆；10—螺母；11—预应力筋；12—台座横梁；13—钢板；14—螺纹钢筋。

图 5.31　拉杆式千斤顶张拉单根螺纹钢筋原理图

2）多根钢筋成组张拉

张拉成组的多根钢筋或钢绞线时，可采用三横梁装置，通过台座式液压千斤顶顶推
张拉横梁进行张拉（图 5.32）。其张拉夹具固定于张拉横梁上，张拉后，将锚固夹具锁
固于前横梁上。

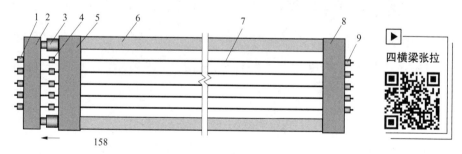

1—张拉夹具；2—张拉横梁；3—台座式千斤顶；4—待锁紧锚固夹具；
5—前横梁；6—台座传力柱；7—预应力筋；8—后横梁；9—固定锚具。

图 5.32　三横梁张拉装置示意图（张拉中）

所用锚固夹具，对螺纹钢筋可采用螺母锚具；对非螺纹钢筋可采用套筒夹片锚具。
施工中应使各钢筋锚固长度及松紧程度一致。

3）钢丝张拉

钢丝常采用多根成组张拉。先将钢丝进行冷镦头，固定于模板端部的梳筋板夹具

（图 5.33，楼板用）上，用千斤顶的张拉抓钩拉动梳筋板，再通过螺母锚固于钢模板横梁上。当采取单根钢丝张拉时，可使用夹片夹具（图 5.34）。

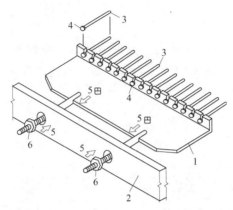

1—梳筋板；2—钢模板横梁；3—钢丝；4—镦头；5—千斤顶张拉时抓钩孔及支撑位置示意；6—固定用螺母。

图 5.33　钢模板上张拉用的梳筋板夹具

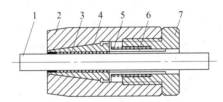

1—钢丝；2—套筒；3—夹片；4—钢丝圈；5—弹簧圈；6—顶杆；7—顶盖。

图 5.34　单根钢丝夹片夹具

5.2.2　先张法施工工艺

1. 预应力筋下料

先张法长线台座预应力筋下料长度如图 5.35 所示，其下料长度 L 的基本算法见式（5-5）。

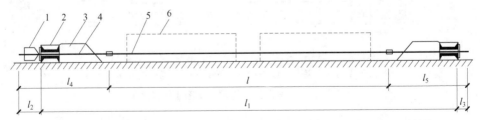

1—张拉装置；2—钢横梁；3—台座；4—工具式拉杆；5—预应力筋；6—待浇筑混凝土构件。

图 5.35　先张法长线台座预应力筋下料长度计算简图

$$L = l_1 + l_2 + l_3 - l_4 - l_5 \qquad (5\text{-}5)$$

式中　　l_1——长线台座长度；

　　　　l_2——张拉装置长度（含外露预应力筋长度）；

　　　　l_3——固定端所需长度；

　　　　l_4、l_5——张拉端、固定端工具式拉杆长度。

若预应力筋直接在钢横梁上张拉和锚固，则不计算公式中 l_4 和 l_5 值。

2. 预应力筋张拉

预应力筋的张拉应根据设计要求，严格按张拉控制应力及张拉程序进行。

（1）做好材料、设备检查，并做好预应力筋张拉记录。

（2）在已张拉预应力钢筋后进行其他钢筋绑扎、预埋铁件安装、模板安装，以及混凝土浇筑等操作时，要防止踩踏、敲击或碰撞预应力筋。

（3）单根张拉时，应从台座中间向两侧对称进行，以防偏心损坏台座。多根成组张拉时，应用测力计抽查钢筋的应力，保证各预应力筋的初应力一致。

（4）张拉要缓慢进行。顶紧夹片时，用力不要过猛，以防钢丝折断。在拧紧螺母时，应注意压力表读数始终保持所需的张拉力。

（5）预应力筋张拉完毕后，与设计位置的偏差不得大于 5mm，也不得大于构件截面最短边长的 4%。

（6）冬施张拉时，环境温度不得低于 −15℃。

（7）台座两端应有防护设施，端头严禁站人，也不准进入台座。

3. 混凝土施工

预应力筋张拉完成后，应及时浇筑混凝土。混凝土应采用低水灰比，并控制水泥用量和骨料级配，以减少收缩和徐变，降低预应力损失。混凝土的浇筑必须一次完成，不允许留设施工缝。应振捣密实，振捣设备不得碰撞预应力筋。

混凝土可采用自然养护或蒸汽养护。若在台座上进行蒸汽养护，应采用二次升温法，即控制初期升温速度，以免预应力筋膨胀而台座长度无变化引起的预应力损失，当混凝土强度养护至 10MPa 以上后，转入正常蒸养温度。

4. 预应力筋放张

1）放张条件

预应力筋放张时，混凝土强度必须符合设计要求。当设计无要求时，不得低于设计等级值的 75%。以减少预应力筋滑动等引起的预应力损失。

2）放张顺序

预应力筋的放张顺序应符合设计要求。若设计无规定，可按下列要求进行。

（1）轴心受压的构件（如拉杆、桩等），所有预应力筋应同时放张。

（2）受弯或偏心受压的构件（如梁等），应先同时放张预压力较小区域的预应力筋，再同时放张预压力较大区域的预应力筋。

（3）如不能满足第（2）条规定或不能缓慢放张时，应分阶段、对称、交错地放张，以防止在放张过程中构件产生弯曲、裂纹和预应力筋断裂。

3）放张方法

（1）板类构件。放张宜从生产线中间处开始，以减少回弹量且有利于脱模。对每一块板，应从外向内对称放张，以免构件扭转而端部开裂。其钢丝或细钢筋，可直接用钢丝钳剪断或切割机锯断。

（2）粗钢筋放张。放张应缓慢进行，以防击碎端部混凝土，目前常采用千斤顶放张。放张时，对单根钢筋应拉动钢筋、松开螺母，然后缓慢回油放松；对多根成组钢筋应推动钢梁、退出夹片，再缓慢回油放松。

习 题

一、单项选择题

1. 可用于锚固钢丝束的锚具是（　　）。
　　A. 多孔夹片锚具　　　　　　　B. 挤压锚具
　　C. 螺母锚具　　　　　　　　　D. 镦头锚具

2. 采用钢管抽芯法留设孔道时，抽管时间宜为混凝土（　　）。
　　A. 达到30%设计强度　　　　　B. 初凝前
　　C. 初凝后，终凝前　　　　　　D. 终凝后

3. 采用预埋波纹管法留设孔道的预应力混凝土梁，其预应力筋可一端张拉的是（　　）。
　　A. 长度为28m的弯曲孔道　　　B. 长度为30m的直线孔道
　　C. 长度为22m的弯曲孔道　　　D. 长度为36m的直线孔道

4. 某现浇框架结构中，厚度为150mm的多跨连续预应力混凝土楼板，其预应力施工宜采用（　　）。
　　A. 先张法　　　　　　　　　　B. 铺设无黏结预应力筋的后张法
　　C. 预埋波纹管留孔道的后张法　D. 钢管抽芯预留孔道的后张法

5. 先张法预应力筋放张时，构件混凝土强度不得低于设计强度等级值的（　　）。
　　A. 25%　　　　B. 50%　　　　C. 75%　　　D. 100%

二、填空题

1. 后张法预应力混凝土工程，根据预应力筋与周围混凝土的作用关系分为_____预应力工程、_____预应力工程和_____预应力工程三类。

2. 对孔道成型的基本要求是：孔道的_____必须准确，孔道应平顺，接头应严密，端部预埋钢板应与_____垂直。

3. 有黏结预应力混凝土施工中，孔道灌浆工序中所配置的水泥浆常采用强度等级不低于_____的_____水泥，水灰比不得大于_____。

4. 锚具的保护层厚度不应小于_____mm；预应力筋的保护层厚度，在正常环境

下，不小于_____mm，易受腐蚀环境下，不小于_____mm。

5. 先张法中所用的夹具，按用途不同可分为_____夹具和_____夹具。

三、术语解释题

1. 后张法
2. 锚具
3. 胶管抽芯法
4. 缓黏结预应力
5. 台座

四、简答题

1. 试述预应力混凝土先张法与后张法在施工顺序上的区别，各自特点及适用范围。
2. 简述后张法的施工过程。
3. 试述后张法预应力筋的张拉顺序。
4. 锚固夹具与锚具有哪些异同点？
5. 先张法施工时，预应力筋放张的条件与放张的方法有哪些？

五、计算绘图题

1. 某预应力混凝土构件采用有黏结后张法施工，所留设孔道为抛物线形，其水平长度为 23.6m，孔道抛物线矢高 0.7m，采用钢绞线束作为预应力筋，拟用 YCQ100 型千斤顶两端张拉。千斤顶外形尺寸为 $\phi 258 \times 440$mm，其夹片式工具锚厚度为 50mm，工作锚厚度为 60mm，试计算钢绞线束下料长度。

2. 某工程跨度为 15m 的空心楼板，采用后张法施工，设计采用标准强度 $f_{ptk}=1860$MPa 的高强低松弛钢绞线作为无黏结预应力筋，公称直径 $\phi 15.2$mm，公称面积 $A_g=140$mm²；弹性模量 $E_g=1.95 \times 10^5$MPa。试确定张拉程序并计算张拉力。

在线答题

拓展习题

第6章

结构安装工程

知识结构图

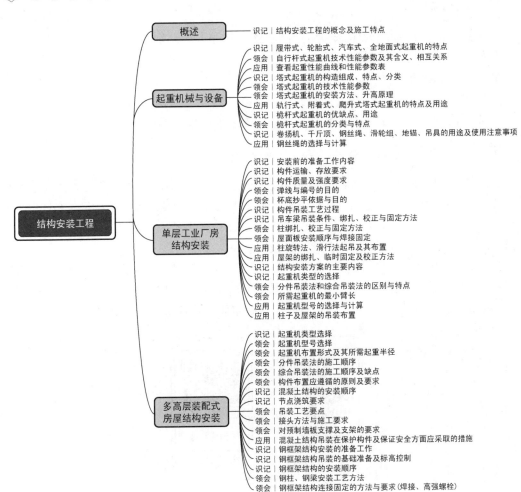

结构安装工程

概述 ── 识记│结构安装工程的概念及施工特点

起重机械与设备
- 识记│履带式、轮胎式、汽车式、全地面式起重机的特点
- 领会│自行杆式起重机技术性能参数及其含义、相互关系
- 应用│查看起重性能曲线和性能参数表
- 识记│塔式起重机的构造组成、特点、分类
- 领会│塔式起重机的技术性能参数
- 领会│塔式起重机的安装方法、升高原理
- 应用│轨行式、附着式、爬升式塔式起重机的特点及用途
- 识记│桅杆式起重机的优缺点、用途
- 领会│桅杆式起重机的分类与特点
- 识记│卷扬机、千斤顶、钢丝绳、滑轮组、地锚、吊具的用途及使用注意事项
- 应用│钢丝绳的选择与计算

单层工业厂房结构安装
- 识记│安装前的准备工作内容
- 识记│构件运输、存放要求
- 识记│构件质量及强度要求
- 领会│弹线与编号的目的
- 领会│杯底抄平依据与目的
- 识记│构件吊装工艺过程
- 识记│吊车梁吊装条件、绑扎、校正与固定方法
- 领会│柱绑扎、校正与固定方法
- 领会│屋面板安装顺序与焊接固定
- 应用│柱旋转法、滑行法起吊及其布置
- 应用│屋架的绑扎、临时固定及校正方法
- 识记│结构安装方案的主要内容
- 识记│起重机类型的选择
- 领会│分件吊装法和综合吊装法的区别与特点
- 领会│所需起重机的最小臂长
- 应用│起重机型号的选择与计算
- 应用│柱子及屋架的吊装布置

多高层装配式房屋结构安装
- 识记│起重机类型选择
- 领会│起重机型号选择
- 领会│起重机布置形式及其所需起重半径
- 领会│分件吊装法的施工顺序
- 领会│综合吊装法的施工顺序及缺点
- 领会│构件布置应遵循的原则及要求
- 识记│混凝土结构的安装顺序
- 识记│节点浇筑要求
- 领会│吊装工艺要点
- 领会│接头方法与施工要求
- 领会│对预制墙板支撑及支架的要求
- 应用│混凝土结构吊装在保护构件及保证安全方面应采取的措施
- 识记│钢框架结构安装的准备工作
- 识记│钢框架结构吊装的基础准备及标高控制
- 识记│钢框架结构的安装顺序
- 领会│钢柱、钢梁安装工艺方法
- 领会│钢框架结构连接固定的方法与要求(焊接、高强螺栓)

装配式结构是房屋建筑结构的一个重要发展方向，近年来得到了快速发展。装配式结构的全部构件为预制，在施工现场用起重机械安装成整体，具有施工速度快、节约模板、减少现场垃圾、利于保护环境等优点。

6.1　概　　述

结构安装就是利用起重机械设备将预制构件或部分结构安装到设计位置的施工过程，是装配式结构施工的主导工程。

结构安装工程施工的主要特点如下：

（1）工期短，工业化、信息化程度高，且利于绿色、环保；

（2）预制构件或结构的类型和质量直接影响吊装进度和质量；

（3）安装方法及起重机械的选择是关键；

（4）构件在运输、吊装中受力与设计承载力差异大且复杂；

（5）高空作业多易发生安全事故，应采取有效技术措施，加强安全管理。

在结构吊装作业前，必须编制吊装作业的专项施工方案，并应进行安全技术措施交底；在结构吊装作业中应严格执行。

6.2　起重机械与设备

建筑工程所用的起重机械与设备，是能将构件或材料运送到一定高度空间并配合施工作业或安装的机械设备。其选择、安装与使用，对工程能否实施及其质量、安全、工期、费用影响巨大。常用的起重机械有自行杆式起重机、塔式起重机和桅杆式起重机三大类，索具设备包括卷扬机、千斤顶、钢丝绳、滑轮组、地锚及吊具等。

6.2.1　自行杆式起重机

自行杆式起重机是带有起重臂杆，并可在路面或场地上行走的起重机械，包括履带式起重机、汽车式起重机、轮胎式起重机和全地面式起重机四个子类。

1.履带式起重机

履带式起重机（图6.1）主要由机身、起重臂、行走机构、起重机构和回转机构等部分组成，广泛应用于装配式单层、多层房屋等的结构吊装及多种吊运作业。其优点是功能多、起吊能力大、场地适应性强、能吊载行驶。缺点是行驶速度慢，转场较困难。履带式起重机有多种型号，国产机型最大起重量可达4500t。

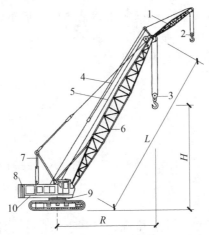

1—副臂；2—副吊钩；3—主吊钩；4—副臂固定索；5—起升钢丝绳；6—起重臂；

7—门架；8—平衡重；9—回转支承；10—转台；L—起重臂长度；H—起重高度；R—起重半径。

图 6.1　履带式起重机构造简图

履带式起重机的技术性能参数主要包括：起重量 Q、起重半径 R 和起重高度 H。起重量是指吊钩能吊起的质量；起重半径也称起重回转半径或起重幅度，是指起重机回转中心至吊钩的水平距离；起重高度是指吊钩至停机面的垂直距离。起重机的臂长可通过增加或减少标准节而改变。当起重臂长度一定，随着其仰角的增加，起重半径 R 将减小，而起重高度 H 和起重量 Q 将增加；若其仰角减小则反之。

履带式起重机的主要技术性能可查阅履带式起重机的主要技术性能参数表或履带式起重机性能曲线，如表 6-1，图 6.2 所示。

表 6-1　几种履带式起重机的主要技术性能参数

性能参数		单位	机械型号							
			W_1–100		QUY50			LR1400		
起重臂长度		m	13	23	13	28	52	21	56	91
最小起重半径		m	4.23	6.5	3.7	6	10	4.5	9	14
最大起重半径		m	12.5	17	12	24	34	20	48	80
起重量	最小起重半径时	t	15	8	50	24.2	10.3	350	194	93
	最大起重半径时	t	3.5	1.7	10	3.5	1.1	87	22.8	2.4
起重高度	最小起重半径时	m	11	19	12	30	50	19	53	88
	最大起重半径时	m	5.8	16	6.4	15	40	8	29	44

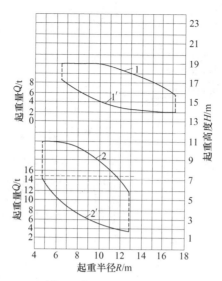

1、2—臂长 L=23m、13m 时的 R-H 曲线；1′、2′—臂长 L=23m、13m 时的 Q-R 曲线。

图 6.2　W_1-100 型履带式起重机性能曲线

2. 汽车式起重机

汽车式起重机是一种自行、全回转、起重机构安装在汽车底盘上的起重机。它的行驶速度快、机动性能好，但作业时必须使用支腿，因而不能负荷行驶，可用于材料及构件的装卸和结构吊装工作。该类机械多采用伸缩式起重臂，按其动力传送方式分为 Q 型（机械传动），QY 型（液压传动），QD 型（电机驱动）。图 6.3 是最大起重量为 70t 的液压传动汽车式起重机。

图 6.3　QY70 汽车式起重机

汽车式起重机作业时，应先压实场地，放好支腿，将转台调平。吊装作业时一般不允许改变臂长。

3. 轮胎式起重机

轮胎式起重机是一种自行式、全回转、起重机构安装在重型轮胎和特制底盘上的起重机。其优点是起重及越野性能好，起重量小时可不用支腿，缺点是行驶速度较慢。

255

图 6.4 是最大起重量为 55t 的伸缩臂杆液压传动轮胎式起重机。

图 6.4　LY55 轮胎式起重机

4. 全地面式起重机

全地面式起重机是一种多桥驱动，能在崎岖、狭小、泥泞、陡坡路段通过，兼有汽车式和轮胎式起重机优点的新型起重设备。该种机械起重及越野能力强、行驶速度快、能实现全轮转向，起重量较小时可不用支腿。目前，有起重量 30 ～ 2400t，臂长 30 ～ 180m 等多种机型。图 6.5 为最大起重量为 240t 的液压传动全地面式起重机。

图 6.5　QAY-240 全地面式起重机

6.2.2　塔式起重机

塔式起重机种类与构造组成

塔式起重机（塔吊）主要由起升、变幅、回转、顶升机构以及动力、安全、操控装置等组成。其结构主要包括底座（或行走台车）、塔身、塔头、起重臂、平衡臂等，如图 6.6 所示。

由于塔身竖直、起重臂安装在顶部，能最大限度地靠近建筑物，并可 360° 全回转，有效高度和工作空间大，工作效率高，司机视野好，因此在建筑施工中得到广泛应用。

塔式起重机有多种形式和型号，其主要技术性能参数包括起重量 Q、起重高度 H、起重幅度 R 和起重力矩 M。其型号常用最大起重力矩

（t•m）表示，或用最大起重回转半径（m）与相应的起重量（kN）表示。如图 6.6 所示 QTZ-63 塔式起重机，其额定起重力矩为 63t•m，该机型号也可写成"QTZ4810"。

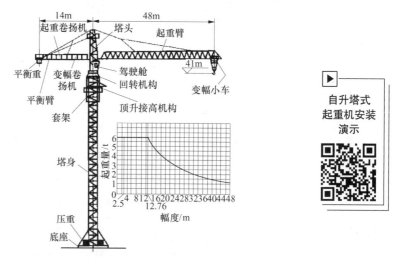

图 6.6　QTZ-63 塔式起重机外形及性能

塔式起重机的初始安装需利用自行杆式起重机，安装完一个基本高度后，可通过本身的自升系统向上接高塔身（图 6.7）或整体爬升。

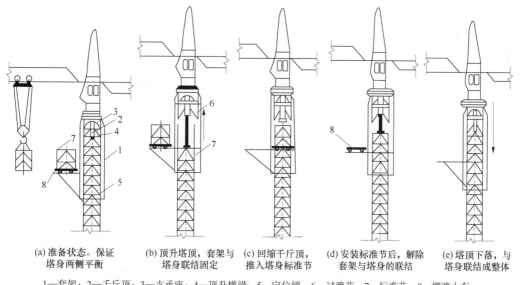

(a) 准备状态。保证　(b) 顶升塔顶，套架与　(c) 回缩千斤顶，　(d) 安装标准节后，解除　(e) 塔顶下落，与
塔身两侧平衡　　　塔身联结固定　　　推入塔身标准节　　套架与塔身的联结　　塔身联结成整体

1—套架；2—千斤顶；3—支承座；4—顶升横梁；5—定位销；6—过渡节；7—标准节；8—摆渡小车。

图 6.7　塔式起重机的自升过程示意图（千斤顶中置式）

塔式起重机按照架设形式分为固定式塔式起重机、附着式塔式起重机、轨行式塔式起重机和爬升式塔式起重机（图 6.8）。按变幅方式分为小车变幅和动臂变幅（图 6.9）。小车变幅，是通过拉动水平起重臂下的变幅小车来改变起重半径。动臂变幅，是通过起重臂俯仰角度的变化来改变起重半径，不但起重能力强，还能适应回转空间小或群塔作业的工程。

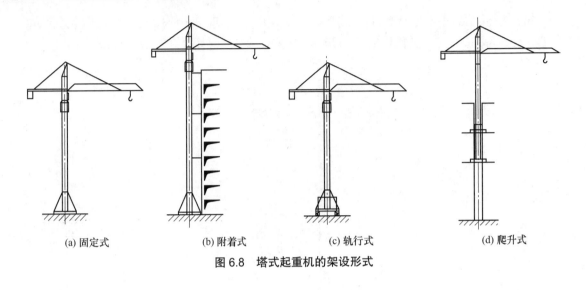

(a) 固定式 (b) 附着式 (c) 轨行式 (d) 爬升式

图 6.8 塔式起重机的架设形式

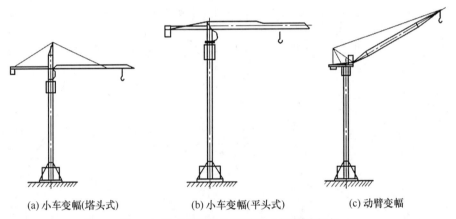

(a) 小车变幅(塔头式) (b) 小车变幅(平头式) (c) 动臂变幅

图 6.9 塔式起重机的塔臂形式与变幅方式

1. 附着式塔式起重机

附着式塔式起重机是将塔身直接固定在建筑物近旁或内部的混凝土基础上。当塔身接高至约 40m 时，每隔 20m 左右需将塔身与建（构）筑物附着联结，以增加塔身的刚度，提高稳定性。同时，始终使其上部自由高度不超过规定高度（如 30m），以保证起重能力和安全性。该种塔式起重机适用于高层建筑或高耸构筑物的施工。常用型号有 QTZ63、QTZ100、QTZ125、FO/23B 等。

2. 轨行式塔式起重机

轨行式塔式起重机是在塔身下安装行走台车和相应机构而成。常用型号有 QTZ63、QTZ80、FO/23B 等。其特点是通过轨道行驶可大大扩展服务空间，但稳定性较差，常用于长度较大的多层建筑的施工。

3. 爬升式塔式起重机

爬升式塔式起重机是安装在建筑物结构上（如核心筒、电梯井或特设开间等），利用自身的提升或液压顶升系统，通过套架或支撑架与塔身相互作用，随建筑物升高而向上爬升。一般每施工 2 个楼层爬升一次。其体积小、不占施工场地、起升高度大（但受卷筒容绳量限制）、覆盖范围和起重能力能得到充分利用，适于高耸的或现场狭窄的高层、超高层结构施工。其爬升过程如图 6.10 所示。

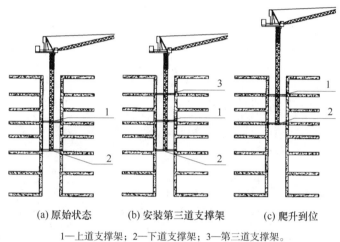

(a) 原始状态　　(b) 安装第三道支撑架　　(c) 爬升到位

1—上道支撑架；2—下道支撑架；3—第三道支撑架。

图 6.10　爬升式塔式起重机的爬升过程

6.2.3　桅杆式起重机

桅杆式起重机主要由拔杆、滑轮组、卷扬机、缆风绳及锚碇等组成。其具有构造简单、可按需设计制作等优点，但服务半径小、移动困难，现场缆风绳多易影响其他施工作业。桅杆式起重机可用于安装工程量集中、无需起重机移动的工程，如网架提升、设备安装等。

常用的桅杆式起重机有独脚拔杆、人字拔杆、悬臂拔杆和牵缆桅杆起重机（图 6.11）。

（1）独脚拔杆。其拔杆有圆木、钢管或型钢格构等形式。拔杆作业时的倾角 β 不得大于 10°。

（2）人字拔杆。其优点是侧向稳定性较好，缺点是构件起吊空间小。两杆夹角不宜超过 30°，起重时拔杆前倾不得超过 10°。

（3）悬臂拔杆。其起重臂可以左右转动和上下起伏，其特点是起重高度和工作空间较大，但起重量较小，需两台卷扬机。

（4）牵缆桅杆。其具有可全回转和起伏的起重臂，可扩大服务范围，起重量大且操作灵活。但臂杆安装位置低，服务空间受限。

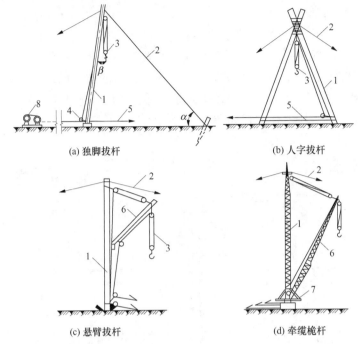

(a) 独脚拔杆　　　　　　　　(b) 人字拔杆

(c) 悬臂拔杆　　　　　　　　(d) 牵缆桅杆

1—拔杆；2—缆风绳；3—起重滑轮组；4—导向滑轮；5—拉索；6—起重臂；7—回转盘；8—卷扬机。

图 6.11　桅杆式起重机

6.2.4　索具设备

垂直运输及结构安装工程施工中除需提升及起重机械外，还要使用许多辅助工具及设备，如卷扬机、千斤顶、钢丝绳、滑轮组、地锚及吊具等。

1. 卷扬机

卷扬机（图 6.12）是通过卷筒卷绕钢丝绳产生牵引力的起重设备，主要由电动机、齿轮变速箱、制动器和卷筒组成。常用卷扬机的牵引拉力为 4 ～ 50kN。

图 6.12　电磁制动的卷扬机

卷扬机在使用时应注意：

① 钢丝绳放出的最大长度，要保证其在卷筒上的缠绕量不少于 5 圈，以免固定端拉脱。

② 卷扬机安装位置，距吊装作业区的安全距离不得少于 15m。司机的视仰角应小于 30°，以保证观察和构件就位准确。与其前面第一个导向轮的距离不少于 20 倍卷筒宽度，以利钢丝绳在卷筒上均匀缠绕而不乱绳，当距离不能满足要求时应设排绳器。

③ 钢丝绳应水平地从筒下绕入，以减小倾覆力矩。

④ 卷扬机宜采用地脚螺栓与基础固定牢固。当采用地锚固定时，卷扬机前端应设置固定止挡。

2. 千斤顶

在结构安装中，千斤顶可用于校正构件的安装偏差和矫正构件的变形，又可以顶升或提升大跨度屋盖等。常用千斤顶（图 6.13）有螺旋式千斤顶和液压式千斤顶。

(a) 螺旋式千斤顶　　　　　(b) 通用液压式千斤顶　　　　　(c) 提升液压式千斤顶

图 6.13　常用千斤顶

螺旋式千斤顶是通过往复扳动手柄，通过齿轮传动使顶举件上升，而进行顶举的千斤顶。其常用于构件校正或起重量较小的作业。为进一步降低外形高度和增大顶举距离，可做成多级伸缩式。

液压式千斤顶是采用柱塞或液压缸作为刚性顶举件的千斤顶。通用液压式千斤顶可用于起重、校正、推移、卸荷等多种作业。工作时，只要往复扳动手动油泵的摇把或开动液压油泵，不断向油缸内压油，就迫使活塞及活塞上面的重物一起向上运动。打开回油阀，油缸内的高压油便流回储油腔，活塞与重物一起下落。

提升式千斤顶是将预应力锚具锚固技术与液压式千斤顶技术有机融合而成。所组成的液压提升系统是通过锚具锚固钢绞线，再利用计算机集中控制的液压泵站输出高压油，驱动千斤顶活塞动作，带动钢绞线与构件移动，实现大型构件的整体同步提升（或下降、连续平移）。

选用时，千斤顶的额定起重量应大于所起重构件的质量，多台联合作业时应大于所分担起重量的 1.2 倍。

3. 钢丝绳

钢丝绳是由若干根钢丝扭合为一股，再由若干股围绕储油绳芯扭合而成的。通常规格是以"股数 × 每股丝数"表示，施工中常用的有 6×19、6×37、6×61 等，6×19、6×37 钢丝绳断面如图 6.14 所示。绳径相同时，每股钢丝越多则绳的柔性越好。按丝捻成股与按股捻成绳的方向，分为交互捻和同向捻等。前者在使用中不易扭转和松散，在起重作业中广泛使用。后者的表面顺滑、柔软、寿命长，但易扭转而松散，只用作缆风绳或牵引绳。

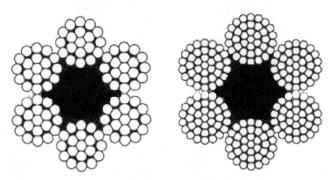

图 6.14 6×19、6×37 钢丝绳断面

钢丝绳的容许拉力 $$[S] \leqslant \frac{P \cdot \alpha}{K}$$

式中 P——钢丝绳的钢丝破断拉力总和；

α——受力不均匀系数，6×19 取 0.85、6×37 取 0.82、6×61 取 0.8；

K——安全系数（缆风绳 K=3.5；起重绳 K=5～6；捆绑吊索 K=8～10；载人电梯 K=14）。

钢丝绳使用时应该注意，当其穿过滑轮组时，滑轮直径应不小于绳径的 12 倍，轮槽直径应比绳径大 1～3.5mm；应定期对钢丝绳加油润滑，以减少磨损和腐蚀；使用前应检查核定，断丝过多或磨损超过钢丝直径 40% 以上者，应报废。

4. 滑轮组

滑轮组是由若干个定滑轮、若干个动滑轮和绳索组成。它既可省力，又可根据需要改变用力方向。滑轮组中共同负担吊重的绳索根数称为工作线数，即在动滑轮上穿绕的绳索根数。滑轮组的省力系数主要取决于工作线数的多少。

滑轮组使用前应检查有无损伤以及容许荷载值，使用时应保证定、动滑轮间距不小于 1.5m，以通过足够长的直线段钢丝间滑动来平衡弯曲处里外侧的应力差。

5. 地锚

地锚是将卷扬机或缆风绳等与地面进行锚定的设施。按设置形式分为桩式地锚和卧式地锚两种。桩式地锚适用于固定受力不大的缆风绳，而受力较大或固定卷扬机等常采用卧式地锚（图 6.15）。

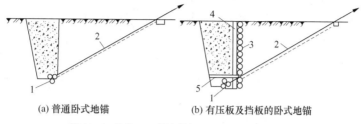

(a) 普通卧式地锚　　　　(b) 有压板及挡板的卧式地锚

1—横木；2—拉索；3—圆木挡板；4—立柱；5—圆木压板。

图 6.15　卧式地锚

卧式地锚是将 1 ～ 4 根直径 240mm 以上的圆木（方木或型钢）用钢丝绳捆绑在一起，横放在地锚坑底，钢丝绳的一端从坑前端的槽中引出，然后用土石回填夯实。横木埋深及数量应根据地锚受力的大小和土质而定，一般埋入深度为 1.7 ～ 2.5m。横木的长度为 2.5 ～ 3.5m 时，可受力 30 ～ 150kN。当拉力超过 75kN 时，横木上应增加压板；当拉力大于 150kN 时，应在增加压板的基础上用挡板和立柱加强。受力很大的地锚应采用钢筋混凝土制作。

地锚在埋设和使用时应注意：

（1）应埋设在土质坚硬处，地面不得积水。

（2）所用材料应做防腐处理，横木绑扎拉索处的四角要用角钢加固。钢丝绳要绑扎牢固。

（3）重要的地锚应经过计算，埋设后需经试拉检验；旧地锚必须经试拉后再用。

（4）地锚不得反向受拉，使用时要有专人负责检查看守。

6. 吊具

吊具是吊装作业中用于捆绑、连接的重要工具，常用吊具（图 6.16）有吊索、卡环、横吊梁等。

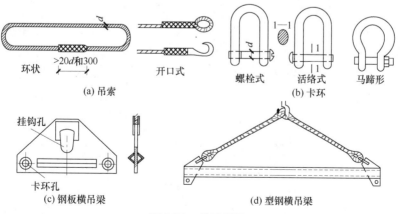

环状　　>20d 和 300　　开口式　　螺栓式　　活络式　　马蹄形

(a) 吊索　　　　　　　　　　　　(b) 卡环

挂钩孔

卡环孔

(c) 钢板横吊梁　　　　　　　　(d) 型钢横吊梁

图 6.16　常用吊具

（1）吊索主要用于绑扎材料或构件，分为环状和开口式两种。开口式的两端绳套中可据需要装上桃形环、卡环或吊钩。吊索常用 6×37 或 6×61 钢丝绳制作，以利捆紧。

（2）卡环也称卸甲，主要用于吊索间连接或吊索与构件吊环的连接，分为螺栓式卡环和活络式卡环两种。活络式卡环可用拉绳拔销，便于解开；而螺栓式卡环则需拧出螺栓销，安全性高。

（3）横吊梁或吊架，主要用于满足对吊索角度的要求，起到降低所需起重机的起吊高度、避免构件损坏的作用，常用钢板或钢管制作。对于大型构件，可使用工字钢或钢桁架吊梁；对薄板常使用吊架。制作时，应采用 Q235 或 Q345 钢材，并经设计计算后进行。

6.3　单层工业厂房结构安装

单层工业厂房常采用排架结构。按结构材料分为混凝土结构、钢结构、轻钢结构及混合结构等。其中，混凝土结构的构件质量大，吊装难度相对较大，本节予以阐述。

结构安装是单层工业厂房施工中的主导工程，除基础外，其他构件一般均为预制，其中大型钢筋混凝土屋架、柱子多在现场预制，其他构件可由预制厂生产。

6.3.1　安装前的准备

1. 清理场地与道路铺设

在起重机进场前，应做好吊装场地的清理、平整和压实工作，并铺设运输道路。

2. 构件的运输与堆放

要按照进度计划和平面布置图将构件运至现场并存放。要合理选择运输机具、支承合理、固定牢靠，避免开裂、变形。构件运输时，混凝土强度不应低于设计强度的 75%。堆放场地要坚实平整、排水良好，垫点及堆高应符合设计要求，垫木要在同一条垂直线上。

3. 构件的质量检查

检查构件的外形尺寸、预埋件位置、吊环规格、平直度是否符合规范要求，有无开裂变形。检查构件混凝土强度是否达到设计要求，如无要求，柱和屋架混凝土应分别达到设计强度等级的 75% 和 100%，且预应力屋架孔道灌浆的强度应不低于 15MPa。

4. 构件的拼装

为了便于运输，天窗架和有些工程的屋架会在预制厂分块预制，运至现场后进行拼装。

构件拼装有平拼和立拼两种方法。平拼即将构件平卧于地面或操作台上进行拼装，拼完后进行翻身，操作方便，不需支承，但在翻身中容易损坏或变形，因此仅限于天窗架等小型构件，如图 6.17 所示。立拼是将块体立着拼装，两侧须有夹木支承，可直接拼装于起吊时的最佳位置，以减少翻身扶直的工序，降低构件损坏或变形的风险。图 6.18 为钢筋混凝土屋架的立拼图。拼装时，要保证构件的外形几何尺寸准确，上下弦应在一个垂直面上，不断裂，无旁弯，保证连接质量。

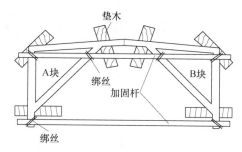

图 6.17 天窗架的平拼与加固

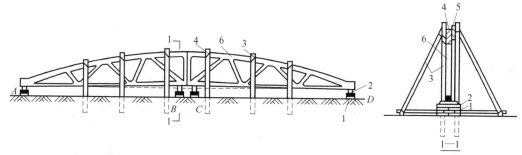

1—砖砌支垫；2—方木或钢筋混凝土垫块；3—三角架；4—钢丝；5—木楔；6—屋架块体。

图 6.18 钢筋混凝土屋架的立拼

5. 构件弹线与编号

在构件表面弹出吊装中心线和对位准线，作为对位、校正的依据。应给对每个构件按轴线编号，避免安装错位或反向。

柱的弹线（图 6.19）应在柱身的三面弹出其几何中心线，此线应与柱基础杯口上的中心线相吻合。在柱顶面和牛腿面上要弹出屋架及吊车梁的对位准线。对屋架，应在上弦顶面弹出几何中心线、天窗架及屋面板的对位准线，在两个端头弹出与柱对位准线。

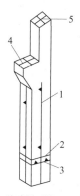

1—柱子中心线；2—标高控制线；3—基础顶面线；4—吊车梁对位准线；5—屋架对位准线。

图 6.19 柱的弹线图

6. 杯形基础的弹线与杯底抄平

在杯口顶面弹出十字交叉中心线，作为吊装柱子的对位及校正准线。根据每根柱子的实际制作尺寸，用水泥砂浆或细石混凝土将所对应的基础杯底从预留调整位置垫至合适的高度，以保证各柱安装后牛腿顶面或柱顶的标高一致（图 6.20）。

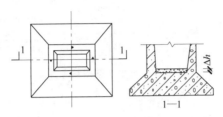

图 6.20　杯口顶面弹线和杯底标高调整

7. 构件的应力核算与加固

构件在起吊、安装过程中，支撑点或受力形式往往与设计工况不同，造成内力及变形差异过大而致构件损坏。因此，吊装前须进行适当的验算或模拟，必要时需采取加固措施。

6.3.2　构件吊装工艺

构件吊装的工艺过程包括绑扎、起吊、对位、临时固定、校正及最后固定。

1. 柱的吊装

柱一般在基础杯口附近预制。一般柱可单机吊装，对于大型柱可采用双机抬吊。

1）柱的绑扎

根据柱的尺寸、质量及起吊时柱身的抗弯能力不同确定吊点的数量和位置。一般中小型柱只需一点绑扎，重型柱或配筋少的柱为防止起吊中断裂，需多点绑扎。一点绑扎时，绑扎点多位于牛腿根部；多点绑扎时，应保证吊索的合力作用点高于柱的重心。柱的绑扎方法有斜吊绑扎法和直吊绑扎法两种。

（1）斜吊绑扎法（图 6.21）。柱在平卧预制状态，不需翻身，吊索从柱下穿入，捆扎后从上面引出。吊起时柱略呈倾斜状。起重钩可低于柱顶（但吊索高度不少于 2m），故所需起重高度小，但柱与基础对位不太方便，且宜对绑扎点截面抗弯能力进行验算校核。

（2）直吊绑扎法（图 6.22）。此法是先将柱翻身侧立，使其牛腿朝天。吊索分别设在柱两侧，通过横吊梁与起重钩相连接。起吊后，柱身垂直，容易对位；起吊中，柱截面的抗弯能力较大，不易损坏。缺点是增加了柱翻身工序，且起重机吊钩需超过柱顶，使起重高度增大。

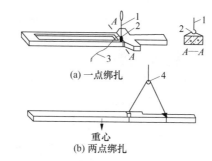

(a) 一点绑扎

(b) 两点绑扎

重心

1—吊索；2—活络式卡环；3—卡环销拉绳；4—滑车。

图 6.21　斜吊绑扎法

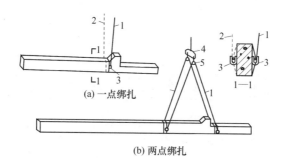

(a) 一点绑扎

(b) 两点绑扎

1—第一支吊索；2—第二支吊索；3—活络式卡环；4—横吊梁；5—滑车。

图 6.22　直吊绑扎法

柱子旋转法
与滑行法吊
装演示

2）柱的起吊

柱的起吊方法有旋转法和滑行法两种，应根据柱的质量及长度、起重机性能和现场条件选定。

（1）旋转法（图 6.23）。该法是在起吊过程中，起重机边升钩边回转，使柱绕柱脚转动而立起；吊离地面后，起重机继续转动至杯口插入。柱在吊装过程中振动小，但柱在预制或堆放时，柱脚要靠近基础，且三点共弧，即柱的绑扎点、柱脚中心、基础杯口中心三点应同在以起重机停机点为圆心，以停机点到绑扎点的距离为半径的圆弧上。

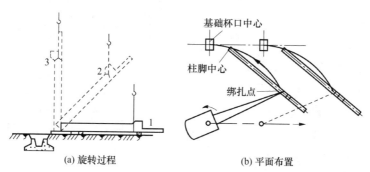

(a) 旋转过程

(b) 平面布置

基础杯口中心

柱脚中心

绑扎点

1—柱平放时；2—起吊中途；3—直立。

图 6.23　用旋转法吊柱

267

（2）滑行法（图6.24）。以这种方法进行吊装时，起重机只升吊钩，起重杆不动，使柱脚沿地面滑行逐渐立起而插入杯口。柱预制或排放时，绑扎点应布置在基础杯口附近，且与基础杯口中心共弧（即两点共弧）。

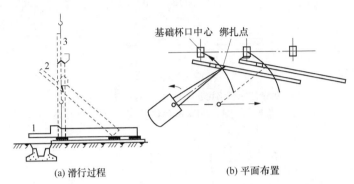

（a）滑行过程　　　　　　　　　（b）平面布置

1—柱平放时；2—起吊中途；3—直立。

图6.24　用滑行法吊柱

滑行法的优点是柱子布置较为灵活且节省场地，可沿厂房纵向、横向、斜向布置。其缺点是柱在地面滑行时受到振动，且起吊阻力较大，需垫设滚木予以改善。

3）柱的对位与临时固定

柱脚插入杯口内，距杯底30～50mm处即应悬空对位，用八只楔块从四边插入杯口（图6.25），用撬棍拨动柱脚使线对正，然后放松吊钩使柱落底。复核无误后打紧楔块，并用石子将柱底脚与杯底四周顶紧，起重机脱钩。较高的柱子的尚应加设缆风绳或斜撑来加强。

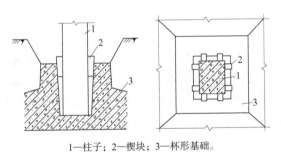

1—柱子；2—楔块；3—杯形基础。

图6.25　柱的临时固定

4）柱的校正

柱的校正主要是垂直度的校正（图6.26）。校正方法是用两台经纬仪从柱的相邻两边检查柱的中心线是否垂直。其偏差允许值为：当柱高 $H \leqslant 6m$ 时，为5mm；柱高 $H > 6m$ 时，为10mm。校正可用螺旋千斤顶进行斜顶或平顶，或利用可调钢管支撑进行斜顶等方法。

5）柱的最后固定

柱校正后应立即进行最后固定。在柱脚与基础杯口的空隙间浇筑高一强度等级的细石混凝土。浇筑工作分两阶段进行，第一次经灌浆并浇至楔块底面，待混凝土达到设计强度等级值的 30% 后，拔出楔块，第二次将杯口浇满。

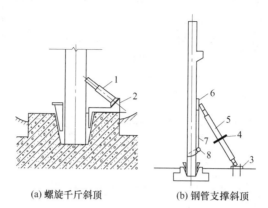

(a) 螺旋千斤斜顶　　　　(b) 钢管支撑斜顶

1—千斤顶；2—反力座；3—底板；4—转动手柄；5—可调钢管支撑；6—摩擦板；7—拉绳；8—绳结。

图 6.26　柱垂直度校正方法

2. 吊车梁的吊装

吊车梁的吊装（图 6.27）须在基础杯口二次灌筑的混凝土达到设计强度等级值的 50% 后方可进行。绑扎点应在距两端各 1/5 ～ 1/6 梁长处，吊索与水平面夹角不得小于 45°。起吊时保持水平，在梁的两端需用溜绳控制，就位时应缓慢落钩，争取一次对好纵轴线。吊车梁高宽比大于 4 时，需与柱焊拉结钢板做临时固定。

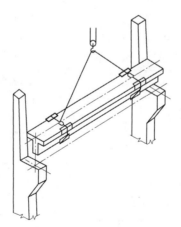

图 6.27　吊车梁的吊装

较轻的吊车梁应在厂房结构固定后进行校正，主要是进行垂直度和平面位置的校正。垂直度可通过铅锤检查，并在梁与牛腿面之间垫入楔形垫铁来纠正。平面位置的校正常用拉钢丝通线法检测校正（图 6.28）。对较重的吊车梁，宜随吊随用经纬仪监测校正。

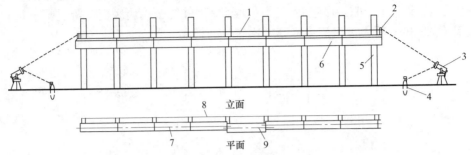

1—钢丝通线；2—支架；3—经纬仪；4—木桩；5—柱；6—吊车梁；
7—吊车梁设计中线；8—柱设计轴线；9—偏位的吊车梁。

图 6.28　拉钢丝通线法校正吊车梁

吊车梁校正完毕后，立即将其与柱牛腿上的埋件焊牢，并在其与柱的空隙处浇筑细石混凝土。

3.屋架的吊装

大跨度的钢筋混凝土屋架，一般在现场平卧叠浇预制。吊装前，先翻身扶直，排立在跨内一侧地面上后再统一吊装，也可边扶边吊。

1）屋架的绑扎

屋架的绑扎点（图 6.29）应在上弦节点处，左右对称，且绑扎中心在屋架重心之上。吊索与水平面的夹角 α 不宜小于 60°，且不应小于 45°。

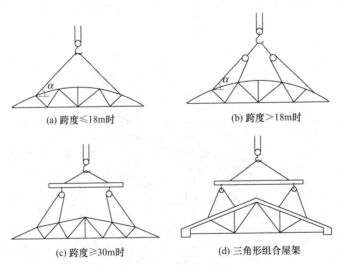

(a) 跨度≤18m时　　　　　　(b) 跨度>18m时

(c) 跨度≥30m时　　　　　　(d) 三角形组合屋架

图 6.29　屋架的绑扎点

屋架的绑扎方式，对跨度小于或等于 18m 的屋架，可两点绑扎；对跨度在 18m 以上的屋架，可采取四点绑扎；对跨度超过 30m 的屋架，宜使用横吊梁，以降低吊钩的高度和提高稳定性。

2）屋架的起吊、对位与临时固定

屋架起吊时，应先将屋架吊离地面 200 ～ 300mm，检查机械的稳定性及绑扎牢固程度，然后升钩将屋架吊至高于柱顶 300mm 左右，再边对位边缓缓降至柱顶，就位后应立即进行临时固定。

第一榀屋架的临时固定，一般是用四根缆风绳从两面拉牢上弦。其他各榀屋架可用至少两个校正器，与前一榀屋架上弦拉结进行临时固定和校正调节（图 6.30）。

3）屋架的校正及最后固定

屋架的校正主要是校正垂直度。方法是，在屋架上弦中央和两端各安装一个卡尺（在外伸的 500mm 处做有标记），然后在距屋架轴线 500mm 处的地面上设经纬仪，检查三个卡尺上的标志是否在同一个垂直面上（图 6.30）。

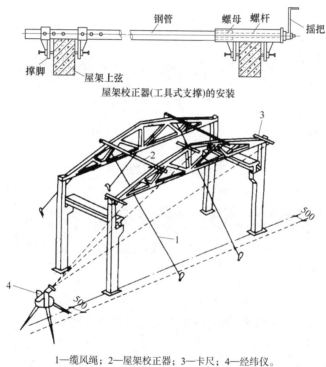

1—缆风绳；2—屋架校正器；3—卡尺；4—经纬仪。

图 6.30　屋架的临时固定与校正

屋架校正无误后，应立即与柱顶焊接固定，并按照先垂直后水平、先中间后两端的顺序安装屋架间的支撑，随后安装屋面板。与柱焊接时，应在屋架端头的两侧同时施焊，以防因焊缝收缩而导致屋架倾斜。

4. 屋面板和天窗架的吊装

屋面板吊装（图 6.31）时，应由两边檐口向屋脊逐块对称进行，以利于屋架稳定，受力均匀。屋面板上有预埋吊环，一般可采用一钩多吊，以加快吊装速度。屋面板就位后，应立即与屋架上弦焊牢。除每间的最后一块屋面板外，每块板焊接应不少于三点。

(a) 单块起吊　　　　　　　(b) 多块叠吊　　　　　　　(c) 多块平吊

图 6.31　屋面板的吊装

天窗架的吊装（图 6.32）应待两侧屋面板安装后进行。经对位校正后，将天窗架底脚焊牢于屋架上弦的预埋件上。

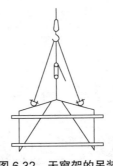

图 6.32　天窗架的吊装

6.3.3　结构安装方案

结构安装方案的内容主要包括：结构吊装方法的选择、起重机的选择、确定起重机开行路线与构件的平面布置。

1. 结构吊装方法的选择

单层工业厂房结构吊装方法有分件吊装法和综合吊装法两种。

（1）分件吊装法［图 6.33（a）］。该法是起重机每开行一次仅吊装一种类型构件。第一次开行吊装柱，第二次开行吊装吊车梁、连系梁等，第三次开行分节间吊装屋架、支撑、天窗架和屋面板等屋盖构件。

单层工业厂房分件吊装法

分件吊装不需经常更换吊装索具，工作单一、操作熟练、效率高，能充分发挥起重机的工作性能，还能给构件校正、临时固定及最后固定等工序提供充裕的时间。吊装的构件供应单一，现场布置也比较容易。但起重机开行路线长，不能迅速形成稳定的空间结构。

（2）综合吊装法［图 6.33（b）］。起重机在一次开行中，分节间吊装完各种类型的构件。具体步骤是：先吊装 4 根柱，立即进行校正和最后固定，然后吊装该节间的吊车梁、连系梁、屋架、天窗架、屋面板等构件。如此进行，一间一间地安装。

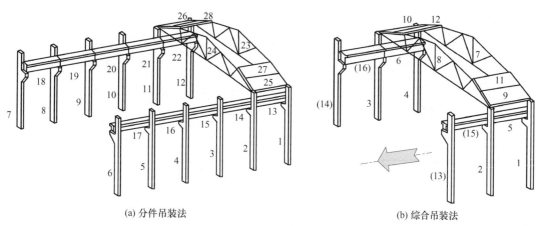

(a) 分件吊装法 　　　　　　　　　　　　　　(b) 综合吊装法

图 6.33　两种结构吊装方法的构件吊装顺序

采用这种方法起重机开行路线短，停机次数少，能及早为下道工序提供工作面。但由于在一个停机点要分别吊装不同种类构件，造成索具更换频繁，影响吊装效率；校正及固定的时间紧迫，且误差积累后不易纠正；构件供应种类多，平面布置杂乱，不利文明施工。所以，该法常用于已安装了大型设备、不便于机械开行的厂房，或有急需交工的部位。

2. 起重机的选择

1) 起重机类型的选择

起重机的类型主要根据厂房的跨度、高度、构件的尺寸与质量，以及施工现场条件和现有起重设备等确定。对高度不大的中小型厂房多采用自行杆式起重机。高度较大的厂房可选用塔式起重机吊装屋盖结构。大跨度重型厂房，可选用大型自行杆式或全地面式起重机，以及重型塔式起重机进行安装。

2) 起重机型号的选择

起重机的型号选择，应根据构件的尺寸、质量及安装位置等，使起重机的三个工作参数（起重量、起重高度、起重半径）均满足构件吊装的要求。

（1）起重量。起重机的起重量必须大于所吊装构件的质量与索具及加固材料质量之和，即

$$Q \geqslant Q_1 + Q_2 \tag{6-1}$$

式中　Q——起重机的起重量（t）；

　　　Q_1——构件质量（t）；

　　　Q_2——索具及加固材料的质量（t）。

（2）起重高度。起重机的起重高度（起重高度计算简图见图 6.34），必须满足所吊装的构件的安装高度要求，即

$$H \geqslant h_1 + h_2 + h_3 + h_4 \tag{6-2}$$

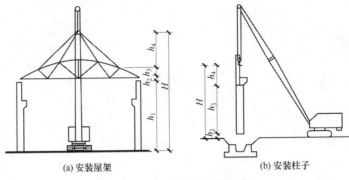

(a) 安装屋架　　　　　　　　(b) 安装柱子

图 6.34　起重高度计算简图

式中　H ——起重机的起重高度（从停机面至吊钩的高度，m）；

　　　h_1 ——停机面至安装支座顶面的高度（m）；

　　　h_2 ——安装间隙（不小于 0.3m）或安全距离（需跨越人员或设备时不小于 2.5m）；

　　　h_3 ——绑扎点至所吊构件底面的高度（m）；

　　　h_4 ——索具高度（自绑扎点至吊钩中心的高度，m）。

（3）起重半径（起重幅度）。当起重机可以不受限制地开到安装支座附近去安装构件时，可不验算起重半径，否则应验算当起重半径为限定值时，其起重量与起重高度能否满足吊装要求。

（4）最小臂长。当起重臂须跨过已安装好的结构去吊装构件时（如跨过屋架或天窗架去安装屋面板），为了避免起重臂与安装好的结构构件碰撞，起重机必须有足够的臂长。最小臂长的确定可按比例画图去寻找（即图解法），也可用数解法，如图 6.35a 所示。

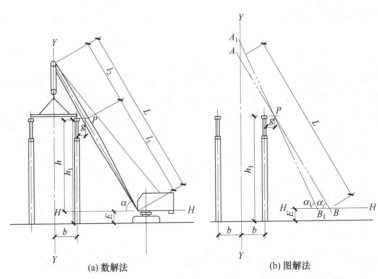

(a) 数解法　　　　　　　　　(b) 图解法

图 6.35　跨过屋架吊装屋面板时起重机最小臂长的计算简图

$$L = l_1 + l_2 = \frac{h}{\sin\alpha} + \frac{b+g}{\cos\alpha} \qquad (6\text{-}3)$$

式中 L ——起重臂的长度（m）；

$\quad h$ ——起重臂底铰至构件安装支座的高度（m），$h = h_1 - E$（E 为起重机臂杆底铰至停机面的距离，可查所选起重机的构造参数）；

$\quad b$ ——起重钩需跨过已吊装好构件的水平距离（m）；

$\quad g$ ——起重臂轴线与已安装好的构件的水平距离，至少取 1m；

$\quad \alpha$ ——吊装时起重臂的仰角。

为求最小臂长，对上式进行微分，并令 $\dfrac{dL}{d\alpha} = 0$

$$\frac{dL}{d\alpha} = \frac{-h\cos\alpha}{\sin^2\alpha} + \frac{(b+g)\sin\alpha}{\cos^2\alpha} = 0$$

$$\alpha = \arctan[h/(b+g)]^{\frac{1}{3}} \qquad (6\text{-}4)$$

将 α 值求出后代入式（6-3），即可求出所需起重臂的最小长度 L_{min}，根据起重机起重臂的实际构造尺寸选定臂长。

图解法（图 6.35b）确定最小臂长的方法如下。首先按一定比例画出施工厂房一个节间的纵剖面图，并画出吊装屋面板时起重钩位置处的垂线 Y-Y。根据初选起重机的 E 值，画出水平线 H-H。自屋架或天窗架顶面中心线向起重机一侧水平方向量出一距离 g，令 $g=1$m，可得点 P。过点 P 可画出若干条直线与 Y-Y 直线和 H-H 直线相截，其中最短的一根即为所求的最小臂长。

最小臂长图解法

在确定起重臂长 L 时，不但需考虑屋架中间一块板的验算，还应考虑安装屋架两端边缘一块屋面板的要求。

3. 确定起重机开行路线与构件的平面布置

开行路线直接关系到现场预制构件的平面布置与结构的吊装方法，因此在构件预制之前就应设计好起重机的开行路线及吊装方法。构件平面布置时应遵循以下原则：① 各跨构件尽量布置在本跨内；②在满足吊装要求前提下应尽量紧凑，并保证起重作业及构件运输道路畅通，起重机回转时不与建筑物或构件相碰；③后张预应力构件的布置应有抽管、穿筋、张拉等所需操作场地。

对非现场预制的构件，最好随运随吊，否则也应事先按上述原则确定堆放位置。

1）吊柱时开行路线及构件布置

（1）起重机开行路线及停机位置。

根据厂房的跨度、柱的尺寸和质量及起重机的性能确定起重机的开行路线，有跨中开行和跨边开行两类（图 6.36）。

（2）柱的平面布置。

柱的现场预制位置尽量为吊装阶段的就位位置。采用旋转法吊装时，柱斜向布置；采用滑行法吊装时，柱可纵向或斜向布置。

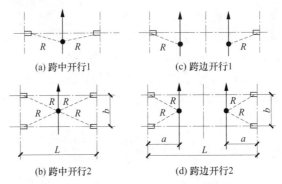

(a) 跨中开行1   (c) 跨边开行1

(b) 跨中开行2   (d) 跨边开行2

图 6.36 吊柱时起重机的开行路线及停机位置

① 旋转法吊装柱的布置。用旋转法布置时应尽量按三点共弧斜向布置 [图 6.37(a)]。绘制施工图时，首先画出与柱列轴线相距为 a 的平行线（a 必须小于 R 且大于起重机的最小回转半径），此线即为吊柱的开行路线；其次以柱杯口中心为圆心，以 R 为半径画弧交于开行路线上一点 O，O 点即为吊装该柱时起重机的停机点；再次以 O 点为圆心，以 R 为半径画弧，并依据柱底至绑扎点的距离在弧上确定 K（柱底中心）、S（绑扎点）两点，应使 K 点与基础尽量靠近但不少于 1m；最后以 KS 为柱轴线画出柱的模板图。

有时由于场地限制，很难做到三点共弧，也可以柱脚中心与杯口中心两点共弧斜向布置 [图 6.37(b)]。吊装时，可先升臂，当起重半径由 R' 变为 R 时，再按旋转法起吊。

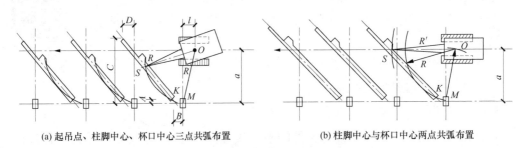

(a) 起吊点、柱脚中心、杯口中心三点共弧布置   (b) 柱脚中心与杯口中心两点共弧布置

图 6.37 旋转法吊柱的平面布置

② 滑行法吊装柱的布置（图 6.38）。用滑行法布置时，可按两点共弧斜向或纵向布置。绘制施工图时绑扎点与杯口中心共弧，为减少占地，对不太长的柱也可采用两层纵向叠浇布置或纵向平行布置，但均应使柱的绑扎点分别与各自的杯口中心共弧。

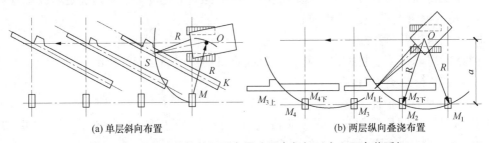

(a) 单层斜向布置   (b) 两层纵向叠浇布置

图 6.38 滑行法吊柱的平面布置（吊点与杯口中心两点共弧）

2）吊装屋架时起重机开行路线及构件平面布置

屋架及屋盖其他构件吊装时，起重机宜跨中开行。屋架一般均在跨内平卧叠浇，每叠不超过 4 榀。布置方式有斜向布置、正反斜向布置和正反纵向布置三种（图 6.39）。应优先选用斜向布置，以便于屋架的翻身扶直及就位排放。

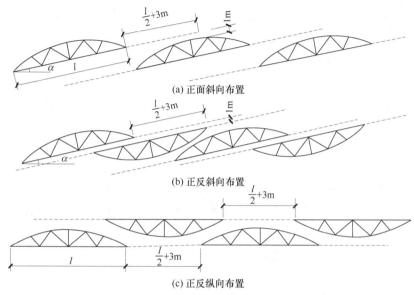

(a) 正面斜向布置

(b) 正反斜向布置

(c) 正反纵向布置

图 6.39　屋架平面布置方式

屋架的扶直是将叠浇的屋架翻身立起后排放到吊装前的最佳位置。其排放位置有靠柱边斜向排放及纵向排放两种。其排放位置应尽量靠近其安装地点。此外在考虑屋架的排放同时还要给本跨的天窗架和屋面板留有一定的位置，以便其及时吊装。

以屋架的斜向排放为例（图 6.40），其具体布置方法如下。

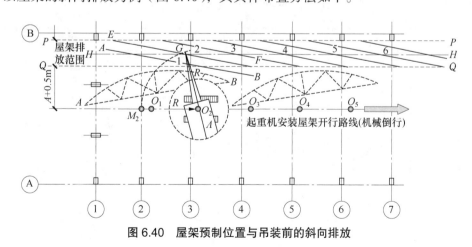

图 6.40　屋架预制位置与吊装前的斜向排放

（1）确定起重机开行路线及停机点。一般情况下吊装屋架时起重机均在跨内正中开行，吊装前应确定吊装每榀屋架的停机点。如第二榀屋架，其确定方法是以屋架轴线中

点 M_2 为圆心，以屋架吊装起重半径 R 为半径，划弧与开行路线交于 O_2 点即为停机点。

（2）确定屋架排放位置。在距柱边缘不小于 200mm 处画一直线 P-P 与柱轴线平行，再画一条距开行路线不小于 $A+0.5m$（A 为起重机机尾长）的平行线 Q-Q，并在 P-P 线与 Q-Q 线之间画出中线 H-H。以第二榀屋架的停机点 O_2 为圆心，以 R 为半径划弧交 H-H 于 G，G 即为第二榀屋架中心点，再以 G 为圆心，以 1/2 屋架跨度为半径划弧分别交 P-P、Q-Q 于 E、F。连接 E、F 即为第二榀屋架的就位位置，其他屋架以此类推。第一榀屋架因有抗风柱，可灵活布置。屋架排放的方向应保证吊装时，每榀屋架都从外表面吊走，而非从中间抽出。

3）吊车梁、连系梁、屋面板的堆放

吊车梁、连系梁放在其安装位置的柱列附近，有条件时也可随运随吊。屋面板宜靠柱边堆放，每叠不多于 6 块。在跨内堆放时，退后 3～4 个节间；在跨外堆放时，则退后 1～2 个节间（图 6.41）。

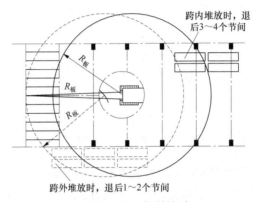

图 6.41　屋面板的堆放

4）柱子、屋架的预制及吊装平面布置示例（图 6.42）

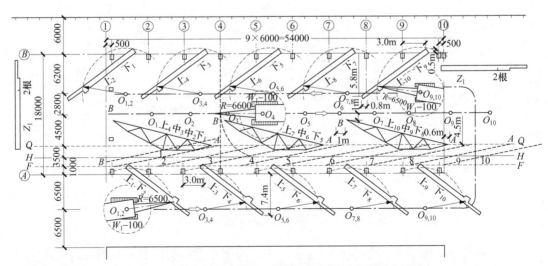

图 6.42　某车间厂房柱子、屋架的预制及吊装平面布置图

6.4　多高层装配式房屋结构安装

装配式结构按其材料分为混凝土结构和钢框架结构。装配式混凝土结构按构件的连接方式分为全装配式和装配整体式,目前常采用装配整体式框架结构和装配整体式剪力墙结构。装配式结构的主导工程是结构安装,在制定安装方案时主要考虑吊装机械的选择和布置、结构吊装方法与吊装顺序、构件的平面布置与排放等问题。

6.4.1　吊装机械的选择与布置

1. 吊装机械的选择

吊装机械的选择要根据建筑物的结构形式、高度、平面布置、构件的尺寸及质量等条件来确定。一般对 5 层以下的民用建筑或高度在 18m 以下的多层工业厂房,可采用履带式、汽车式或轮胎式起重机;对 10 层以下的民用建筑可采用轨行式塔式起重机;对于 10 层以上的高层建筑可采用附着式塔式起重机;对于超高层建筑宜采用爬升式塔式起重机。选择起重机类型时,既要满足使用功能要求,同时也要考虑安全性以及经济合理性、安装与拆除的可行性等。

选择起重机型号时,应先绘出建筑结构剖面图,在剖面图上注明最高一层主要构件的起重量 Q、所需要的起重半径 R 及最大起重高度 H(图 6.43),再选择起重机。应保证每个构件所需的 Q、R、H 均能同时满足,并验算能否满足最大起重力矩 M_{max}($M_{max} = Q \cdot R$)的要求。

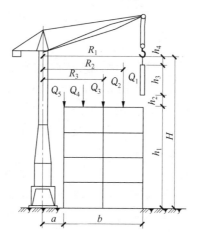

图 6.43　塔式起重机工作参数计算简图

2. 吊装机械的布置

起重机一般布置在建筑物的外侧。

对固定式塔式起重机,其安装位置既要能够覆盖整个建筑物,又要注意其最小起重幅度以避免出现死角。用于高层建筑时还需考虑附着的可能性。

对轨行式塔式起重机，有单侧、双侧或环形布置形式（见图6.44）。当建筑物平面宽度较小，构件较轻时，塔式起重机可单侧布置。其起重半径应满足：$R \geqslant b + a$，其中 a = 外脚手架的宽度 + 轨距 $/2+0.5\text{m}$ 的安全距离，b 为建筑物平面宽度。当建筑物平面宽度较大或构件较重时，可每侧各布置一台起重机或单机环形布置，其起重半径 $R \geqslant b/2+a$。

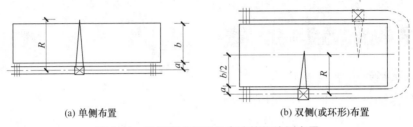

(a) 单侧布置　　　　　　　　　(b) 双侧(或环形)布置

图 6.44　轨行塔式起重机在建筑物外侧布置

当布置两台以上塔式起重机时，应保证各塔式起重机安装及运行时，任何部位的最小间距均不小于 2m，以防止钩挂碰撞。对于高层建筑，应采用附着式塔式起重机或安装于建筑内的爬升式塔式起重机，以保证吊装机械的稳定性。

6.4.2　结构吊装方法与吊装顺序

多高层装配式结构的吊装方法也有分件吊装法和综合吊装法两种，一般多采用分件吊装法。

1. 分件吊装法

为了使已吊装好的构件尽早形成稳定结构并为后续工作提供工作面，分件吊装法又分为分层分段流水吊装法和分层大流水吊装法两种。

分层分段流水吊装法一般是以一个楼层为一个施工层，再将每一个施工层划分为若干个施工段，以便于构件的吊装、校正、焊接及接头灌浆等工序的流水作业。起重机在每一施工段内每次开行吊装一种构件，待一层各施工段构件全部吊装完毕并最后固定，形成牢固的结构体系，再吊装上一层构件。图 6.45 所示的框架结构，其吊装顺序为：Ⅰ 段柱→Ⅰ 段梁→Ⅱ 段柱→Ⅱ 段梁→Ⅰ、Ⅱ 段板，以此类推。

分层大流水吊装法是按楼层组织各工序的流水。

多层综合吊装法

2. 综合吊装法

综合吊装法是以一个节间或若干个节间为一个施工段来组织流水。起重机把一个施工段的构件吊装至房屋的全高，然后转移到下一个施工段。采用此法吊装时，起重机可布置在跨内，采取边吊边退的行车路线。

该法的一般特点同单层工业厂房。此外若为混凝土构件，需等待接头达到 75% 强度才能安装上层构件，吊装长时间间断而影响工期；吊装构件品种不断变换不利于其供应和排放；施工中工人上下频繁，劳动强度较大。因此，常用于多层柱子整根制作的工程。

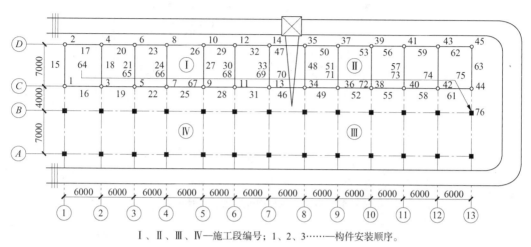

I、II、III、IV—施工段编号；1、2、3……—构件安装顺序。

图 6.45　用分层分段流水吊装法吊装一个楼层构件的顺序

6.4.3　构件的平面布置与排放

构件运至现场后，应按规格、品种、所用部位、吊装顺序分别设置堆场。堆场应在起重机工作范围内，且应避免起吊盲点，堆垛之间宜设置通道。构件布置一般应遵循以下原则。

（1）尽量避免二次搬运。预制构件应尽量布置在起重机的回转半径之内。

（2）主近零远。量大的主要构件应尽量布置在起重机附近，零星构件可布置在施工区域外侧或较远处。

（3）方便起吊。构件布置地点及朝向应与构件吊装到建筑物上的位置相配合，以便在吊装时减少起重机的变幅及构件空中调头。

（4）防止损坏和倾覆。做好场地压实、排水，构件底部及层间正确支垫。控制堆放高度，避免倾覆和压裂。柱、梁构件叠堆不得超过 2 层，楼板不得超过 6 层。墙板应依插放架或靠放架立放，倾角不得大于 10°。

图 6.46 为使用轨行式塔式起重机跨外吊装多层框架结构的构件平面布置，柱、梁斜向布置在靠近起重机轨道外，板布置在较远处。

图 6.47 是使用爬升式塔式起重机吊装高层框架结构的构件平面布置。构件运至现场后，由履带式起重机卸车堆放。

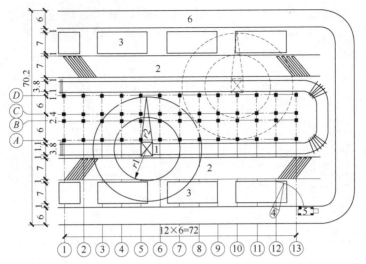

1—塔式起重机；2—柱、梁堆场；3—板堆场；4—汽车式起重机；5—运输汽车；6—道路。

图 6.46　某框架结构吊装构件布置（尺寸单位：m）

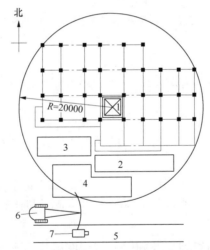

1—爬升式塔式起重机；2—梁堆放区；3—柱堆放区；4—板堆放区；5—道路；6—履带式起重机；7—运输汽车。

图 6.47　高层混凝土框架结构吊装平面布置

装配整体式
框架结构
施工

6.4.4　混凝土结构的安装

安装前，应做好构件检查、弹线编号，吊具及工具，安装基面处理与放线等准备工作。

1. 框架结构安装

装配整体式框架结构的安装顺序一般为柱、主梁、次梁、楼板。柱吊装后，先安装下部纵筋位置低的梁。叠合板安装后，进行节点处柱箍筋、梁板面钢筋的绑扎安装。接头混凝土宜与梁、板叠合层连续浇筑。

1）柱的吊装

吊装顺序宜为：角柱→边柱→中柱，先吊装与现浇部分连接的柱。

柱常采用一点直吊绑扎，柱子较长时，可采用两点绑扎，但应对吊点位置进行强度和抗裂度验算。柱的起吊方法也有旋转法和滑行法两种。应做好柱底的保护工作，或采用双机抬吊、空中转体等方法。

柱的就位应以轴线和外轮廓线为控制线，边柱和角柱应以外轮廓线控制为准。就位前应设置垫块等柱底调平装置，以控制安装标高。柱安装就位后应在两个方向设置钢管支撑或钢丝绳等可调临时固定装置（图 6.48）。其上端与套在柱上的夹箍或埋件相连，位置距柱根宜为 2/3 柱高以上，且不得低于 1/2 柱高；下端与梁板上的预埋件相连，旋转中间节钢管产生推力或拉力而校正柱的垂直度。校正时应以最下柱的根部中心线为准，避免误差积累。

图 6.48　预制柱吊装就位与临时固定

2）梁、板吊装

梁常采用预制叠合梁，并做成槽形顶面或端部带有键槽，以加强连接。板常采用预制叠合板，分有钢筋桁架和无钢筋桁架两种，前者刚度好，不易开裂。梁、板预埋吊环的位置应在距跨端 1/5 ～ 1/6 跨度处。吊装时，起重吊索与水平面夹角不宜小于 60°，且不应小于 45°，宜使用横吊梁或吊架等专用吊具。

梁的安装顺序宜遵循先主梁后次梁、先低后高的原则，按设计要求位置搭设临时支撑架，并校核其标高以确保与梁底标高一致，在柱上弹出梁边控制线。安放就位时，搁置长度应满足设计要求，底部可设置厚度不大于 20mm 的坐浆或垫块。校准位置并做好临时固定后方可摘钩。安装就位后应对水平度、安装位置、标高进行检查（图 6.49）。

预制楼板或叠合板吊装前应按设计要求搭设并调平临时支撑架（图 6.50）。吊装时宜采用专用吊具，就位时接缝宽度、相邻板底高差均应满足设计要求，否则应将构件重新吊起调整对位、再就位，不得撬动。

梁、板等叠合构件的临时支撑应保持至少连续两层设置，且上下层立柱对正。临时支撑应在后浇的叠合层混凝土强度达到设计要求后方可拆除。

图 6.49　叠合梁的吊装

图 6.50　叠合板的吊装

3）接头施工

（1）柱、墙纵筋的连接。

柱、墙纵筋的连接接头首先应能传递轴向压力，其次是弯矩和剪力。其主要形式有套筒灌浆连接、螺栓连接和焊接连接。

① 套筒灌浆连接（图 6.51）。该种连接是目前竖向构件钢筋连接的主要方法。套筒灌浆连接是在柱、墙底端的钢筋端头设置套筒。套筒上设有灌浆孔和出浆孔，均以 PVC 管引出构件。柱、墙纵筋与套筒可直螺纹连接或待以后灌浆连接（即半灌浆连接或全灌浆连接）。柱、墙安装时，经对位下落，下层柱、墙钢筋进入套筒内。校正后，向套筒内压注专用浆液形成整体。灌浆前应将柱、墙接缝周边封闭，浆液应从下口压入，上口流出后要及时用胶塞封堵，必要时可分仓进行灌浆。灌浆料拌和后应在 30min 内用完，

施工时温度不低于 5℃，养护温度不低于 10℃。

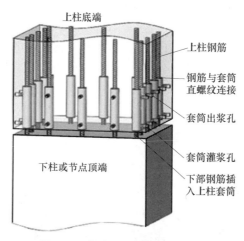

图 6.51　柱套筒半灌浆连接构造

②螺栓连接（图 6.52）。该种连接是在柱、墙纵筋底端焊有钢制连接座，柱、墙根部留凹槽使其外露。安装下落时，下部柱、墙的螺纹钢筋或预埋螺栓插入连接座孔，对位校正后拧上螺母，再通过灌浆充填缝隙并封堵凹槽。柱、墙安装前，应对支座表面抄平、设置垫块或调节下柱螺杆上的支撑螺母。

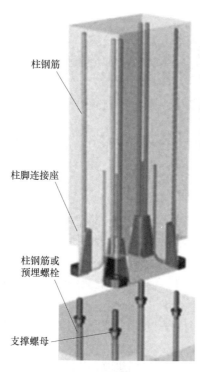

(b) 对位校正后拧紧螺母

(a) 连接构造　　　　　　　　　(c) 支模后灌浆

图 6.52　柱螺栓连接

③焊接连接。该种连接是在柱、墙构件底端通过留设混凝土键槽而露出纵筋或预埋钢板，以便安装后与下层钢筋焊接，再补浇键槽混凝土而成。

（2）梁、柱节点连接。

梁和柱的节点连接是关系到结构强度、刚度和抗震性能的重要环节，常用现浇节点构成整体式接头（图6.53）。

(a) 槽形梁与预制柱的节点　　　　　　　　　　(b) 键槽梁与现浇柱的节点

图 6.53　整体式接头

梁搭在柱上一般不少于 15mm，梁钢筋锚入节点足够的长度，连续梁的钢筋常焊接连接或全注浆套筒连接。节点处柱箍筋需加密。接头浇筑的混凝土强度等级应不低于各构件的混凝土设计强度，骨料粒径不大于连接处最小尺寸的 1/4。浇筑前应清理和润湿，浇筑过程中应确保捣实，必要时可掺微膨胀剂及早强剂，以避免开裂和提早进行上层的施工。

此外，还可以在预制梁、柱中留孔，安装后通过施加预应力形成预压型接头。

2. 墙板结构安装

1）安装顺序

预制墙板结构的安装顺序（图6.54），应根据房屋的构造特点和现场具体情况而定。一般多采用逐间封闭法安装。为减小误差积累，对较长的建筑物可从中间某一个开间开始，先吊装与现浇墙、柱连接的预制墙板，再按照外墙先行吊装的原则逐间封闭，适当拉结，以保证施工期间的整体稳定性。

一段预制墙板吊装完成后，即可浇灌各预制墙板之间的立缝，或现浇内墙混凝土与外预制墙板形成整体。拆除接缝或墙体模板后，安装叠合板支架，吊装叠合板、阳台板及楼梯构件。然后进行管线安装及附加钢筋、负弯矩筋的绑扎及焊接，再浇筑叠合层混凝土。

全装配剪力墙结构施工

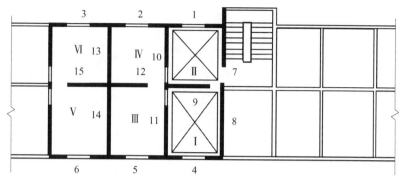

1、2、3……—墙板安装顺序；Ⅰ、Ⅱ、Ⅲ……—逐间封闭顺序；⊠—标准间。

图 6.54　墙板吊装顺序

2）预制墙板吊装

（1）工艺流程：放线→安装调节垫块或支垫螺母→坐浆→预制墙板起吊、调平→预留钢筋对孔→预制墙板就位安放→斜支撑安装→预制墙板垂直度校正→摘钩→钢筋连接、灌浆或套筒灌浆。

（2）安装前的准备。

① 预制墙板堆放与检查。预制墙板堆放时，应使用有足够刚度的插放架或靠放架，并支垫稳固，防止倾倒和下沉。外预制墙板的外饰面应朝外，对连接止水条、高低口、墙体转角等薄弱部位应加强保护。检查与调正预埋钢筋。检查连接部位的键槽或粗糙面处理是否符合设计要求等。

② 抄平放线。首层可根据标准桩或控制点用经纬仪定出房屋的纵横控制轴线，据此弹出各轴线及墙体安装边线或控制准线。在预制墙板构件上弹出建筑标高 1m 控制线以及预制构件的中线。安装后，在墙板顶面下 100mm 处弹出楼板安装标高控制线。

③ 安放垫块及坐浆。预制墙板吊装前，应在墙底放置垫块并抄平，以控制安装标高。当预制墙板长度小于 2m 时，可在两端 200～300mm 处放置垫块，当预制墙板长度大于 2m 时应适当增加。垫块的总厚度不得大于 20mm，标高误差不得超过 2mm。垫块大小取决于预制墙板质量，应满足承载力要求。对坐浆连接者，应在垫块以外的部位满铺砂浆且略高于垫块，以使预制墙板安装接缝密实；对灌浆连接者，砂浆应沿四周铺设，或在预制墙板就位后填堵封闭周边缝隙，避免灌浆时渗漏。

（3）安装方法与要求

为了保证连接钢筋的位置准确和便于预制墙板安装对位，应在浇筑前一层时，用专用定位架控制连接墙板钢筋的位置。

预制墙板吊装（图 6.55）宜采用横吊梁等专用吊具，并满足吊索与水平面夹角大于 45° 的要求，以保护构件。对构件受力薄弱部位应进行临时加固。起吊时，预制墙板两端应各设一人通过牵拉溜绳或手扶控制构件，避免与其他构件碰撞。起吊时要遵循"三三三制"，即先将预制墙板吊离地面 300mm 高后停稳 30s，检查构件是否水平、吊具连接是否牢固、钢丝绳有无扭结错位、构件有无破损等。确认无误后，所有人员远离构件 3m 以上再开始吊升。若发现问题应放回原位调整处理。

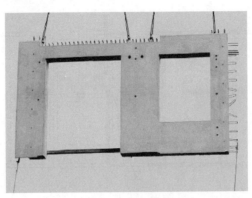

图 6.55　预制墙板吊装

　　预制墙板的安装对位，内墙应以轴线或边线为控制线，外墙则应以轴线和外轮廓线双控。一般预制墙板连接套筒的内径与所插入钢筋的直径差仅 10 ～ 15mm，而钢筋对中偏差要求不大于 5mm，故安装对位精度要求高。因此预制墙板吊至接近设计位置后要缓慢下放，在距离安装面 500mm 高度处停止，由安装人员扶住预制墙板，配合塔式起重机司机将预制墙板对准安装位置后缓缓下放，预制墙板降至下层构件的预留钢筋附近时停止，用反光镜确认钢筋是否在套筒正下方，微调至准确位置后继续下放，降至距安装面约 50mm 后再停止，使构件对准控制线后下落至垫块上。

　　预制墙板安装就位后，采用可调式钢管支撑将墙板与楼层拉结进行临时固定（图 6.56），每块预制墙板不少于 2 道，墙板长于 4m 者应增加支撑。支撑一般安装在预制墙板的同一侧面，每道 2 根，呈"八"字形上下设置，两端分别与楼面及预制墙板的预埋件连接牢固。主支撑与楼面的夹角宜为 45° ～ 60°，上部与墙板的连接点位置应大于墙板高度的 2/3。

图 6.56　预制墙板的安装与临时固定

　　就位校正时应测量预制墙板的平面位置、垂直度、高度等。若有位置偏差，应让塔式起重机施加构件质量 80% 的起升力，用手推或撬动移位调整；若有高度偏差，应重新起吊构件后查找原因（如垫块移位、掉落，墙板下有硬物等），并进行处理和调整；若有垂直度偏差，可转动临时支撑钢管，通过螺杆伸缩进行调整。预制墙板临时固定后，塔式起重机方可摘钩。

预制墙板安装后，墙底及钢筋连接部位应进行灌浆等接头连接处理。对预制外墙板需按构造要求进行竖向接缝的保温、防水处理，之后进行墙板之间或墙板与现浇墙体间的节点钢筋绑扎、模板安装、混凝土浇筑。待现浇墙体及接头处混凝土达到设计强度后方可拆除临时固定装置。

预制叠合梁、板及阳台板安装时，可采用钢管支架、单支顶或门架等支架形式，其具体构造应通过计算确定。叠合梁、板的安装方法与要求同前述框架结构，不再赘述。

6.4.5 钢框架结构的安装

钢框架结构安装前，应做好构件检查，弹线编号，吊具及工具、焊机准备，应力核算及临时加固等准备工作。

1. 柱基准备及柱底灌浆

第一节钢柱一般直接安装在钢筋混凝土柱基上，通过预先埋设的地脚螺栓固定。埋设时，应用套板控制螺栓之间的距离，立固定支架控制螺栓群位置，以保证准确。

为了精确控制上部结构的标高，基础浇筑时需预留 50mm 高的调整间隙。在钢柱吊装前，应根据基础及钢柱的实际制作尺寸，在基础表面浇筑临时支撑标高块进行调整。其设置形式如图 6.57 所示。标高块用不低于 M30 的无收缩砂浆，表面埋设 16 ～ 20mm 厚的钢板。对质量较轻的柱子，也可在每个预埋螺栓的中下部拧一螺母，用于支垫柱子和标高调整。

待第一节钢柱吊装、校正、固定后，进行柱底灌浆（图 6.58）。灌浆前应在钢柱底板四周立模板，用水清洗基础表面但不得积水，灌浆应从一边连续进行，灌浆后做好养护。

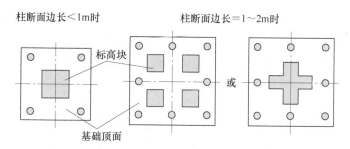

图 6.57 临时支撑标高块的设置

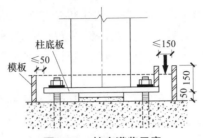

图 6.58　柱底灌浆示意

2. 吊装与校正

钢结构安装时，先安装一个流水段的一节柱，随即安装主梁，形成空间结构单元。安装顺序的确定应考虑安装过程中的整体稳定性和对称性，一般由中央向四周扩展，可减少焊接误差。某高层钢结构工程安装顺序如图 6.59 所示。柱与柱、主梁与柱的接头处用临时螺栓连接，其数量应根据安装过程所承担的荷载计算确定，但每个节点不应少于总数的 1/3，且不应少于 2 个。

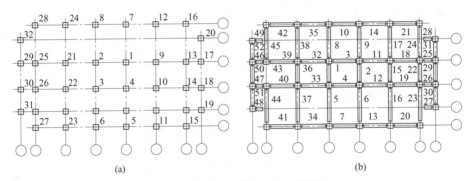

图 6.59　某高层钢结构工程安装顺序

钢结构的柱、梁等主要构件吊装就位后，应立即进行校正。校正时应考虑风力、温差、日照等外界环境和焊接变形等因素的影响。单层柱子的轴线垂直偏差不得大于柱高的 1‰ 和 25mm，安装主梁时，要根据焊缝收缩量预留变形量。

1）钢柱

钢柱多为 H 形截面或箱形截面。为减少连接和加快吊装速度，多制作成 2 ～ 3 层一节。分节位置宜在梁顶标高以上 1 ～ 1.3m 处，节与节之间用坡口焊连接。

在第一节钢柱吊装前，应在预埋的地脚螺栓上加设保护套或使用导入器，以防钢柱就位时碰坏螺栓丝牙。

钢柱的吊点设在吊耳处（柱子制作时焊好吊耳，用于吊装和临时固定，焊接固定后割除）。吊装时，根据柱子的质量和起重机能力，可用单机吊装或双机抬吊（图 6.60）。单机吊装时需在柱子根部垫以垫木，用旋转法起吊，严禁柱根拖地。双机抬吊时，将柱吊离地面后在空中回直。

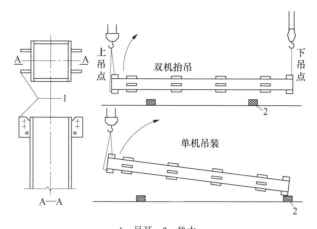

1—吊耳；2—垫木。

图 6.60 钢柱吊装

钢柱就位后，先初步调整标高、位置和垂直度，然后紧固地脚螺栓或在上下柱的耳板间加连接板，并穿入螺栓进行临时固定，再拆除吊索。

一个楼层钢柱吊装完成后，以转角处钢柱作为基准柱，用激光经纬仪观测调整。激光铅直仪一般设在地下室底板上的基准点处，各层楼板留洞，在钢柱顶固定激光测量目标（图 6.61）。其他柱则依据基准柱拉设钢丝（图 6.62），组成平面封闭状网格，用钢尺量测，进行偏差调整。校正方法常用钢楔法、千斤顶法和倒链法。

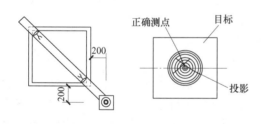

图 6.61 钢柱顶固定激光测量目标

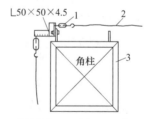

1—花篮螺栓；2—钢丝；3—角柱。

图 6.62 钢柱校正用钢丝

2）钢梁

钢梁在吊装前，应检查柱子间距和牛腿标高。对于采用高强螺栓连接者，需检查梁、柱端及连接板的抗滑移系数能否满足设计要求，不足时，需进行打磨或喷砂、喷丸、酸洗处理。主梁吊装前，应安装扶手杆和扶手绳，以保证施工人员安全。

对同一列柱的钢梁，安装应从跨中开始对称地向两端扩展。一节柱需安装多层钢梁时，同一跨钢梁宜按从上至下的顺序安装。一般钢梁常采用单机吊装，重型钢梁可采用双机抬吊，较小的钢梁可采用两梁或三梁串吊，以提高吊装效率（图 6.63）。

钢梁一般采用二点吊，用吊索捆扎或焊接吊耳，使用专用吊卡具，以及在上翼缘处开孔作为吊点等绑扎方法。对 H 型钢捆扎时，应做好翼缘的保护。钢梁吊装就位后应立即进行临时固定连接。

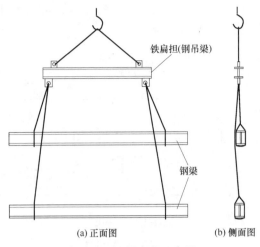

(a) 正面图　　　　(b) 侧面图

图 6.63　两梁串吊示意图

安装主梁时，要根据焊缝收缩量预留焊缝变形量，做好钢柱垂直度的检测。楼层的钢楼板或压型钢板的安装应与结构同步进行。安装压型钢板时，应先在梁上画出安装位置线。铺放压型钢板时，要搭接合格、槽口对正，以保证现浇板中钢筋顺利通过，并按照设计要求焊好足够的栓钉，以满足钢板的固定及梁板的整体性要求。

扭剪型高强
螺栓连接
演示

3. 连接与固定

钢结构的柱与柱、柱与梁、梁与梁的连接，一般采用高强螺栓连接、焊接连接以及二者并用的连接方式。二者并用时应先栓后焊，既可及时提高结构的稳定性，又能避免焊接变形而影响螺栓安装。

1）高强螺栓连接

高强螺栓连接节点应先用冲钉和临时螺栓定位、调整。高强螺栓应能自由穿入，严禁强行敲打。为使接头处构件与连接板搭叠密贴，高强螺栓应从螺栓群中央向外逐个拧紧，且从刚度大的一侧开始。高强螺栓的拧紧需按初拧和终拧两步进行，以使各螺栓的紧固拉力均衡。初拧的扭矩为施

二氧化碳保
护焊

工扭矩的 50% 左右。对于螺栓数量较多、钢板较厚的大型节点，在初拧后还需复拧，使各螺栓均达到初拧值。终拧是采用专用电动扳手拧至螺栓尾部梅花头扭断即可（对大六角头螺栓拧至规定扭矩）。终拧后，螺栓丝扣应露出螺母 2～3 扣。

2）焊接连接

焊接连接要充分考虑焊缝收缩变形的影响。在建筑平面上，各接头的焊接可以从柱网中央向四周扩散进行，或由四个角区向柱网中央集中进行；若建筑平面呈长条形，可分成若干单元分头进行，留下适量的调节跨。

柱与柱的接头焊接方向（图 6.64）也应遵循对称原则，由两个焊工在对面以相等速度对称进行焊接。H 型钢的梁与柱、梁与梁的接头，先焊下翼缘板，后焊上翼缘板。一根梁的两个端头应先焊一端，等其焊缝冷却达到常温后，再焊另一个端头。

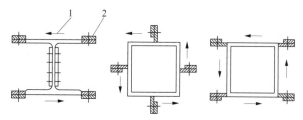

1—焊接方向；2—耳板及临时固定连接板。

图6.64　柱与柱接头的焊接方向

施工现场接头的焊接常采用 CO_2 保护焊或手工电弧焊。当风力大于 3m/s 时，要采取防风措施才能进行焊接。对厚板焊接，应做好预热和后热处理。

接头焊接完成后，焊工必须在焊缝附近打上自己的代号钢印。待焊缝冷却至环境温度后，检查人员对焊缝作外观检查，外观检查合格后，对于一级、二级焊缝需做超声波内部探伤检查，检测比例，一级为100%，二级不少于20%。对超声波检测结果有疑义时，可采用射线检测验证。凡不合格的焊缝在清除后，应以同样的焊接工艺进行补焊，但一条焊缝修理不得超过2次。

习　题

一、单项选择题

1. 现有 $6 \times 19+1$ 钢丝绳用作缆风绳，已知钢丝破断拉力总和 F_g 为 125kN，钢丝绳换算系数 α 为 0.85，安全系数 K 为 3.5，则此钢丝绳的允许拉力 $[F_g]$ 为（　　）。

　A. 30.36kN　　　B. 30.58kN　　　C. 30.67kN　D. 30.88kN

2. 若设计无要求，预制构件在运输时其混凝土强度至少应达到设计强度的（　　）。

　A. 30%　　　　B. 40%　　　　C. 60%　　　D. 75%

3. 单层工业厂房吊装柱时，其校正工作的主要内容是（　　）。

　A. 平面位置　　B. 垂直度　　　C. 柱顶标高　D. 牛腿标高

4. 对平面呈板式的六层钢筋混凝土预制结构吊装时，宜使用（　　）。

　A. 人字拔杆式起重机　　　　　　B. 履带式起重机

　C. 附着式塔式起重机　　　　　　D. 轨道式塔式起重机

5. 以下关于高强度螺栓连接的说法，不正确的是（　　）。

　A. 螺栓应能自由穿入螺栓孔

　B. 螺栓紧固应从边部开始，对称向中间进行

　C. 螺栓数量较多时，拧紧分初拧、复拧和终拧进行

　D. 终拧后，螺栓丝扣应外露 2～3 扣

二、填空题

1. 结构安装工程常用的起重机械有_____、_____和_____起重机。
2. 在单层工业厂房吊装施工中，柱的绑扎方法有_____与_____。
3. 单层工业厂房屋面板的安装顺序，应自_____向_____逐块对称进行。
4. 装配式混凝土框架结构柱子吊装时，常采用_____方式绑扎。
5. 建筑钢结构柱与柱、柱与梁、梁与梁的连接，一般采用_____、_____以及二者并用的连接方式。

三、术语解释题

1. 结构安装
2. 横吊梁
3. 柱直吊绑扎法
4. 柱旋转法起吊
5. 单层工业厂房分件吊装法

四、简答题

1. 地锚的形式有哪几种？埋设和使用时应注意哪些问题？
2. 预制构件吊装前的质量检查内容包括哪些？
3. 吊装屋架绑扎方式如何确定？绑扎应注意哪些问题？
4. 单层工业厂房结构安装的起重机械应如何选择？
5. 钢结构安装的连接固定方法有哪些？施工时各有哪些要求？

五、计算绘图题

1. 某厂金工车间柱距 6m，结构剖面图如图 6.65 所示，屋架索具绑扎点如图 6.66 所示（外侧吊索与水平面的夹角为 45°），已知屋架重 65kN，索具重 5kN，临时加固材料重 3kN；吊车梁高度为 0.7m，长 6m，重 28kN，索具重 2kN，索具绑扎点距梁两端均为 1m，吊索与水平面的夹角为 45°；屋面板厚 0.24m，起重机底铰距停机面的高度 E=2.1m。结构吊装时，场地相对标高为 −0.5m，吊装所需安装间隙均为 0.3m。

试求：

（1）吊装吊车梁的起重量及起重高度；

（2）吊装屋架的起重量及起重高度；

（3）吊装跨中屋面板所需的最小起重臂长度。

2. 某单层工业厂房车间跨度 18m，柱距 6m，共 6 个节间，吊柱时起重机沿跨内开行，起重半径为 9m，开行路线距柱杯口中心轴线 7m（该中心线在纵轴内侧 500mm 处）。已知柱长 10.8m，牛腿根部的绑扎点距柱底 7.8m。试按旋转法吊装施工画出柱子的平面布置图（只画一根即可）。

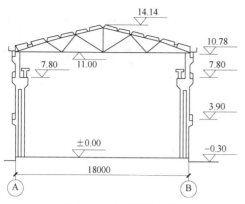

图 6.65　车间结构剖面

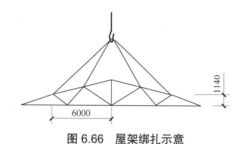

图 6.66　屋架绑扎示意

3.某四层装配式框架办公楼，平面长 45m，横向（进深方向）轴线尺寸为 b=7.2+2.4+7.2（m），纵向开间尺寸为 7.2m，层高 3.9m，地面以上结构总高度为 16.5m。较大构件包括：柱子高 3.2m、需起重量 24kN；横向叠合梁总高 700mm（含 150mm 待叠浇高度）、长 6.7m、吊环距梁端 1.2m，需起重量 28kN。拟采用 QTD60 型轨行式塔式起重机施工，布置如图 6.67 所示，轨道中心线距办公楼外侧轴线 a=5m，轨道顶面标高为 −0.3m。该起重机最大起重量为 30kN，起重机的起重力矩曲线如图 6.68 所示，最大起重力矩为 600kN·m，起重臂安装长度为 30m。最大起重幅度 30m 时，吊钩高度 23m；最小幅度 8m 时，吊钩高度 42m。试验算该起重机是否满足使用要求。

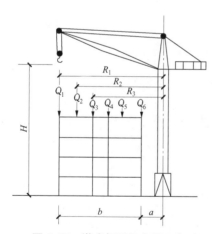

图 6.67　塔式起重机布置示意

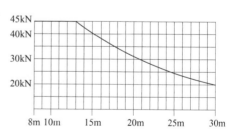

图 6.68　起重力矩曲线

在线答题

拓展习题

第7章
防水工程

知识结构图

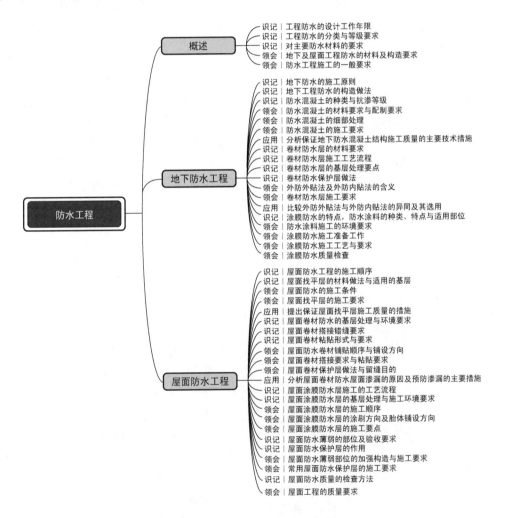

防水工程
- 概述
  - 识记 | 工程防水的设计工作年限
  - 识记 | 工程防水的分类与等级要求
  - 识记 | 对主要防水材料的要求
  - 领会 | 地下及屋面工程防水的材料及构造要求
  - 领会 | 防水工程施工的一般要求
- 地下防水工程
  - 识记 | 地下防水的施工原则
  - 识记 | 地下工程防水的构造做法
  - 识记 | 防水混凝土的种类与抗渗等级
  - 领会 | 防水混凝土的材料要求与配制要求
  - 领会 | 防水混凝土的细部处理
  - 领会 | 防水混凝土的施工要求
  - 应用 | 分析保证地下防水混凝土结构施工质量的主要技术措施
  - 识记 | 卷材防水层的材料要求
  - 识记 | 卷材防水层施工工艺流程
  - 识记 | 卷材防水层的基层处理要点
  - 识记 | 卷材防水保护层做法
  - 领会 | 外防外贴法及外防内贴法的含义
  - 领会 | 卷材防水层施工要求
  - 应用 | 比较外防外贴法与外防内贴法的异同及其选用
  - 识记 | 涂膜防水的特点，防水涂料的种类、特点与适用部位
  - 领会 | 防水涂料施工的环境要求
  - 领会 | 涂膜防水施工准备工作
  - 领会 | 涂膜防水施工工艺与要求
  - 领会 | 涂膜防水质量检查
- 屋面防水工程
  - 识记 | 屋面防水工程的施工顺序
  - 识记 | 屋面找平层的材料做法与适用的基层
  - 领会 | 屋面防水的施工条件
  - 领会 | 屋面找平层的施工要求
  - 应用 | 提出保证屋面找平层施工质量的措施
  - 识记 | 屋面卷材防水的基层处理与环境要求
  - 识记 | 屋面卷材搭接错缝要求
  - 识记 | 屋面卷材粘贴形式与要求
  - 领会 | 屋面防水卷材铺贴顺序与铺设方向
  - 领会 | 屋面卷材搭接要求与粘贴要求
  - 领会 | 屋面卷材保护层做法与留缝目的
  - 应用 | 分析屋面卷材防水屋面渗漏的原因及预防渗漏的主要措施
  - 识记 | 屋面涂膜防水层施工的工艺流程
  - 识记 | 屋面涂膜防水层的基层处理与施工环境要求
  - 领会 | 屋面涂膜防水层的施工顺序
  - 领会 | 屋面涂膜防水层的涂刷方向及胎体铺设方向
  - 领会 | 屋面涂膜防水层的施工要点
  - 识记 | 屋面防水薄弱的部位及验收要求
  - 识记 | 屋面防水保护层的作用
  - 领会 | 屋面防水薄弱部位的加强构造与施工要求
  - 领会 | 常用屋面防水保护层的施工要求
  - 识记 | 屋面防水质量的检查方法
  - 领会 | 屋面工程的质量要求

建筑防水是防止建筑结构受到水的渗入、侵蚀，使结构和内部空间免受水的危害而采取的一系列专门措施。防水是建筑工程的一项重要内容，其工程质量直接影响到建筑物的寿命、功能及使用环境。

建筑工程防水工程按部位分为地下防水、屋面防水、外墙防水、室内（厕浴间等）防水等，按构造做法可分为结构自防水和附加防水层防水。本章主要讨论建筑工程地下和屋面防水工程施工。

7.1 概　　述

7.1.1 工程防水的原则与工作年限

工程防水应遵循因地制宜、以防为主、防排结合、综合治理的原则。

《建筑与市政工程防水通用规范》GB 55030 规定防水设计工作年限：地下工程防水设计工作年限不应低于工程结构设计工作年限，屋面工程防水设计工作年限不应低于20 年，室内工程防水设计工作年限不应低于 25 年。

7.1.2 工程防水的分类

工程按其防水功能的重要程度分为甲、乙、丙三类（表 7-1），按防水使用环境划分为Ⅰ、Ⅱ、Ⅲ三类（表 7-2）。

表 7-1　建筑工程防水类别

工程类型		工程防水类别		
		甲类	乙类	丙类
建筑工程	地下工程	有人员活动的民用建筑地下室，对渗漏敏感的建筑地下工程	除甲类和丙类以外的建筑地下工程	对渗漏不敏感的物品、设备使用或贮存场所，不影响正常使用的建筑地下工程
	屋面工程	民用建筑和对渗漏敏感的工业建筑屋面	除甲类和丙类以外的建筑屋面	对渗漏不敏感的工业建筑屋面
	外墙工程	民用建筑和对渗漏敏感的工业建筑外墙	渗漏不影响正常使用的工业建筑外墙	—
	室内工程	民用建筑和对渗漏敏感的工业建筑室内楼地面和墙面	—	—

表 7-2　建筑工程防水使用环境类别划分

工程类型		工程防水使用环境类别		
		Ⅰ类	Ⅱ类	Ⅲ类
建筑工程	地下工程	抗浮设防水位标高与地下结构板底标高高差 $H \geqslant 0m$	抗浮设防水位标高与地下结构板底标高高差 $H<0m$	—
	屋面工程	年降水量 $P \geqslant 1300mm$	$400mm \leqslant$ 年降水量 $P<1300mm$	年降水量 $P<400mm$
	外墙工程	年降水量 $P \geqslant 1300mm$	$400mm \leqslant$ 年降水量 $P<1300mm$	年降水量 $P<400mm$
	室内工程	频繁遇水场合，或长期相对湿度 $RH \geqslant 90\%$	间歇遇水场合	偶发渗漏水可能造成明显损失的场合

7.1.3　工程防水的等级

工程防水等级应依据工程类别和工程防水使用环境类别分为一级、二级、三级。工程防水使用环境类别为Ⅱ类的明挖法地下工程，当该工程所在地年降水量大于 400mm 时，应按Ⅰ类防水使用环境选用。暗挖法地下工程防水等级应根据工程类别、工程地质条件和施工条件等因素确定。其他工程防水等级不应低于表 7-3 的规定。

表 7-3　工程防水的等级要求

使用环境类别	工程防水类别		
	甲类	乙类	丙类
Ⅰ类	一级	一级	二级
Ⅱ类	一级	二级	三级
Ⅲ类	二级	三级	三级

7.1.4　对主要防水材料的要求

防水材料的耐久性应与工程防水设计工作年限相适应。防水材料的材料性能应与工程使用环境条件相适应；每道防水层厚度应满足防水设防的最小厚度要求；防水材料影响环境的物质和有害物质限量应满足要求。外露使用防水材料的燃烧性能等级不应低于 B2 级。

1. 防水混凝土

防水混凝土的施工配合比应通过试验确定，其强度等级不应低于 C25，试配混凝土的抗渗等级应比设计要求提高 0.2MPa，以保证施工后的可靠性。防水混凝土应采取减少开裂的技术措施。防水混凝土除应满足抗压、抗渗和抗裂要求外，尚应满足工程所处环境和工作条件的耐久性要求。

2. 防水卷材和防水涂料

防水材料应经耐水性和热老化测试试验合格。防水卷材搭接应能在 0.2MPa 压力下 30min 内不透水。

耐根穿刺防水材料应通过耐根穿刺试验。长期处于腐蚀性环境中的防水卷材或防水涂料，应通过腐蚀性介质耐久性试验。

卷材防水层最小厚度应符合表 7-4 的规定。反应型高分子类防水涂料、聚合物乳液类防水涂料、水性聚合物沥青类防水涂料等防水层最小厚度不应小于 1.5mm，热熔施工橡胶沥青类防水涂料防水层最小厚度不应小于 2.0mm。当热熔施工橡胶沥青类防水涂料与防水卷材配套使用作为一道防水层时，其厚度不应小于 1.5mm。

表 7-4 卷材防水层最小厚度

防水卷材类型			卷材防水层最小厚度 /mm
聚合物改性沥青类 防水卷材	热熔法施工聚合物改性防水卷材		3.0
	热沥青黏结和胶粘法施工聚合物改性防水卷材		3.0
	预铺反粘防水卷材（聚酯胎类）		4.0
	自粘聚合物改性防水 卷材（含湿铺）	聚酯胎类	3.0
		无胎类及高分子膜基	1.5
合成高分子类 防水卷材	均质型、带纤维背衬型、织物内增强型		1.2
	双面复合型		主体片材芯材 0.5
	预铺反粘防水卷材	塑料类	1.2
		橡胶类	1.5
	塑料防水板		1.2

3. 水泥基防水材料

外涂型水泥基渗透结晶型防水材料的性能应符合国家标准的规定，防水层的厚度不应小于 1.0mm，用量不应小于 1.5kg/m²。聚合物水泥防水砂浆与聚合物水泥防水浆料的抗渗压力、黏结强度、抗冻性及吸水率应符合国家标准的规定。地下工程使用时，聚合物水泥防水砂浆防水层的厚度不应小于6.0mm，掺外加剂、防水剂的砂浆防水层的厚度不应小于18.0mm。

7.1.5 地下及屋面工程防水的构造要求

1. 一般要求

（1）种植屋面和地下建（构）筑物种植顶板工程防水等级应为一级，并应至少设置一道具有耐根穿刺性能的防水层，其上应设置保护层。

（2）地下工程迎水面主体结构应采用防水混凝土，并应满足抗渗等级要求。防水混凝土结构厚度不应小于250mm。防水混凝土的裂缝宽度不应大于结构允许限值，且不应贯通。

寒冷地区抗冻设防段防水混凝土抗渗等级不应低于P10。

在受中等及以上腐蚀性介质作用的地下工程中，防水混凝土强度等级不应低于C35，设计抗渗等级不应低于P8，迎水面主体结构应采用耐侵蚀性防水混凝土，外设防水层应满足耐腐蚀要求。

（3）附加防水层采用防水涂料时，应设置胎体增强材料。结构变形缝设置的橡胶止水带应满足结构允许的最大变形量。

（4）基底至结构底板以上500mm范围及结构顶板以上不小于500mm范围的回填层压实系数不应小于0.94。

2. 地下建筑工程

采用明挖法施工的地下建筑工程，其现浇混凝土主体结构防水做法应符合表7-5的规定。

表7-5　主体结构防水做法

防水等级	防水做法	防水混凝土	外设防水层		
			防水卷材	防水涂料	水泥基防水材料
一级	不应少于3道	为1道，应选	不少于2道；防水卷材或防水涂料不应少于1道		
二级	不应少于2道	为1道，应选	不少于1道；任选		
三级	不应少于1道	为1道，应选	—		

注：水泥基防水材料指防水砂浆、外涂型水泥基渗透结晶防水材料。

3. 建筑屋面工程

平屋面及瓦屋面工程的防水做法应符合表 7-6 规定。

表 7-6　平屋面及瓦屋面工程的防水做法

防水等级	防水做法	平屋面防水层		瓦屋面防水层		
		防水卷材	防水涂料	屋面瓦	防水卷材	防水涂料
一级	不应少于 3 道	卷材防水层不应少于 1 道		为 1 道，应选	卷材防水层不应少于 1 道	
二级	不应少于 2 道	卷材防水层不应少于 1 道		为 1 道，应选	不应少于 1 道；任选	
三级	不应少于 1 道	任选		为 1 道，应选	—	

金属屋面工程除金属板作为一道防水层外，对一级、二级防水应加铺不少于 1 道防水卷材。一级防水者，宜采用全焊接金属板屋面，且加铺的防水卷材厚度不应小于 1.5mm。

7.1.6　防水工程的特点与施工的一般要求

防水工程具有质量要求高、受环境影响大、薄弱部位多、构造及工序较为复杂、材料种类多且性能差异大等特点。因此，应严格控制工程质量。

防水材料及配套辅助材料进场时应提供产品合格证、质量检验报告、使用说明书、进场复验报告。防水卷材进场复验报告应包含无处理时卷材接缝剥离强度和搭接缝不透水性检测结果。

防水施工前应确认基层已验收合格，基层质量应符合防水材料施工要求。

雨天、雪天或五级及以上大风环境下，不应进行露天防水施工。

施工队伍和作业人员应具有相应专业的资质。防水施工前应依据设计文件编制防水专项施工方案，并做好技术、安全交底。应按工艺标准及施工方案要求进行施工，并进行全过程质量控制，做好各道工序的检查验收。

防水层施工应采取绿色施工措施。防水层施工完成后，应采取成品保护措施。

7.2　地下防水工程

地下防水工程是防止地下水对建筑物基础及地下结构的长期浸透、保证地下空间使用功能正常发挥的一项重要工程。由于地下水具有一定压力，而结构又存在变形缝、施工缝等众多薄弱部位，因此对施工质量要求高。而地下防水施工的环境较差、敞露及拖延时间长、受气候及水文条件影响大、成品保护难，加大了施工技术和保证质量的难度。

地下防水施工的原则为：①杜绝防水层对水的吸附和毛细渗透；②接缝严密，形成封闭的整体；③消除所留孔洞、缝隙造成的渗漏；④防止不均匀沉降而拉裂防水层；⑤防水层做至可能渗漏范围以外。

为了保证施工质量，地下防水工程施工期间，必须保持地下水位稳定在工程底部最低高程500mm以下，必要时应采取降水措施。

7.2.1 地下防水工程的构造做法

常用地下防水工程的构造及材料如图7.1所示，目前多采用防水混凝土结构＋卷材或涂膜防水层的刚柔结合做法。建筑物的地下室多为一、二级防水，常采用2道或多道设防的防水构造（图7.2）。

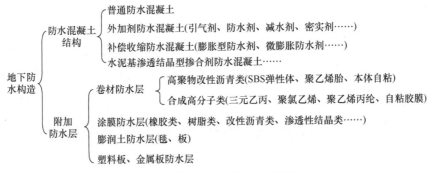

图7.1 地下防水构造及主要材料

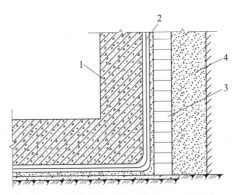

1—防水混凝土底板与墙体；2—卷材或涂膜防水层；3—保护层；4—灰土减压层。

图7.2 地下室多道防水构造

7.2.2 防水混凝土结构施工

防水混凝土是通过调整配合比或掺加外加剂、掺合料，以提高自身的密实性和抗渗性的特种混凝土。它兼有承重、围护和防水等功能，且耐久性好、耐腐蚀性强，造价较低，也是其他防水层的刚性依托。

1. 防水混凝土的种类与抗渗等级

防水混凝土
施工

防水混凝土有普通防水混凝土、外加剂防水混凝土、补偿收缩防水混凝土和水泥基渗透结晶型掺合剂防水混凝土等多个品种。普通防水混凝土是通过降低水胶比、增加水泥用量和砂率、石子粒径小及精细施工，从而减少毛细孔的数量和直径、减少混凝土内部的缝隙和孔隙，以提高混凝土的密实性和抗渗性。外加剂防水混凝土是在普通防水混凝土的基础上，掺入引气剂、减水剂、密实剂、防水剂等外加剂，进一步阻塞、减小混凝土的毛细孔道。补偿收缩防水混凝土主要是通过掺入膨胀型防水剂，使防水混凝土具有一定的膨胀功能，不但能减少毛细孔道，还能通过补偿收缩而避免宏观开裂，是最常用的品种。水泥基渗透结晶型掺合剂防水混凝土可在渗水时激活未水化的水泥颗粒，反应后产生新的结晶体而封堵孔、缝或毛细管，由于价格较高，现主要用于施工缝、后浇带等细部加强或缺陷处理。

防水混凝土的抗渗能力用抗渗等级表示，它反映了混凝土在不渗漏时的允许水压值。其设计抗渗等级最低为 P6（抗渗压力 0.6MPa），埋深大、要求高的工程设计抗渗等级最高可达 P12。

2. 防水混凝土配制要求

1）材料

水泥品种宜采用普通硅酸盐水泥或硅酸盐水泥。粉煤灰的级别不低于 Ⅱ 级，烧失量不大于 5%。碎石或卵石应坚硬、洁净、粒形良好，最大粒径不大于输送管径的 1/4 和 40mm，含泥量不大于 1%。砂宜选用坚硬、洁净、抗风化性强中粗砂，含泥量不大于 3%。不宜使用海砂，不得使用碱活性骨料。水应洁净，不含有害物质。

2）配比

胶凝材料总用量不宜小于 320kg/m³，其中水泥用量不得少于 260kg/m³，粉煤灰掺量宜为胶凝材料总量的 20%～30%；砂率宜为 35%～40%，泵送时可增至 45%；灰砂比宜为 1∶1.5～1∶2.5；水胶比不得大于 0.50；预拌混凝土的入泵坍落度宜为 120～160mm，初凝时间宜为 6～8h。

3. 防水细部处理

防水混凝土结构的混凝土施工缝、结构变形缝、后浇带、穿墙螺栓、穿墙管道等均是防水薄弱部位。施工中，应按设计及规范要求认真做好这些细部的处理，并进行全数检查验收，以保证整个防水工程的质量。

1）混凝土施工缝

止水板安装

防水混凝土应尽量连续浇筑，宜少留施工缝。顶板及底板防水混凝土均应连续浇筑，不宜留设施工缝。墙体与水平构件交接时，其水平施工缝应留在高出底板表面不小于 300mm、楼板以下 150～300mm 的墙体上，且距预留孔洞的边缘不小于 300mm；如需留设垂直施工缝时，其位置应避开地下水和裂隙水多的地段。为了避免施工缝处渗漏，常采用图 7.3 所示做法。对止水板、条、带、管要适时安装，位置居中，并做好固定。

在施工缝处继续浇筑混凝土时，已浇筑的混凝土抗压强度不应低于1.2MPa。浇筑前，应清除其表面浮浆和杂物，然后涂刷混凝土界面处理剂或水泥基渗透结晶型防水涂料等结合层，并及时浇筑混凝土。对水平施工缝，浇筑前还应先铺30～50mm厚的1:1水泥砂浆，以防"烂根"。

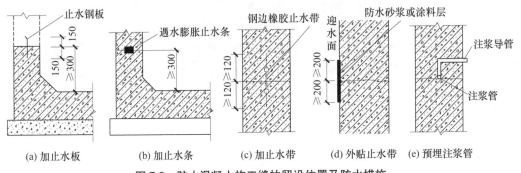

(a) 加止水板   (b) 加止水条   (c) 加止水带   (d) 外贴止水带   (e) 预埋注浆管

图7.3　防水混凝土施工缝的留设位置及防水措施

2）结构变形缝

结构变形缝一般包括伸缩和沉降缝。为满足变形要求且能密封防水，结构变形缝常采用埋入橡胶、塑料、金属止水带的方法，其构造如图7.4所示。

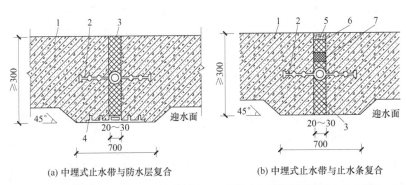

(a) 中埋式止水带与防水层复合   (b) 中埋式止水带与止水条复合

1—混凝土结构；2—中埋式橡胶止水带；3—留缝材料；4—外贴式止水带或防水卷材、防水涂料；5—嵌缝材料；
6—背衬材料；7—遇水膨胀止水条。

图7.4　变形缝防水构造

安装止水带时，其圆环中心必须对准变形缝中央，转弯处应做成直径不小于150mm的圆角，接头应在水压最小且平直处。现场拼接时，应采用热压或热熔焊接，不得叠接。止水带安装时，宜采用专用钢筋套或扁钢固定（图7.5），以保证位置准确。水平设置的止水带宜安装成盆状 [图7.5（b）]，以利于混凝土浇筑密实。浇筑混凝土时，要避免结合处粗骨料集中，要细致捣实且振捣棒不碰触止水带。

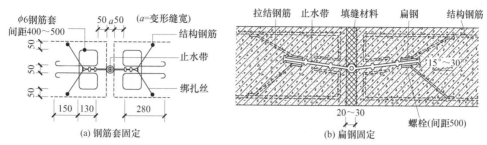

图 7.5　止水带安装方法示意图

3）后浇带

后浇带是为避免施工过程中因收缩应力或沉降差可能造成混凝土结构开裂而留置的，待变形完成后再进行补浇的混凝土刚性接缝，用于不允许设置变形缝，且后期变形趋于稳定的结构。后浇带按功能分收缩后浇带和沉降后浇带。防水混凝土后浇带的留缝形式如图 7.6（a）（b）所示，超前止水后浇带［图 7.6（c）］是为了防止地下水从后浇带处涌入所采取的构造措施。

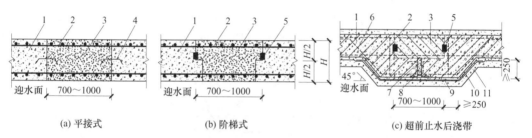

1—先浇混凝土；2—结构主筋；3—后浇补偿收缩混凝土；4—止水钢板；5—遇水膨胀止水条；6—附加钢筋；
7—留缝材料；8—外贴止水带；9—细石混凝土保护层；10—卷材防水层；11—混凝土垫层。

图 7.6　防水混凝土后浇带的留缝形式与构造

后浇带留设的位置、宽度及构造形式应符合设计要求。留置时应采取支模或固定钢丝网等措施，保证留缝位置准确、断口垂直、边缘密实。留缝后应做封挡、遮盖保护，防止边缘损坏、缝内进水或垃圾杂物，以减少钢筋锈蚀和缝内清理工作量。

后浇带混凝土浇筑应待结构变形基本完成，且与两侧混凝土间隔不少于 42d。施工宜在气温较低时进行。施工前，应将交界面做糙面处理，并清除缝内杂物和积水。施工时，先在交界面涂刷界面处理剂或水泥基渗透结晶型防水涂料，随即浇筑抗渗和抗压强度等级均不低于两侧，且具有补偿收缩功能的混凝土，并细致捣实。浇筑后应及时养护，养护时间不少于 28d。

4）穿墙螺栓

支设墙体模板所用穿墙螺栓，应在中部加焊钢板止水环而构成止水螺栓（图 7.7）。止水环钢板厚度不宜小于 3mm，直径（或边长）应比螺栓直径大 50mm 以上，并与螺栓满焊，以免出现渗水通道。拆模后应将留下的凹坑封堵密实，并宜在迎水面涂刷防水涂料。

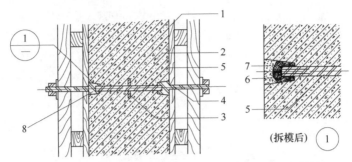

1—模板；2—结构混凝土；3—止水环；4—工具式螺栓；5—止水螺栓；
6—密封材料；7—聚合物水泥砂浆；8—圆台形对接螺母。

图7.7　工具式止水螺栓

5）穿墙管道

当有管道穿过防水混凝土结构时，由于二者的变形、黏结力等因素，其接合处易产生渗漏，因此，应在预埋的管道上满焊钢板止水环（环宽100mm）或缠绕遇水膨胀橡胶圈两道。

当结构变形、管道伸缩量较大，或有更换要求时，应采用预埋防水套管式穿墙管道（图7.8）。止水环应与套管满焊严密，并做好防腐处理。管道安装后，穿墙管与套管间的缝隙应用橡胶圈填塞顶紧，迎水面用密封材料嵌填密实。

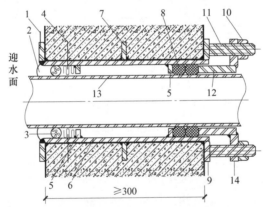

1—翼环；2—密封材料；3—背衬材料；4—充填材料；5—挡圈；6—套管；7—止水环；8—橡胶圈；
9—翼盘；10—螺母；11—双头螺栓；12—短管；13—主管；14—法兰盘。

图7.8　防水套管式穿墙管道构造

4.防水混凝土施工要求

防水混凝土结构的钢筋绑扎安装时，应留足保护层，迎水面钢筋的保护层厚度不应小于50mm。留设保护层必须采用与防水混凝土成分相同的细石混凝土或砂浆垫块，严禁用钢筋或塑料等支架支垫。固定钢筋网片的支架和"S"钩、绑扎钢筋的铁丝、钢筋焊接的镦粗点及机械式连接的套筒等，均应有足够的保护层，不得碰触模板。

防水混凝土应配合比准确、搅拌均匀。运输应及时、快捷，若有离析应进行二次搅拌。当坍落度损失过大而不能满足浇筑要求时，应加入原水胶比的水泥浆或掺加同品种的减水剂进行搅拌，严禁直接加水。

防水混凝土应尽量连续浇筑，使其成为封闭的整体。当在大型地下工程中，竖向结构与水平结构难以实现连续浇筑时，宜采用基础底板→底层墙体→底层顶板→墙体→……分几个部位浇筑的程序。基础底板面积较大，宜采取分区段分层浇筑。墙体高度大，宜分层交圈浇筑，并保证上下层的连续。对大体积混凝土应制定可靠的综合措施以防开裂，确保其抗渗性能。

防水混凝土浇筑时，应控制倾落高度，防止分层离析；应分层浇筑，每层厚度不得大于 500mm；应采用机械振捣，并避免漏振、欠振和过振。

防水混凝土浇筑后应及时进行保湿养护，养护温度不得低于 5℃，时间不少于 14d。拆模不宜过早，墙体宜带模养护不少于 3d。拆模时混凝土表面与环境温差不得超过 20℃，以防止开裂和损坏。冬季施工时应采取保湿保温措施，不得采用电热法或蒸汽直接加热养护。

施工过程中应按规定留置抗压强度试件和抗渗试件。抗渗试件应在浇筑地点与其他试件同时制作，每连续浇筑 500m³ 留置一组，且每项工程不得少于两组，每组为 6 块（圆台体）。其中一组进行 28d 标准养护，另一组与结构同条件下养护，其抗渗等级均不应低于设计等级。

7.2.3 卷材防水层施工

1. 材料要求

地下卷材防水是地下防水工程的主要做法，往往作为整个工程防水的第一道屏障。卷材常采用耐久、抗拉及变形性能较好的高聚物改性沥青防水卷材、合成高分子防水卷材等。其品种、规格应符合设计要求，进场应检查外观、核实出厂合格证及质量检验报告，并按规定进行抽样复检，合格后方准使用。

2. 施工程序与方法

地下卷材防水常用全外包防水做法，即将卷材防水层设置在地下防水结构的外表面（迎水面）。按墙体结构与卷材施工的先后顺序可分为外贴法和内贴法两种程序。

地下防水——外贴法

1）外防外贴法

外防外贴法（图 7.9）是指在结构墙体施工完成后，在外墙外表面粘贴卷材。临时保护墙应采用石灰砂浆砌筑，内表面用石灰砂浆做找平层，以便于做墙体防水层时搭接处理。基础底板处的卷材，应先铺底面，后铺立面，多层卷材的交接处应交错搭接［图 7.9（a）］。结构墙体完成后，铺贴墙面卷材前，应将临时保护墙拆除，卷材表面清理干净。墙面卷材从上至下铺贴，与底板上翻的卷材错槎搭接，上层卷材应盖过下层卷材［图 7.9（b）］。

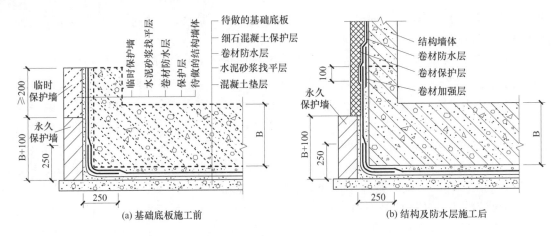

(a) 基础底板施工前   (b) 结构及防水层施工后

B—基础底板厚度。

图 7.9　外防外贴法卷材防水构造

外贴法卷材
防水层施工

采用外防外贴防水层的地下结构，其施工程序如下：

浇筑基础混凝土垫层并抹平→垫层边缘上干铺卷材隔离层→砌永久保护墙和临时保护墙→在保护墙内侧抹水泥砂浆找平层→养护干燥后，在垫层及墙面的找平层上涂布基层处理剂、分层铺贴防水卷材→检查验收→做卷材的保护层→底板和墙身结构施工→结构墙外侧抹水泥砂浆找平层→拆除临时保护墙→粘贴墙体防水层→验收→保护层和回填土施工。

2）外防内贴法

外防内贴法是将立面卷材防水层先粘贴在保护墙上，再进行结构的外墙施工。外防内贴法卷材防水构造如图 7.10 所示。

防水混凝土
及外防内贴
法防水层

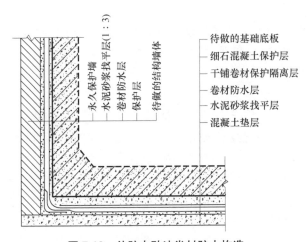

图 7.10　外防内贴法卷材防水构造

采用外防内贴法施工时，卷材宜先铺贴立面，后铺贴平面。铺贴立面时，先转角后大面。采用外防内贴防水层的地下结构，其施工程序如下：

在混凝土垫层边缘上做永久保护墙→在保护墙及垫层上抹水泥砂浆找平层→立面及平面防水层施工→检查验收→平面及立面保护层施工→底板和墙身结构施工。

外防内贴法施工可节约场地及墙体模板、工序少，但若墙体结构施工时造成防水层损坏，则难以发现和修补，故一般认为可靠性较差。因此，往往用于施工场地狭小，不能采用外贴法施工的工程或部位。

3. 卷材防水层施工工艺

卷材防水层施工工艺流程为：基面找平→涂布基层处理剂→细部增强处理→铺贴卷材→保护层施工。

1）基层处理

（1）卷材防水层的基层必须坚实、平整、干燥、洁净。对凹凸不平的基体表面应抹水泥砂浆找平层；平整的混凝土表面若有气孔、麻面，可用加膨胀剂的水泥砂浆填平。找平层应做好养护，防止出现空鼓和起砂现象。

（2）各部位的阴阳角均应做成圆弧或 45° 坡角，避免卷材折裂。

（3）防水层施工时，其基层含水率一般应低于 9%。检查时可在基层表面铺设 1m×1m 的防水卷材，静置 3～4h 后掀开，若基层表面及卷材内表面均无水印，即可视为含水率达到要求。

（4）铺贴防水卷材前，应在基面上涂布基层处理剂，以加强卷材与基体的黏结。所用材料要与卷材及其黏结材料的材性相容。涂布基层处理剂时应均匀、不露底。

（5）复杂部位增强处理。基层处理剂干燥后，先在转角处、变形缝、施工缝、管根等部位铺贴卷材加强层，其宽度不少于 500mm。变形缝处应先干铺一卷材隔离层，再贴加强层，并留足变形量。

2）铺贴卷材

（1）基本要求。

① 结构底板垫层混凝土部位的卷材可采用空铺法或点粘法施工，外贴法的侧墙、顶板部位的卷材必须采用满粘法施工。

② 卷材搭接处和接头部位应粘贴牢固，接缝口应封严或采用材性相容的密封材料封缝。

③ 卷材接头应相互错开，同层相邻两幅卷材短边搭接错缝距离不应小于 500mm。墙面应从上向下盖压。外贴法墙面与底板卷材搭接如图 7.11 所示。

④ 上下两层和相邻两幅卷材的接缝应错开至少 1/3 幅宽，且不应互相垂直铺贴。

⑤ 同层卷材搭接不应超过 3 层。卷材收头应固定密封。

⑥ 不同品种防水卷材的最小搭接宽度，应符合表 7-7 的规定。

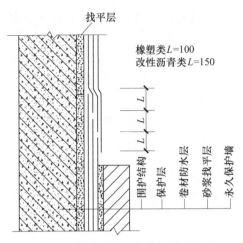

图 7.11　外贴法墙面与底板卷材搭接

表 7-7　防水卷材最小搭接宽度

防水卷材类型	搭接方式	搭接宽度 /mm
聚合物改性沥青类防水卷材	热熔法、热沥青	≥100
	自粘搭接（含湿铺）	≥80
合成高分子类防水卷材	胶黏剂、黏结料	≥100
	胶粘带、自粘胶	≥80
	单缝焊	≥60，有效焊接宽度不应小于 25
	双缝焊	≥80，有效焊接宽度 10×2+ 空腔宽
	塑料防水板双缝焊	≥100，有效焊接宽度 10×2+ 空腔宽

（2）改性沥青卷材防水层铺贴。

改性沥青卷材的铺贴可依据施工环境、现有设备及卷材本身特点，选用热熔法、冷粘法或自粘法等方法进行铺贴。

① 热熔法。

热熔法是利用火焰加热卷材底面的热熔胶及基层处理剂，热熔胶熔化后进行铺贴的施工方法。该法施工简便、粘贴牢固、使用广泛，可在环境温度不低于 −10℃ 时施工，但易造成污染或火灾隐患，故不得用于地下密闭空间、通风不畅空间、易燃材料附近的防水工程。

铺贴时，先将卷材放在铺贴位置上，打开 1m 左右长度，用汽油喷灯或燃气具的火炬烘烤卷材的底面，沥青熔融后粘贴固定在基层表面。端部固定后，将未粘贴部分卷好，用火炬对准卷材卷与基层表面夹角（图 7.12），并保持喷枪嘴距角顶 0.5m 左右，边熔融卷材和基层，边向前缓慢滚铺，随即用压辊排除空气并压实。滚铺时，卷材接缝部位必须有沥青热熔胶溢出，并随即刮封接口，使接缝黏结严密。

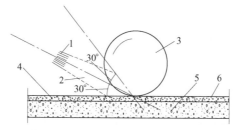

1—喷嘴；2—火焰；3—改性沥青卷材；4—水泥砂浆找平层；5—混凝土层；6—卷材防水层。

图 7.12 热熔火焰的喷射方向

② 冷粘法。

冷粘法是利用改性沥青冷黏结剂粘贴卷材，可在温度不低于 5℃时施工。铺贴时，把搅拌均匀的冷黏结剂均匀涂刷在基层上，涂刷宽度略大于卷材幅宽，厚度 1mm 左右。干燥 10min 后，按顺序铺设卷材，并用压辊由中心向两侧滚压排气，使其粘牢。

③ 自粘法。

自粘法用于自粘型改性沥青卷材。该类卷材分有胎和无胎两种，无胎型的延伸率可达到 500%，且弹性强、有自恢复功能，施工方便，防水效果好。

铺贴时，将卷材放在确定的位置，经揭纸、粘头后，随揭隔离纸随滚铺卷材（图 7.13），并用压辊压实，排出空气。卷材边角及接缝处要反复压实粘牢。自粘法铺贴时环境温度不得低于 5℃，当温度低于 10℃时应采用热风加热辅助施工。铺贴后，用密封膏封严接缝。

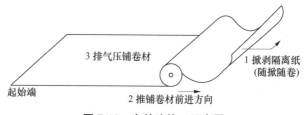

3 排气压铺卷材　　1 掀剥隔离纸（随掀随卷）

起始端　　2 推铺卷材前进方向

图 7.13 自粘法施工示意图

（3）合成高分子卷材防水层铺贴。

该类防水卷材的铺贴可依据卷材本身特点，选用冷粘法、自粘法进行铺贴。对于三元乙丙橡胶卷材、聚氯乙烯卷材常采用相应的胶黏剂粘贴，对于聚乙烯丙纶复合卷材则常采用配套的聚合物砂浆湿作业粘贴；而对于自粘胶膜卷材则可采用预铺反粘防水技术。采用冷粘法、自粘法施工时，环境温度应不低于 5℃。下面主要介绍冷粘法中的胶黏剂冷粘法和自粘法中的预铺反粘法。

铺贴橡胶防水卷材

① 胶黏剂冷粘法。

A. 涂布基层胶黏剂。

将胶黏剂分别在卷材表面（搭接边除外）和基层表面，用滚刷均匀涂布，静置 10 ～ 20min，指触不粘时，即可进行铺贴。

B. 铺贴卷材。

根据卷材配置方案弹出基准线，按线从一端开始铺贴。平面与立面相连的卷材，应先铺平面再向上铺立面，使卷材与阴阳角贴紧。接缝部位应离开阴阳角 200mm 以上。铺设时，不得将卷材拉得过紧或出现皱褶。

每铺完一张卷材后，立即用干净松软的长把滚刷沿卷材横向顺序用力滚压一遍，以排除黏结层的空气。平面部位再用 ϕ200mm × 300mm、质量 30 ~ 40kg 外包橡胶的铁辊滚压一遍，垂直面上再用手持压辊滚压，使其黏结牢固。

C. 卷材接缝的黏结。

大面积卷材铺好后，先将接缝处的表面清理干净，在两黏结面涂刷接缝专用胶黏剂，晾胶至指触不粘时再进行粘贴，并用手持压辊顺序混压一遍。不得有气泡和皱褶。在接缝黏结后，其边口应嵌填密封膏。对于要求较高的工程，还宜在接缝处附加补强层（图 7.14）。

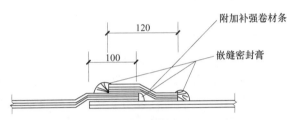

图 7.14　卷材接缝处附加补强处理

当卷材为聚氯乙烯等热塑性材料时，可用热风焊机进行热熔焊接接缝，黏结效果会更好。

自粘胶膜卷材预铺反粘法施工

② 预铺反粘法。

预铺反粘法常采用高分子自粘胶膜防水卷材作防水层。该种卷材系在高密度聚乙烯卷材上涂覆高分子自粘胶层和耐候层的复合卷材。高密度聚乙烯主要提供高强度；高分子自粘胶层具有良好的粘接性能，可以承受结构产生的裂纹影响；耐候层既可以使卷材在施工时适当外露，还可以提供不粘的表面供工人行走，使得后道工序可以顺利进行。该种卷材具有较高的断裂拉伸强度和撕裂强度，胶膜的耐水性好，单层使用时也可达到防水要求。

预铺反粘法适用于地下工程底板和侧墙的外防内贴法防水施工。用于平面时，将高密度聚乙烯面朝下空铺于垫层上，自粘胶层朝上，揭去保护膜后浇筑保护层；用于立面时，将卷材高密度聚乙烯面朝外、自粘胶层朝向待做的结构层（即防水混凝土墙体），钉固在保护墙找平层或支护结构面上，并将钉头覆盖。墙体防水卷材施工后，揭去保护膜即可进行绑扎钢筋、支模板、浇筑混凝土等后续施工。

混凝土浇筑过程中，未凝固混凝土与卷材的耐候层和自粘胶层接触、作用。在混凝土固化后，卷材与混凝土之间能形成牢固、连续的黏结，从而实现对结构混凝土的直接防水保护，防止防水层局部破坏时渗水在防水层和结构混凝土之间窜流，大幅度降低漏水的可能性及维修费用。

3）保护层施工

卷材防水层经检查合格后，应及时做保护层。

基础底板下的防水层上应浇筑不少于 50mm 厚细石混凝土保护层，待其达到足够强度后方可进行基础底板施工。

墙体采用内贴法施工时，可抹压 20mm 厚 1∶2.5 水泥砂浆保护层，或粘贴 5～6mm 厚聚氯乙烯泡沫塑料片材作软保护层。抹水泥砂浆前，应在卷材表面涂刷黏结剂，并撒粗砂或粘麻丝，以利砂浆黏结。墙体采用外贴法施工时，可粘贴泡沫塑料片材、聚苯乙烯挤塑板，或铺抹 20mm 厚 1∶2.5 水泥砂浆、砌筑保护砖墙等。塑料板、片材应接缝严密，粘贴牢固。保护墙应在转角处及每隔 5～6m 处断开，断开的缝隙用卷材条填塞。保护墙与防水层之间空隙应随时用砂浆填实。

7.2.4 涂膜防水层施工

涂膜防水是在常温下涂布防水涂料，经防水涂料溶剂挥发或水分蒸发，抑或反应固化后，在基层表面形成的具有一定坚韧性的涂膜的防水方法。涂膜防水常采用冷作法施工，工艺较为简单，尤其适用于形状复杂的结构。

防水涂料种类较多，可分为无机防水涂料和有机防水涂料两大类型。在地下工程中，无机防水涂料常采用掺外加剂或掺合料的水泥基防水涂料、水泥基渗透结晶型防水涂料，其凝固快，与基面有较强的黏结力，宜用于地下结构的背水面做防水过渡层。有机防水涂料常采用反应型、水乳型或聚合物水泥等涂料，其抗水性能好，但与基面黏结力较小，宜用于地下结构的迎水面。

涂膜防水层严禁在雨雪天或五级及以上大风时施工；不得在环境温度低于 5℃ 或高于 35℃，抑或烈日暴晒时施工；涂膜固化前如有降雨可能时，应及时覆盖保护。涂膜防水层的材料多为易燃品，且有一定毒性，应做好防火、通风和劳动保护工作。不同防水涂料的施工方法及要求类似。下面仅以常用的单组分聚氨酯防水涂料为例，介绍地下涂膜防水层的施工要点。

单组分聚氨酯防水涂料属反应固化型（湿气固化）的防水涂料，具有强度高、延伸率大、耐水性能好等特点。对基层变形的适应能力强，价格适中，在无紫外线照射下一般可使用 20 年以上。其地下防水构造与卷材防水基本相同，涂膜总厚度应为 1.2～2.0mm，在阴、阳角等薄弱部位应作增强处理。

1. 施工准备

（1）材料。涂膜防水材料应据设计要求进场，并检查质量和抽样复检。

（2）基层处理。涂膜防水要求基层表面必须坚实、平整、清洁、干燥。

① 混凝土基础垫层表面应抹 20mm 厚 1∶3 水泥砂浆或无机铝盐防水砂浆（无机铝盐防水剂掺量为水泥用量 5%～10%）等，要抹平压光，不得有空鼓、开裂、起砂、掉灰等缺陷。

② 混凝土立墙如有孔眼、蜂窝、麻面及凸凹处应进行剔补，并用掺膨胀剂的水泥砂浆或乳胶水泥腻子（乳胶掺量为水泥的 15%）填充刮平。若立墙为砖砌体，应待其沉降等变形完成后，抹 20mm 厚水泥砂浆或防水砂浆。

③ 穿墙管道、洞口、变形缝、埋件、穿墙螺栓等防水薄弱部位均应按要求做好处理，并经检查验收合格。各阴阳角处均应做成半径 10 ～ 25mm 的圆角。

④ 基层上的尘土、油污、砂粒及各种杂物均应清理干净。防水层施工前用墩布擦净晾干或用风机吹净。

⑤ 防水层施工时，必须保持基层干燥，含水率应不大于 9%。

2. 施工工艺

聚氨酯防水涂料的主要施工工艺流程如下。

平面：基层清理→涂布基层处理剂→细部增强处理→刮第一道涂膜层→刮第二道涂膜层→保护层施工。

立面：基层清理→涂布基层处理剂→细部增强处理→刷四道涂膜层→保护层施工。

1）涂布基层处理剂

基层处理剂的功能是提高涂膜与基层的黏结强度，隔绝基层潮气，防止涂膜起鼓脱落、出现针眼气孔等缺陷。因此，必须在基层满涂一道，其用量为 0.15 ～ 0.2kg/m²。

当基面较潮湿时，应涂刷湿固化型界面处理剂或潮湿界面隔离剂。施工时，先在阴阳角、管根等薄弱部位涂一遍，然后再用长把滚刷在基层上全面、均匀涂布。涂刷时需稍用力，使涂料尽可能地挤进基层表面的毛细孔中，以增强结合力和封闭性。涂后应干燥固化 4h 以上，指触不粘时方可做下道工序。

2）细部增强处理

基层处理剂固化干燥后，在阴阳角、变形缝、管根等处做增强处理。其做法是，用防水涂料粘贴一层胎体增强材料（常用聚酯纤维无纺布），并增涂 2 ～ 4 遍防水涂料，宽度不小于 600mm。固化后再进行整体防水层施工。

3）涂膜层施工

（1）涂料搅拌。

单组分聚氨酯防水涂料一般为桶装，开盖前应滚动，使桶内涂料混匀，达到内部各部分浓度一致；或开盖后倒入开口大桶，用机械搅拌均匀后再用。未用完的涂料应加盖密封。桶内有少量结膜现象时，应清除或过滤后再用。

（2）涂布防水涂料。

① 方法与要求。

立面涂布涂料宜采用蘸涂法，涂刷应均匀；平面涂布时可先倒在基面上，用橡胶刮板均匀刮开。在局部增强处理部分基本干燥固化后，开始进行第一道涂膜施工，用量为 0.8 ～ 1kg/m²，涂层厚度为 0.6 ～ 0.8mm。第一道涂层干燥后（一般间隔 12 ～ 24h），涂刮第二道涂层，涂层厚度为 0.8 ～ 1.0mm。两层成膜总厚度约为 1.5mm。当涂层设计厚度为 2mm 时，在第二层涂料固化，且指触不粘时，再涂刷 0.3 ～ 0.5mm 厚的第三道涂层。

② 注意问题。

各涂层间应按相互垂直方向涂刷，以提高防水层的整体性和均匀性。涂刷时应避免裹入气泡，如有气泡应及时消除。同层涂膜的先后搭压宽度宜为 30 ～ 50mm，甩槎处的搭接宽度应不小于 100mm。每道涂层施工前，应将前道涂层或甩槎表面上的灰尘、杂质清理干净，检查并修补前道涂层的缺陷。

若做胎体增强时，应在涂刮第二道前进行铺贴，并随即涂刮涂料，使其浸透到底层涂膜上。胎体应平顺无皱褶，相互搭接宽度应不少于 100mm。收头处应裁剪整齐，并用密封材料压边，宽度不少于 10mm。分条涂布涂料时，分条宽度应与胎体增强材料宽度相一致。

（3）涂膜防水层的厚度检测。

成膜厚度检测可用针测法，或割取 20mm × 20mm 的实样用卡尺量测。要求平均厚度应满足设计要求，最小厚度不得小于设计厚度的 90%。

4）保护层施工

同卷材防水层，但在平面的防水层与保护层之间宜设置隔离层。

7.3　屋面防水工程

7.3.1　概述

屋面防水是防止雨水、雪水对屋面的间歇性浸透，保证建筑物的寿命及使用功能正常发挥的一项重要工程。防水屋面的种类包括卷材防水屋面、涂膜防水屋面、瓦屋面等。下面介绍常用的卷材、涂膜防水屋面的施工。卷材、涂膜防水屋面按防水层与保温层设置位置不同，分为正置式和倒置式屋面，其构造如图 7.15 所示。

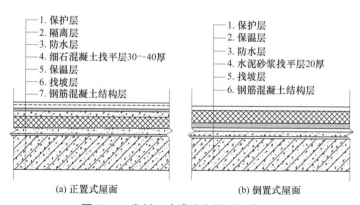

(a) 正置式屋面　　　　　　　　(b) 倒置式屋面

图 7.15　卷材、涂膜防水屋面构造做法

屋面的施工顺序应按构造做法由下至上分层次进行。如正置式屋面施工顺序主要为：找坡及保温层施工→找平层施工→防水层施工→隔离层及保护层施工。其中找坡及保温层应根据设计要求的材料做法，在结构完成后及时进行施工，以保护结构。当屋面防水层为"卷材+涂膜"时，应先做涂膜再铺贴卷材，这样做既能黏结牢固，又可增加可靠性及耐久性。

7.3.2 施工条件与找平层施工

1. 施工条件

屋面防水层应在屋面以上其他工程完成，且找平层干燥后进行施工。其干燥程度据所选防水卷材或涂料的特性确定，一般含水率应低于9%，可用干铺卷材法检验。

屋面防水工程施工前应根据工程特点及相关要求，制定安全、防火措施，并做好准备工作。严禁在雨雪天和五级及以上大风天气施工。在屋面周边及预留孔洞部位设置安全护栏和安全网。当屋面坡度大于30%时，应采取防滑措施。施工过程中应采取防止杂物堵塞排水系统的措施。

正置式屋面
保温防水
施工

2. 找平层施工

找平层是防水层的基层，其性能与质量直接影响到防水层的质量和防水效果。

1）材料做法

找平层宜采用水泥砂浆或细石混凝土，做法详见表7-8。在整体性及刚度较差的块体或散碎材料上，应做细石混凝土找平层。

表7-8　找平层厚度和技术要求

找平层分类	适用的基层	厚度/mm	技术要求
水泥砂浆	整体现浇混凝土板	15～20	1∶2.5水泥砂浆
	整体材料保温层	20～25	
细石混凝土	装配式混凝土板	30～35	C20混凝土，宜加钢筋网片
	板状材料保温层		C20混凝土

2）施工要求

施工时，环境温度不宜低于5℃。处于保温层上的找平层应留设分格缝，以避免因温度变形开裂而影响防水层。纵横缝的间距均不宜大于6m，用分格条进行留设，缝宽宜为5～20mm。装配式结构的分格缝宜留设在屋面板板端处。缝内嵌填密封材料。

卷材屋面的找平层与突出屋面结构（如女儿墙、立墙、风道口等）的连接处、管根处及基层的转角处（檐口、天沟、屋脊、水落口等），均应做成圆弧，以防卷材折裂。铺高聚物改性沥青防水卷材者圆弧半径为50mm，铺合成高分子防水卷材者圆弧半径为20mm。

施工时，对不易与找平层结合的基层应做界面处理。找平层应在初凝前压实、抹平，收水后进行二次压光且在终凝前完成，并及时取出分格条。终凝后应及时进行养护，时间不少于 7d。找平层表面应密实，平整度偏差不大于 5mm。找平层的排水坡度应符合设计要求，不得有酥松、起砂、起皮现象。

7.3.3 卷材防水层施工

卷材防水是屋面防水的主要做法，适用于屋面防水的各个等级。常用材料包括高聚物（如 SBS、APP 等）改性沥青防水卷材、合成高分子防水卷材以及相应的黏结剂、基层处理剂、嵌缝膏等。

1. 基层处理及施工环境

施工时需先对找平层进行检查和处理，满足坚实、干净、平整且无孔隙、起砂和裂缝的要求。并涂刷基层处理剂，利用其渗透性以增强卷材与基层的黏结力。基层处理剂的种类应与卷材或黏结剂的材性相容，可用喷涂或涂刷法施工，喷涂或涂刷厚度应均匀一致，干燥后应立即铺贴卷材。

卷材铺贴应选择在好天气时进行。热熔法和焊接法的施工环境温度不宜低于 -10℃，冷粘法不宜低于 5℃，自粘法不宜低于 10℃。

2. 卷材铺贴

1）铺贴顺序

卷材防水层施工，应按"先高后低，先远后近"的顺序进行铺贴，即高低跨屋面应先铺高跨后铺低跨；等高的大面积屋面，应先铺离上料地点远的部位，以防运输、踩踏而损坏。

对每一跨的铺贴，应先做节点、附加层和排水集中部位（如水落口处、檐口、天沟、檐沟等）的加强处理，然后再由屋面最低处向上进行大面积铺贴，以保证顺水搭接。

2）铺设方向

屋面卷材宜平行屋脊铺贴，上下层卷材不得相互垂直铺贴；檐沟、天沟卷材应顺其长度方向铺贴，以减少搭接。

3）搭接要求

卷材铺贴应采用搭接法连接，平行于屋脊的搭接缝应顺流水方向搭接，卷材搭接宽度见表 7-7。改性沥青防水卷材搭接形式与要求如图 7.16 所示。

相邻两幅卷材短边的搭接缝应错开不小于 500mm，上下层卷材长边的搭接缝应均匀错开，且不小于幅宽的 1/3。

4）粘贴固定形式

按底层卷材是否与基层全部黏结，分为满粘法、空铺法、点粘法或条粘法（图 7.17）等几种形式。各层卷材之间应满粘。

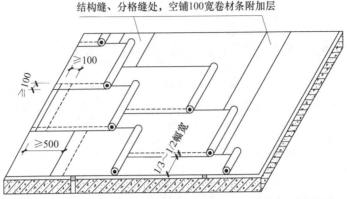

图 7.16 改性沥青防水卷材搭接形式与要求（热熔法粘贴）

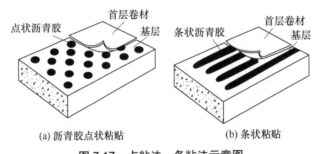

(a) 沥青胶点状粘贴　　　　　　　(b) 条状粘贴

图 7.17 点粘法、条粘法示意图

立面或大坡度屋面铺贴卷材时，必须采用满粘法，并宜减少短边搭接。

当卷材防水层上有重物覆盖或基层变形较大时，应优先采用空铺法、点粘法或条粘法，以避免结构变形拉裂防水层；当保温层或找平层含水率较大，且干燥有困难时，也应采用空铺法、点粘或条粘法铺贴，并在屋脊设置排汽孔而形成排汽屋面，以防止水分蒸发造成卷材起鼓。

采用空铺法、点粘法或条粘法时，在屋脊、檐口和屋面的转角处应满粘，其宽度不少于 800mm，卷材间的搭接处也必须满粘。条粘法铺贴时，每幅卷材与基层黏结面不少于两条，每条宽度不小于 150mm；点粘法铺贴时，卷材与基层的黏结点，每平方米不少于 5 个点，每点面积为 100mm×100mm。

卷材的收头、水落口、管根、变形缝、出入口等处，均应按构造要求做好细部处理。当屋面坡度大于 25% 时，卷材应满粘并采取钉压固定措施。

5）粘贴要求

卷材的粘贴工艺见地下卷材防水层施工，需注意问题和要求如下。

（1）采用热熔法铺贴高聚物改性沥青防水卷材时，火焰加热器的喷嘴距卷材面的距离应适中,幅宽内加热均匀,使卷材表面熔融至光亮黑色为度,随即滚铺卷材。滚铺时应排除空气,使之平展无皱褶,并辊压粘牢。卷材接缝部位应有热熔的改性沥青胶溢出,其宽度不少于 8mm。

(2)采用热粘法铺贴改性沥青防水卷材时,宜采用专用导热油炉熔化热熔型改性沥青胶结料,加热温度不应高于 200℃,使用时温度不宜低于 180℃。铺贴时,应随刮涂胶结料随滚铺卷材,并应展平压实。胶结料的厚度宜为 1 ~ 1.5mm。

(3)采用冷粘法铺贴卷材时,应根据胶黏剂的性能,控制好胶黏剂涂刷与卷材铺贴的间隔时间。胶黏剂涂刷应均匀,不得露底、堆积。卷材铺贴应平整顺直,搭接尺寸准确,不得扭曲、皱褶。铺贴时应排除卷材下的空气,并辊压粘牢。卷材的搭接缝应满涂配套胶黏剂,辊压粘牢,溢出的胶黏剂随即刮平封口。接缝口用密封材料进一步封严,宽度不小于 10mm。

(4)铺贴自粘型卷材时,应将隔离纸撕净,并排除空气,辊压粘牢。搭接尺寸应准确,不得扭曲、皱褶。低温施工时,立面、大坡度面及搭接部位宜用热风机加热,并随即粘牢。接缝口用材性相容的密封材料封严,宽度不少于 10mm。

7.3.4 涂膜防水层施工

涂膜防水层施工的工艺流程为:细部处理→基层处理→涂膜防水层施工→保护层施工。

屋面涂膜防水施工

1. 涂膜防水层的基层处理及施工环境

涂膜防水屋面对基层的要求及处理方法同卷材防水屋面。当采用溶剂型、热熔型及反应固化型防水涂料时,基层应干燥。基层处理剂应与上部涂膜的材性相容,常采用防水涂料的稀释液或专用基层处理剂。

防水涂层严禁在雨天、雪天施工;五级及以上大风天气或预计涂膜固化前有雨时不得施工;水乳型、反应型涂料及聚合物水泥涂料的施工环境温度宜为 5 ~ 35℃,溶剂型涂料宜为 -5℃ ~ 35℃,热熔型涂料不宜低于 -10℃。

2. 涂膜防水层的施工顺序与要求

施工时,应先做节点、附加层,再按照"先高后低、先远后近"的顺序进行大面积施工。涂层施工可采用抹压、滚涂、刷涂或喷涂等方法,分层分遍涂布。后层涂料应待前一层干燥成膜后进行,涂刷的方向应与前一层垂直。对屋面转角及立面的涂层,应采取薄涂多遍,以避免流淌和堆积现象。高聚物改性沥青涂膜防水层的厚度不应少于 3mm,合成高分子防水涂料成膜厚度不应少于 1.5mm。

对于有胎体增强的涂膜防水层,宜采用聚酯无纺布或化纤无纺布作为增强材料。在第三遍涂料涂刷前即可铺贴胎体增强材料。铺贴胎体应边涂刷边铺设,并刮平粘牢,排出气泡。干燥后,在胎体上涂布涂料时,应使涂料浸透胎体,覆盖完全,不得有外露现象。最上面的涂膜厚度不得少于 1mm。胎体铺贴方向应视屋面坡度而定,当屋面坡度小于 15% 时可平行于屋脊铺设,否则应垂直于屋脊铺设,以防其下滑。铺贴应由低向高进行，顺水流方向搭接，长边搭接宽度不得小于 50mm，短边搭接宽度不得小于 70mm。上下层不得相互垂直铺设，搭接缝位置应错开，其间距不少于 1/3 幅宽。

涂膜防水层的收头应用防水涂料多遍涂刷或用密封材料封严。在涂膜防水层干前，不得在防水屋面上进行其他作业，涂膜防水屋面上不得直接堆放物品。

屋面涂膜防水层的平均厚度应符合设计要求，且最小厚度不得小于设计厚度的 80%，用针测法或取样量测。

7.3.5 细部处理

防水屋面的接缝、收头、水落口、变形缝、伸出屋面管道等处是防水薄弱部位。施工中，应按设计及规范要求认真做好这些细部的处理，并进行全数检查验收。

1. 防水层接缝

防水层的接缝处理在工程中是极为重要的一环，应封闭严密。如采用热熔法铺贴改性沥青防水卷材，其缝口必须有沥青热熔胶溢出，并形成 8mm 宽的均匀沥青条，如图 7.18 所示。采用冷粘法铺贴卷材或自粘法铺贴卷材，则应用密封膏封严缝口，宽度不小于 10mm。

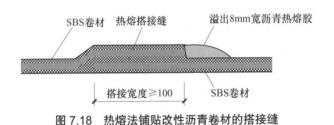

图 7.18 热熔法铺贴改性沥青卷材的搭接缝

2. 易变形、开裂处局部空铺处理

在屋面平面与立墙交接处、找平层分格缝、无保温层的装配式屋面板板端缝等处，易因结构、温差等变形将防水层拉裂而导致渗漏，故均应空铺（或单边点粘）宽度不少于 100mm 的卷材条，以适应变形的需要。

3. 防水层收头

檐口、女儿墙、突出屋面的通风口、出入口等部位，均应做好防水层的收头处理。常采取增设附加层、金属压条固定、密封材料封口等方法，立面处还需设置金属盖板。女儿墙收头如图 7.19、图 7.20 所示。

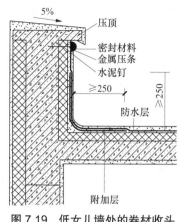

图 7.19　低女儿墙处的卷材收头

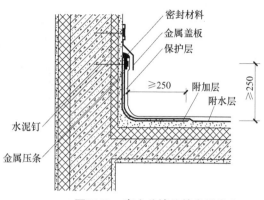

图 7.20　高女儿墙处的卷材收头

4. 水落口处理

水落口是最易渗漏的部位。应注意：①在水落口管与基层混凝土交接处留置凹槽（20mm×20mm），嵌填密封材料；②水落口杯的上口高度，应根据沟底坡度、水落口周围 500mm 范围内 5% 的排水坡度及附加层厚度，计算出杯口的标高，并确保其在沟底最低处；③施工的层次顺序依次为增设的涂膜层、附加防水层及设计防水层，附加层及设计防水层均应伸入排水口中不少于 50mm，并黏结牢固，封口处用密封材料嵌严，如图 7.21、图 7.22 所示。

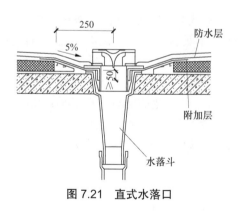

图 7.21　直式水落口

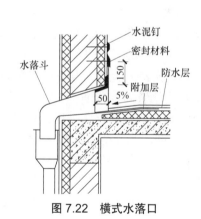

图 7.22　横式水落口

5. 伸出屋面的管道

伸出屋面管道（图 7.23）周围的找平层应抹成圆锥台，高出屋面找平层 30mm，以防止根部积水。管道泛水处的防水层下应增设附加层，附加层在平面和立面的宽度均不少于 250mm。卷材收头应用金属箍箍紧，并用密封材料封严。涂膜收头应用防水涂料多遍涂刷。

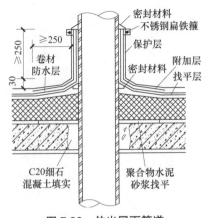

图 7.23　伸出屋面管道

7.3.6　保护层施工

卷材屋面应有保护层，以减少雨水、冰雹冲刷或其他外力造成的卷材机械性损伤，并可折射阳光、降低温度，减缓卷材老化，从而增加防水层的寿命。当卷材本身无保护层而又非架空隔热屋面或倒置式屋面时，均应另作保护层。

保护层施工应在防水层经检验合格，并将其表面清扫干净后进行。保护层施工后，其表面的坡度应符合设计要求，不得有积水现象。

采用砂做结合层铺设块体时，砂结合层应平整，块体间应预留 10mm 的缝隙，缝内应填砂，并应用 1∶2 水泥砂浆勾缝。

采用水泥砂浆、细石混凝土或用水泥砂浆铺贴块材等刚性材料作保护层时，应在保护层与防水层之间干铺塑料膜、土工布、卷材或抹低强度砂浆等做隔离层，以防止其温度变形而拉裂防水层。为防止刚性保护层开裂，施工时应设置分格缝。水泥砂浆表面应按每 1m² 分格面积设置分格缝；细石混凝土分格缝纵横间距不大于 6m，缝宽宜为 10～20mm；块材保护层纵横分格缝间距不大于 10m，缝宽 20mm。施工时，块材应铺平铺稳，块间用水泥砂浆勾缝，所留缝隙应用防水密封膏嵌填密实。刚性保护层与女儿墙和山墙之间，应预留宽度为 30mm 的缝隙，缝内宜填塞聚苯乙烯泡沫塑料，并应用密封材料嵌填密实。

采用浅色涂料做保护层时，涂料应与防水层卷材、涂膜相容。浅色涂料应多遍涂布，当防水层为涂膜时，应在涂膜固化后进行；涂层应与防水层黏结牢固，厚薄应均匀，不得漏涂；涂层表面应平整，不得流淌和堆积。

7.3.7　屋面及防水施工质量验收

1.屋面工程的质量要求

屋面工程进行分部工程验收时，其质量应符合下列要求。

（1）防水层不得有渗漏或积水现象。

（2）屋面工程所使用的材料应符合设计要求和质量标准的规定。

（3）找平层表面平整，不得有酥松、起砂、起皮现象。

（4）保温层的厚度、含水率和表观密度应符合设计要求。

（5）天沟、檐沟、泛水和变形缝等构造，应符合设计要求。

（6）卷材铺贴方法和搭接顺序应符合设计要求，搭接宽度正确，接缝严密，不得有皱折、鼓泡和翘边现象。

（7）涂膜防水层的厚度应符合设计要求，涂层无裂纹、皱折、流淌、鼓泡和露胎现象。

（8）嵌缝密封材料应与两侧基层黏结牢固，密封部位光滑、平直，不得有开裂、鼓泡、下塌现象。

2. 屋面防水层的渗漏检查

防水层和保护层施工完成后，应经检查合格后再进行下一道工序施工。

检查内容包括屋面有无渗漏、积水，排水系统是否畅通等。检查应在雨后或持续淋水 2h 后进行；对能蓄水的屋面或檐沟，也可采用 24h 蓄水后进行检验。检查时应对顶层房间的顶棚逐间仔细检查。如有渗漏现象，应记录渗漏的状态，查明原因，及时修补，至无渗漏为止。后续工序施工不应损害防水层，在防水层上堆放材料应采取防护隔离措施。

一、单项选择题

1. 依据工程类别和工程防水使用环境类别，工程防水等级分为（　　）。

　　A. 两个等级　　　　B. 三个等级　　　　C. 四个等级　　D. 五个等级

2. 拌制防水混凝土应优先选取（　　）。

　　A. 普通硅酸盐水泥　　　　　　　　B. 矿渣硅酸盐水泥

　　C. 火山灰质硅酸盐水泥　　　　　　D. 粉煤灰硅酸盐水泥

3. 地下工程的防水卷材的设置与施工最宜采用（　　）法。

　　A. 外防外贴　　　B. 外防内贴　　　C. 内防外贴　　D. 内防内贴

4. 当屋面坡度（　　）时，防水卷材应采取钉压固定措施。

　　A. 小于 3%　　　　　　　　　　　B. 在 3% ～ 15%

　　C. 大于 15%　　　　　　　　　　　D. 大于 25%

5. 关于屋面工程细部构造验收的说法，不正确的是（　　）。

　　A. 找平层分格缝处应空铺宽度不少于 100mm 的卷材条

　　B. 女儿墙的压顶应做不小于 5％ 的向外排水坡

　　C. 水落口周围直径 500mm 范围内坡度不应小于 5％

D. 伸出屋面管道周围的找平层应抹成圆锥台，高出屋面找平层 30mm

二、填空题

1. 防水等级为二级的地下建筑工程，其现浇混凝土结构的抗渗等级不应低于_____，且需外设防水层不少于_____道。

2. 配制防水混凝土时，胶凝材料总用量不宜小于_____kg/m³，水胶比不得大于_____。

3. 后浇带应在其两侧混凝土的龄期达到_____后再浇筑；后浇带应采用_____混凝土；后浇带混凝土养护时间不得少于_____。

4. 铺贴地下防水卷材时，若采用冷粘法施工，则气温不宜低于_____；若采用热熔法施工时，气温不宜低于_____。

5. 合成高分子防水卷材的粘贴方法多采用_____和_____。

三、术语解释题

1. 后浇带
2. 混凝土抗渗试件
3. 外贴法
4. 热熔法
5. 条粘法

四、简答题

1. 防水混凝土的特点及构造要求有哪些？
2. 简述地下工程卷材防水外贴法和内贴法的施工顺序及优缺点。
3. 简述地下涂膜防水层的施工工艺流程与注意问题。
4. 屋面找平层的材料如何选择？施工有何要求？
5. 试述屋面防水卷材铺贴对基层及环境的要求。

在线答题

拓展习题

第8章

装饰装修工程

知识结构图

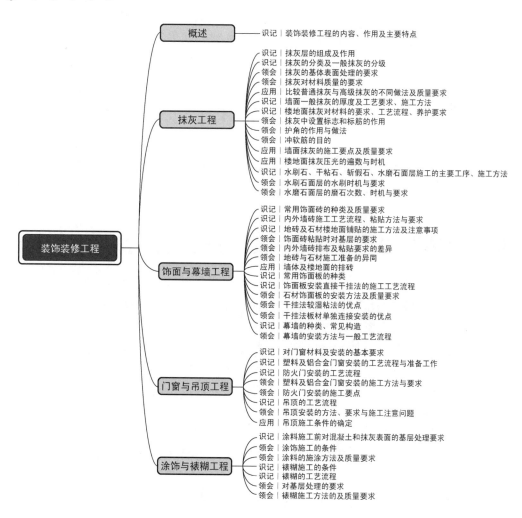

装饰装修工程

概述
— 识记 │ 装饰装修工程的内容、作用及主要特点

抹灰工程
— 识记 │ 抹灰层的组成及作用
— 识记 │ 抹灰的分类及一般抹灰的分级
— 领会 │ 抹灰的基体表面处理的要求
— 领会 │ 抹灰对材料质量的要求
— 应用 │ 比较普通抹灰与高级抹灰的不同做法及质量要求
— 识记 │ 墙面一般抹灰的厚度及工艺要求、施工方法
— 识记 │ 楼地面抹灰对材料的要求、工艺流程、养护要求
— 领会 │ 抹灰中设置标志和标筋的作用
— 领会 │ 护角的作用与做法
— 领会 │ 冲软筋的目的
— 应用 │ 墙面抹灰的施工要点及质量要求
— 应用 │ 楼地面抹灰压光的遍数与时机
— 识记 │ 水刷石、干粘石、斩假石、水磨石面层施工的主要工序、施工方法
— 领会 │ 水刷石面层的水刷时机与要求
— 领会 │ 水磨石面层的磨光次数、时机与要求

饰面与幕墙工程
— 识记 │ 常用饰面砖的种类及质量要求
— 识记 │ 内外墙砖施工工艺流程、粘贴方法与要求
— 识记 │ 地砖及石材楼地面铺贴的施工方法及注意事项
— 领会 │ 饰面砖粘贴时对基层的要求
— 领会 │ 内外墙砖排布及粘贴要求的差异
— 领会 │ 地砖与石材施工准备的异同
— 应用 │ 墙体及楼地面的排砖
— 识记 │ 常用饰面板的种类
— 识记 │ 饰面板安装直接干挂法的施工工艺流程
— 领会 │ 石材饰面板的安装方法及质量要求
— 领会 │ 干挂法较湿粘法的优点
— 领会 │ 干挂法板材单独连接安装的优点
— 识记 │ 幕墙的种类、常见构造
— 领会 │ 幕墙的安装方法与一般工艺流程

门窗与吊顶工程
— 识记 │ 对门窗材料及安装的基本要求
— 识记 │ 塑料及铝合金门窗安装的工艺流程与准备工作
— 识记 │ 防火门安装的工艺流程
— 领会 │ 塑料及铝合金门窗安装的施工方法与要求
— 领会 │ 防火门安装的施工要点
— 识记 │ 吊顶的工艺流程
— 领会 │ 吊顶安装的方法、要求与施工注意问题
— 应用 │ 吊顶施工条件的确定

涂饰与裱糊工程
— 识记 │ 涂料施工前对混凝土和抹灰表面的基层处理要求
— 领会 │ 涂饰施工的条件
— 领会 │ 涂料的施涂方法及质量要求
— 识记 │ 裱糊施工的条件
— 识记 │ 裱糊的工艺流程
— 领会 │ 对基层处理的要求
— 领会 │ 裱糊施工方法的及质量要求

建筑装饰装修是指为保护建筑物的主体结构、完善建筑物的使用功能和美化建筑物，采用装饰装修材料或饰物，对建筑物的内外表面及空间进行的处理过程。

8.1　概　述

建筑装饰装修可分为室外和室内两大部分；按工艺方法和部位分为抹灰工程、外墙防水工程、门窗工程、地面工程、吊顶工程、轻质隔墙工程、饰面工程（饰面板工程、饰面砖工程）、幕墙工程、涂饰工程、裱糊与软包工程、细部工程等。

装饰装修工程具有工序多、工艺复杂、工期长、造价高、用工多及质量要求高、环保要求高、成品保护难等特点。使用工厂化生产的构件与材料、用干作业代替湿作业、提高机械化施工程度、实行专业化施工等，是装饰装修施工的发展方向。这对于缩短工期、降低造价、提高质量、减轻劳动强度和保护环境有着重要意义。

8.2　抹 灰 工 程

抹灰是将砂浆或灰浆涂抹在结构体表面，具有保护结构、找平及装饰等作用。在经常用水房间的墙、地面及雨水较多地区的外墙面，常需抹水泥防水砂浆，使其兼具防水功能。

8.2.1　抹灰概述

1.抹灰层的组成

抹灰施工一般需要分层进行，以利于黏结牢固、抹面平整和避免开裂。通常抹灰层由底层、中层、面层三个层次构成，如图 8.1 所示。

底层的主要作用是与基体黏结，兼初步找平。其材料应与基体的强度及温度变形能力、环境相适应，强度不得低于面层。如砖墙基体，室内宜采用石灰砂浆或水泥石灰砂浆；室外或室内有防潮要求者，则采用水泥砂浆。对混凝土或加气混凝土基体，宜用水泥砂浆或混合砂浆。

中层主要起找平作用，所用材料应与底层基本相同。

面层主要起装饰作用。室内墙面常用混合砂浆或石膏灰，室外抹灰常用水泥砂浆或水泥石渣类饰面层。

各抹灰层的厚度取决于基体的材料及表面平整度、砂浆的种类、抹灰质量要求和气候情况。抹水泥砂浆，每遍宜为 5～7mm 厚；石灰砂浆或水泥石灰混合砂浆宜为 7～9mm 厚；罩面层抹纸筋灰或石膏灰时，不得大于 2～3mm 厚，以免裂缝和起壳而影响质量与美观。

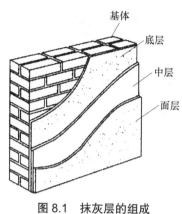

图 8.1　抹灰层的组成

当抹灰总厚度大于或等于 35mm 时，必须采取挂网等加强措施。

2. 抹灰的种类及分级

抹灰工程按装饰效果或使用要求分为一般抹灰、装饰抹灰和特种抹灰三大类。一般抹灰是用水泥砂浆、石灰砂浆、水泥石灰混合砂浆、聚合物水泥砂浆以及纸筋灰、石膏灰等作为面层的抹灰；装饰抹灰包括水刷石、水磨石、斩假石、干粘石等以石渣饰面和拉毛灰、假面砖等以做法饰面的抹灰；特种抹灰是指有防水、保温、抗辐射等特殊功能的抹灰及保温层表面硬化保护的薄抹灰等。

一般抹灰按质量标准不同，又分为普通抹灰和高级抹灰两级。其表面质量和适用范围见表 8-1。

表 8-1　一般抹灰的分级

级别	表面质量	适用范围
普通抹灰	表面光滑、洁净、接槎平整，阴阳角顺直、分格缝清晰	一般居住、公用和工业建筑（如住宅、宿舍、教学楼、办公楼）以及高标准建筑物中的附属用房等
高级抹灰	表面光滑、洁净、颜色均匀、美观，无接槎痕迹，阴阳角方正顺直，分格缝和灰线清晰美观	大型公共建筑物、纪念性建筑物（如剧院、礼堂、宾馆、展览馆等和高级住宅）以及有特殊要求的高级建筑物等

3. 抹灰的基体处理

为保证抹灰层与基体之间能黏结牢固，避免裂缝、空鼓和脱落等，在抹灰前应对基体进行处理。除需进行剔实凿平、嵌填孔洞沟槽、清理、润湿外，还应做好以下处理。

（1）不同材料基体的交接处、电箱后背及施工洞周围均应铺钉加强网（如钢丝网等）以防开裂，加强网与各基体搭接宽度应不小于 100mm（图 8.2）。

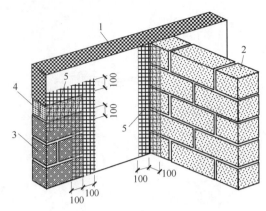

1—混凝土墙；2—加气混凝土砌块；3—轻骨料砌块；4—斜砌砖；5—加强网。

图 8.2　不同材料基体交接处的处理

（2）光滑的混凝土表面，应进行凿毛或涂刷界面剂。

（3）加气混凝土砌体表面，应涂刷界面剂并拉毛，以封闭孔隙、增加表面强度。必要时可满钉加强网，以避免抹灰层脱落。

4. 抹灰材料与要求

抹灰所用的石灰应熟化成石灰膏，块状生石灰在石灰膏池内熟化不少于 15d。磨细生石灰粉泡水不少于 3d。水泥、石膏不过期，强度等级应符合要求。砂子、石粒应洁净、坚硬，并经过筛处理。麻刀、纸筋等纤维材料要纤细、洁净，并经过打乱、浸透处理。所用颜料应为耐碱、耐光的矿物颜料。化工材料（如胶黏剂等）应符合相应质量标准且不超过使用期限。

抹灰所用的砂浆要求黏结力好、易操作，无明确强度要求，因此常采用体积配合比。砂浆进场时，应复验拉伸黏结强度，对聚合物砂浆应复验保水率。

为了减少环境污染、提高施工质量和速度，宜使用按照功能需求采用多种材料配兑好的预拌砂浆和粉刷石膏。预拌砂浆分袋装和散装，按品种分普通干拌砂浆（砌筑、内墙抹灰、外墙抹灰、地面抹灰等砂浆）和特种干拌砂浆（瓷砖粘贴、聚苯板粘贴、外保温抹面等砂浆）。粉刷石膏主要用于室内墙面和顶板，具有黏结性好、质轻层薄、凝结硬化快、干缩小不开裂等优点，但其表面强度及耐水防潮性能不足。

8.2.2　一般抹灰施工

一般抹灰工艺与要求演示

1. 墙面抹灰

墙面一般抹灰的总厚度，内墙普通抹灰不得大于 20mm，内墙高级抹灰不得大于 25mm，外墙墙面抹灰不得大于 20mm，勒脚及突出墙面部分不得大于 25mm，石墙墙面抹灰不得大于 35mm。

抹灰时，水泥砂浆不得抹在石灰砂浆层上，以防水泥砂浆空鼓脱落；石膏灰不得抹在水泥砂浆层上，以免因变形差异过大而开裂；粉刷石膏可直接抹在混凝土或加气混凝土表面。

一般抹灰随抹灰等级的不同，其施工工序也有所不同。普通抹灰要求阳角找方、设置标筋、分层涂抹、赶平、修整、表面压光。高级抹灰则还要求阴角找方等。

1）做标志

为了有效地控制墙面抹灰层的厚度与平整度、垂直度，抹灰前应先做标志块（也称贴灰饼）并设置标筋（又称充筋）（图 8.3、图 8.4），作为中层找平的依据。

做标志时，先用托线板检查墙面的平整度与垂直度，以确定抹灰厚度（最薄处不宜小于 7mm）。再在墙两端上角按底层、中层抹灰厚度，用砂浆各做一个灰饼。然后根据这两个灰饼，用托线板或线锤吊挂垂直，做出墙面下角的两个灰饼（一般在踢脚线上口）。随后以左右两灰饼面为准，分别拉线，每隔 1.2 ～ 1.5m 加做若干对灰饼。待灰饼稍干后，在各对上下灰饼之间用砂浆抹一条宽 50mm 的垂直灰埂，即标筋。

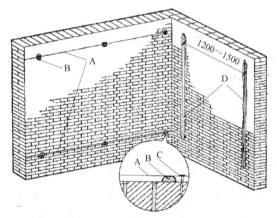

A—引线；B—灰饼（标志块）；C—钉子；D—标筋。

图 8.3　挂线做标志块及标筋

图 8.4　用托线板挂垂直做标志块

2）做护角

对墙、柱及门洞口的阳角，均应抹不低于 M20 的水泥砂浆护角（图 8.5），以防碰撞损坏，同时也可起到标筋作用。护角的高度不应低于 2m，每侧宽度不小于 50mm。

3）底层和中层的涂抹

底层和中层的涂抹工序也叫装档。其方法是将砂浆涂抹于标筋之间，底层要低于标筋，待收水后立即进行中层抹灰，其厚度略高于标筋；随即用 2m 长杠尺按标筋刮平，即刮杠（图 8.6）；紧接着用木抹子搓压一遍，使表面平整密实。

为使底层砂浆与基体黏结牢固，抹灰前应对基体浇水湿润，以防止基体吸水过多，致使抹灰层产生空鼓或脱落。砖基体宜浇水两遍，使水渗入砖基体表面 8 ～ 10mm。混凝土基体宜在抹灰前一天即浇水，使水渗入混凝土表面 2 ～ 3mm。如果各层抹灰相隔时间较长，已抹砂浆层较干时，也应浇水湿润，才可抹后一层砂浆。

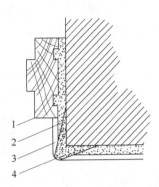

1—门框；2—嵌缝砂浆；3—墙面层砂浆；
4—M20水泥砂浆护角。

图 8.5　护角

图 8.6　装档刮杠示意

底层和中层抹灰也可利用机械喷涂，再由机械或人工抹平。机械抹灰能将砂浆的搅拌、运输、喷涂和抹平通过一套抹灰机组完成，可大大降低劳动强度，加快施工进度，并可提高黏结效果。智能机械抹灰可大大提高抹灰的效率和质量。

4）罩面压光

室内抹灰罩面层常用混合砂浆、石膏灰、纸筋石灰等。罩面层应待找平层五六成干后进行。石膏灰或纸筋灰应分纵横 2 遍涂抹，每遍厚 1 ～ 2mm，经赶平压实后的总厚度不得大于 2mm。收水后用钢抹子压光，不得留抹纹。

室外抹灰罩面层常用 1 ∶ 2.5 的水泥砂浆，厚度 5 ～ 8mm。在底层、中层抹完后的第二天即可抹罩面层。为防止收缩开裂，一般应设分格缝，每格要一次抹完。抹灰前，先将墙面润湿、弹线分格、粘分格条和滴水槽。抹灰时先薄刮一层水泥膏，紧跟着抹罩面砂浆，然后用杠尺按分格条横竖刮平，木抹子搓毛，钢板抹子压光。待其表面无明水时，用软毛刷蘸水按垂直于地面的同一方向轻刷一遍，以保证面层的颜色一致。随后，将分格条等起出。面层抹完 24h 后，要洒水或涂刷养护剂保湿养护不少于 7d，以防止开裂和强度不足。待灰层干后，用水泥膏勾缝。

2. 楼地面抹灰

楼地面抹灰须用水泥砂浆，厚度不小于 20mm。砂浆宜用不低于 42.5 级的硅酸盐水泥或普通硅酸盐水泥、含泥量不大于 3% 的中砂或粗砂配制，配合比为 1 ∶ 2，强度等级不应低于 M15。砂浆的稠度应不大于 35mm，以保证其强度和耐磨性，并减少开裂。

楼地面抹灰的工艺流程为：清扫、清洗基层→弹面层线、做灰饼、标筋→扫水泥浆（或涂布界面剂）→铺水泥砂浆→木杠刮平→木抹子压实、搓平→钢板抹子压光（三遍）→养护。

施工前，应将基层清扫干净后用水冲洗并晾干。根据墙面控制准线在地面四周的墙面上弹出楼（地）面水平标高线，在四周做出灰饼，并拉线补做中间灰饼。按间距 1.2 ～ 1.5m 做好标筋。对有坡度、地漏的房间，标筋应呈放射状坡向地漏。

铺抹砂浆应在标筋凝结前进行，即冲软筋，以减少裂缝。抹灰时，应先在基层涂刷界面剂或扫一遍水泥浆结合层，随扫随铺砂浆，并用长木杠按标筋刮平、拍实，再用木抹子反复压实、搓平。之后，须用钢板抹子经 3 遍压光成活。头遍是在搓平后立即用钢板抹子抹压出浆、抹平，对出浆处撒 1∶1 干水泥细砂子面；稍收水后（踩上去不陷脚但有脚掌印）抹压第二遍，要加力压实、抹光。初凝后（抹灰后 3～6h，踩上去有胶鞋纹印），进行第三遍压光，应抹除脚印和抹纹，全面压光，亦可用抹光机压平。压光必须在终凝前完成。

楼地面面层抹完 12～24h 后，喷洒养护剂；或用湿锯末覆盖，每天浇水 3～4 次，养护不少于 7d。

8.2.3　装饰抹灰施工

装饰抹灰的底层和中层的做法与一般抹灰基本相同，而面层则采用彩色石渣、豆石等装饰性强的材料，或用特殊的处理方法做成。下面介绍几种常用的装饰抹灰施工。

水刷石施工

1. 水刷石

水刷石主要用于室外首层墙面、柱面或地面，往往以致密的石粒和分格、分色来获得装饰效果。

墙面水刷石面层施工应在中层（一般 12mm 厚 1∶3 水泥砂浆）终凝后进行。先在中层表面弹出分格线，按线用水泥浆粘贴分格条，两侧抹成八字形。然后将中层表面洒水湿润，薄刮一层素水泥浆结合层，随即抹稠度为 5～7cm、厚 10～20mm 的水泥石粒浆（水泥∶石粒 =1∶1～1∶1.5）面层，用钢板抹子反复拍平、压实。当面层开始凝固时（手指按不显指痕，刷水石粒不脱落），用刷子蘸水自上而下刷掉面层水泥浆，使石粒表面完全外露，再用喷雾器自上而下喷水冲洗至石粒表面清洁。也可用海绵块蘸水擦净并吸走水泥浆。起出分格条，并用素灰修补缝格。施工完成 24h 后洒水养护。

外观质量应达到石粒清晰、分布均匀、紧密平整、色泽一致，无掉粒和接槎痕迹。

2. 干粘石

干粘石是将彩色石粒直接粘在砂浆层上的抹灰做法。该做法省石渣、费用低，装饰效果接近水刷石，适用于不易碰触到的室外墙面。施工时，先在已经硬化的 1∶3 水泥砂浆找平层上弹线分格、粘分格条。洒水湿润并刮素水泥浆后，抹一层厚为 6～7mm 的 1∶2.5 的水泥砂浆找平层，随即抹厚为 4～5mm 的 1∶0.5 水泥石灰膏黏结层，同时甩粘或机喷粒径为 4～6mm 的石渣，并拍平、压实在黏结层上。要求压入深度不小于 1/2 粒径，但不得把灰浆拍出，以免影响美观。干粘石墙面经修补达到表面平整、石粒均匀后，即可起出分格条，用水泥浆勾缝。常温施工 24h 后，即可用喷壶洒水养护。

干粘石的质量要求是石粒黏结牢固、分布均匀、颜色一致，不露浆、不漏粘、阳角处应无明显黑边。

3. 斩假石

斩假石又称剁假石，是仿制天然花岗石、青条石的一种饰面，常用于勒脚、台阶及室外柱、墙面。施工时，在1:2水泥砂浆找平层养护硬化后，弹线分格并粘分格条。在找平层表面洒水润湿，并刮素水泥浆一道，随即抹10mm厚的1:1.25水泥石粒浆（内掺30%石屑）罩面层；抹平后用木抹子打磨、拍实，用软毛刷蘸水顺着待剁纹的方向将表面水泥浮浆轻轻刷掉，至均匀露出石粒为止。施工24h后洒水养护2～4d，待水泥浆强度达60%～70%即可试剁，如石粒颗粒不发生脱落便可正式斩剁。为了美观，一般在分格缝、阴阳角周边留出15～20mm宽的边框线不剁。斩剁的顺序一般为先上后下，由左到右，先剁转角和四周边缘，后剁中间。剁纹的深度一般以1/3石粒的粒径为宜。施剁时，用剁斧将面层斩毛，剁的方向要一致，剁纹深浅要均匀，一般两遍成活，即可做出似用石料砌成的装饰面。

4. 水磨石

水磨石地面施工

水磨石多用于楼地面，具有整体性和耐久性好、装饰效果好、可做成各种花色图案等优点，但工艺较烦琐、施工周期长、产生污水多。

水磨石面层应采用水泥与石粒拌合料铺设，厚度宜为12～18mm（按石粒粒径确定）。白色或浅色水磨石面层应采用白色硅酸盐水泥拌制，深色水磨石面层宜采用硅酸盐水泥、普通硅酸盐水泥或矿渣硅酸盐水泥拌制。石粒应采用白云石、大理石等岩石加工而成，且洁净无杂物，其粒径除特殊要求外，应为6～16mm。颜料应采用耐光、耐碱的矿物原料，不得使用酸性颜料。

在找平层砂浆铺抹12～24h后弹分格线。按设计图案安装分格条，常采用2～5mm厚、宽度同面层厚度的铜条。安装时两侧用水泥浆抹成八字形灰埂固定。灰埂高度及交接处留空要求，如图8.7所示，以防止水磨石出现"秃斑"现象。分格条嵌完12～24h后，洒水养护3～5d。

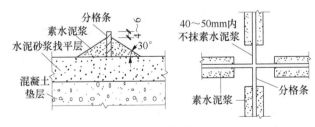

图8.7 分格条粘嵌

面层施工时，先在找平层上洒水湿润，刮水泥浆一层，随后将水泥石粒浆（水泥：石粒 =1:2.5～1:1.15）填入分格中，厚度比分格条高出1～2mm，抹平、压实。有图案时，应先铺深色后铺浅色、先做大面后做镶边，待前一种凝固后，再做后一种。待收水后用滚筒反复滚压、密实，次日洒水养护。

磨光开始时间应据气温、水泥品种及磨石机具而定，一般需在养护 2 ～ 5d 后进行。开磨前，应先试磨，以石粒不松动、不脱落，表面不过硬为宜。磨石施工分粗磨、中磨和细磨三遍进行。其中，粗磨、中磨后应清理干净，并擦同色水泥浆，以填补砂眼、缝隙，经养护 2 ～ 5d 再磨下一遍；细磨后还可涂擦草酸一道，以分解石粒表面残存的水泥浆，再精磨至表面洁净无垢，光滑明亮。待面层干燥后打蜡。

水磨石面层的外观质量要求表面应平整、光滑，石粒显露均匀，无砂眼、磨纹。分格条位置准确，顶部全部露出。

8.3　饰面与幕墙工程

饰面工程主要指在结构体表面，粘贴或安装石材、陶瓷、木质、塑料、金属及玻璃等板块装饰材料。它不但装饰效果好，且有较高的强度和较好的耐久性。饰面工程所用材料的种类较多，但基本上可以分为饰面砖和饰面板两大类。其中，前者多采用直接在结构上进行粘贴，而后者则多采用相应的联结构造进行安装。建筑幕墙是将饰面板块安装于支承结构体系上，悬挂并包裹在结构体表面的轻质墙体。它不但有较好的装饰效果，还具备外墙的围护作用和相应功能，且可相对主体结构有一定的位移能力和变形能力。

8.3.1　饰面砖粘贴

饰面砖包括釉面砖、外墙面砖、马赛克等。面砖应颜色均匀、尺寸一致，边缘整齐，无缺釉、裂纹，平整度及吸水率符合要求。饰面砖应粘贴在湿润、干净、平整的基层上，故应按抹灰要求对基体进行处理，即在涂刷结合层后，分层分遍抹水泥砂浆找平层，并将表面用木抹子搓毛，终凝后洒水保湿养护 1 ～ 2d 即可贴砖。

1. 内墙釉面砖

釉面砖用于卫生间、厨房等内墙装修，其高度应进入吊顶内 50 ～ 100mm。釉面砖的施工工艺流程为：基层处理→选砖、浸水→弹线、排砖、做标志→粘贴→嵌缝及清理。

1）准备工作

釉面砖粘贴前先清扫基层，过干者应洒水湿润，光滑的墙面应涂布界面剂或做拉毛处理。釉面砖经应挑选，使其规格、颜色一致，并在净水中浸泡 2h 以上，晾干或擦干明水后方可使用（用胶黏剂粘贴不需浸砖）。对粘贴基层应弹出横、竖控制线，按砖实际尺寸进行预排。在同一墙面最好只有一行（列）非整砖，且应排在顶部、底部或阴角处。非整砖的尺寸不得小于 1/4 砖。排列方法及缝宽（一般为 1 ～ 2mm）应符合设计要求，墙面阴角应留出 5mm 伸缩缝位置，待贴砖后用密封胶嵌

内墙砖粘贴

填。用废瓷砖按黏结层厚度贴标志块，间距为1.5m左右，阳角处要双面挂直（图8.8）或安装阳角条，以控制平整度和垂直度。

2）釉面砖粘贴

根据弹线稳定底部垫尺，作为粘贴第一皮瓷砖的支撑，由下向上铺贴。应先粘贴角部及中间每隔2m的竖向标志带，以便挂水平线控制铺贴。层块间应设置间隔件，以控制缝宽。阳角处未使用阳角条时瓷砖应采取45°对角，以减少露边。若墙面有突出的管线及卫生器具支承物、开关盒等，应用整砖套割吻合，不得用非整砖拼凑。

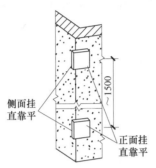

图8.8　阳角双面挂直

釉面砖粘贴时，应在砖背面涂抹5～10mm厚的1：2水泥砂浆进行粘贴；也可在基层和砖背面均涂抹瓷砖胶黏剂，黏结层总厚度宜为5mm。涂抹时，先用带齿抹刀的无齿侧边刮抹压实，再用有齿边刮出齿槽。粘贴就位后沿齿槽横向挤揉、压实，并满足位置及平整度要求，且胶浆饱满，与基层黏结牢固。用水平尺随时检查平直、方正情况，调整缝隙。凡遇砂浆或胶黏剂亏欠、黏结不密实等情况时，应取下瓷砖补充砂浆或胶黏剂后重新粘贴，不得在砖口处塞填，以防空鼓。

3）嵌缝及清理

釉面砖粘贴后，用潮湿棉纱将表面拭净，然后用与面砖颜色相同的嵌缝剂、美缝剂或水泥浆嵌缝并适当压实，做到缝宽均匀、密实、无气孔和砂眼。嵌缝后擦拭干净，养护不少于7d。

2.外墙面砖

外墙面砖分毛面和釉面两种。宜选用背面有燕尾槽且槽深不小于0.5mm的产品。面砖的吸水率一般不应大于6%，寒冷地区不应大于3%、且经抗冻性检验合格。粘贴面积大时应设置纵横伸缩缝，其间距不大于6m，缝宽20mm，并在施工后用耐候密封胶嵌填。

外墙面砖施工前应做粘贴样板，并对其进行拉拔试验以检验黏结强度。

外墙面砖的工艺流程为：基层处理→排砖、分格、弹线→面砖粘贴→勾缝→清理表面。

1）准备工作

首先应按面砖颜色、大小，厚薄进行分选归类。其次要按设计要求的排列方式（直缝排列或错缝排列等）和砖缝尺寸绘制排布图。要求砖缝宽度不小于 5mm；尽量使墙面不出现非整砖，若必须使用时其宽度不得小于整砖的 1/3。然后进行分格、弹线，即先用经纬仪找出垂直基准线，每隔 1.5 ～ 2.0m 做标志块，黏结层总厚度控制在 3 ～ 8mm；按排布图弹出楼层水平线和垂直控制线、分格线，按皮数杆在墙面上弹出或挂砖缝水平线、垂直线。

2）面砖粘贴

外墙面砖的粘贴应自上而下进行。宜采用水泥基类专用瓷砖胶黏剂粘贴。粘贴前，应清扫基层表面及面砖背面的粉状物，并在墙面找平层上刷结合层。粘贴时，用齿形抹刀在墙面上及砖背面均刮抹胶黏剂，排放在合适的铺装位置，垂直于胶黏剂齿槽方向轻轻揉压，确保全面黏着，胶黏剂饱满。若有虚空，取下面砖重贴，并随时检查面砖的平整度和垂直度。

在粘贴时挤入缝中的胶黏剂应随手刮净。窗台、檐口、装饰线等部位的面砖粘贴，要注意搭盖关系，并符合流水坡度（不小于 3%）和滴水构造要求，如图 8.9 所示。

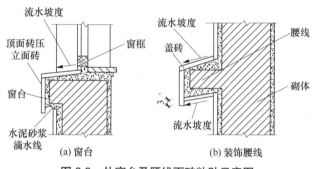

图 8.9　外窗台及腰线面砖粘贴示意图

3）勾缝及清洗表面

一个层段贴完后，即可进行勾缝处理。勾缝应使用满足防水及变形缓冲要求的填缝材料，且颜色符合设计。勾缝后的凹缝深度应按设计要求，但不宜大于 3mm。作业过程中，应随时将砖表面的污物擦净，特别是毛面面砖。待填缝硬化后，应对砖表面进行清洗。

3. 地砖及石材楼地面铺贴

1）构造做法

地砖及大理石或花岗石等石材楼地面铺贴是将其块材铺设在干硬性水泥砂浆（以手捏成团、落地即散为宜）找平层上。找平层的厚度应按设计要求，并考虑有无管线及垫层或楼板的平整度而定，一般为 25 ～ 35mm，配合比为 1∶4 ～ 1∶3。当找平层只能为 10 ～ 15mm 时，配合比为 1∶2，稠度为 25 ～ 35mm。地砖及石材楼地面构造做法如图 8.10 所示。

2）施工条件与准备工作

砖、石楼地面应在墙面抹灰、下部防水层及保护层、门框、管线、埋件安装及验收完毕后进行。

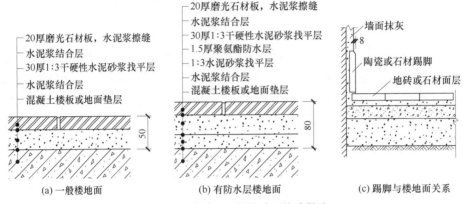

图 8.10　地砖及石材楼地面构造做法

(a) 一般楼地面　　　(b) 有防水层楼地面　　　(c) 踢脚与楼地面关系

砖及石材地面软铺法

用于室内的地砖及石材均应经放射性检验合格。为了防止水泥砂浆析出的氢氧化钙渗透到石材表面而"泛碱"，石材背面及侧面均应涂刷防碱封闭涂料。陶瓷地砖应在前一天浸透、阴干备用。施工前应绘制板块排布图。排布时，力求对称和减少切割，避免出现小于 1/4 的条块，否则宜采取圈边处理；房间内外不同颜色或材料的接缝应在门底位置。

3）施工方法

地砖及石材楼地面施工工艺流程：基层处理→弹线、挂线→试拼试排→铺设板块→灌缝、擦缝→养护。

（1）基层处理。

地砖硬铺法

先挂线检查楼板或垫层的平整度，再清除杂物、砂浆，并清扫干净。对光滑的混凝土板面，应凿毛或涂刷界面剂。凿毛者应提前一天浇水湿润。

（2）弹线、挂线。

根据设计要求，确定平面标高位置，在相应的立面上弹线。再根据板块排布图挂标准十字线（图 8.11）。若房间与走廊使用同种材料直接相通，则应在门口处与走廊地面拉通线。

（3）试拼试排。

沿十字线双向各铺一干砂带，厚度不小于 30mm。按施工大样图试铺板块，以检查板块之间的缝隙，核对板块与墙、柱、洞口等部位的相对位置。高档地砖和石材板块间的缝隙宽度应不大于 1mm，小块地砖离缝铺贴时宜为 5 ~ 10mm。

（4）铺设板块。

试铺合适后，将干砂和板块移开并清扫干净。根据十字线，铺纵横定位带作为标筋（图 8.11）。按标筋向四周扩展，小房间可从里侧向门口铺设，以便保护成品。

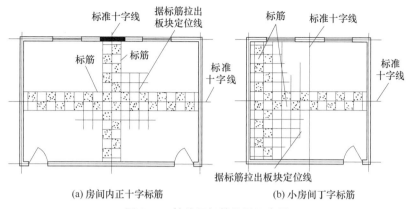

图 8.11　挂线及标筋设置示意图

(a) 房间内正十字标筋　　　　　　(b) 小房间丁字标筋

铺设每一块板材时，均需在基层上刷素水泥浆结合层（水灰比为 0.4 ～ 0.5），再摊铺干硬性水泥砂浆找平层并刮平。搬起板块对好纵横控制线铺落，用橡皮锤敲击、振实砂浆至铺设高度后，再将板块轻轻搬起，检查砂浆是否密实。若有空虚则需填补砂浆，再次铺上板块敲实，直至板材表面高度及与邻近石材关系基本满足要求，搬起检查找平层砂浆紧密为止，然后正式镶铺。先在找平层上满浇水灰比为 0.5 的素水泥浆（或刮在板块底面，2 ～ 3mm 厚），再铺板块并用橡皮锤敲实，至高度、缝隙、水平度符合要求为止，最后将表面清理干净。

（5）灌缝、擦缝及养护。

铺设板块后 3d 内禁止上人走动。在铺贴 24h 后开始洒水养护，3d 后用 1∶1 细砂浆灌缝至 2/3 高度，再用同色水泥浆擦缝或嵌填美缝剂，并将面层擦净，继续养护 3 ～ 7d。

4）注意事项

（1）对浅色石材，黏结水泥浆应采用白水泥调制，以保证装饰效果。

（2）板材铺贴后应及时用湿布擦净表面，避免污染。

（3）对于浅色或高档石材在擦缝清理后，先铺盖塑料薄膜，再铺盖地垫等保护，并防止水泡串色。

8.3.2　石材饰面板安装

石材饰面板可分为天然石材和人造石材。前者包括大理石板、花岗石板、青石板等；后者包括人造石板、陶瓷板、合成装饰板等。按石材表面加工方法，石材饰面可分为天然面、麻面、条纹面、粗磨面、光面、镜面等。

安装高度不超过 1m 的小规格的饰面板（边长不大于 400mm），常采用与釉面砖类似的粘贴方法安装，不再赘述。大规格的饰面板则需使用一定的联结件来安装。

1. 湿挂法

湿挂法（图 8.12）是石材饰面板传统安装方法，施工简单，但速度慢，易产生空鼓脱落和泛碱现象，仅能用于高度较小、效果要求不高的部位。其施工工艺流程为：基体处理→固定钢筋网→预拼编号→固定绑丝→板块就位及临时固定→灌水泥砂浆→清理及嵌缝。为了避免"泛碱"，安装前须对石材进行防碱封闭处理。该种方法由于弊病较多，已逐渐被干挂法取代。

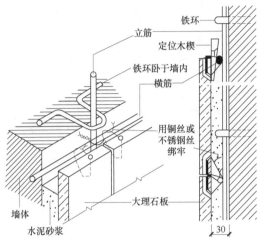

图 8.12　湿挂法安装构造

石材直接干
挂法安装

2. 干挂法

干挂法（图 8.13）是将石材等饰面板通过连接件固定于结构表面。由于在板块与基体间形成空腔，故受结构变形影响较小，抗震能力强，并可避免泛碱现象；安装时无需间歇等待，施工速度快。现已成为石材饰面板安装的主要方法。

对表面较平整的钢筋混凝土墙体，一般采用直接干挂法［图 8.13（a）］，即通过不锈钢连接件将板材与结构墙体直接连接；对于表面不平整的混凝土墙体、非钢筋混凝土墙体或利用饰面板造型的墙体等，则需采用间接干挂——骨架干挂法［图 8.13（b）］，即石材挂在固定于主体结构的金属骨架上，形成石材幕墙。

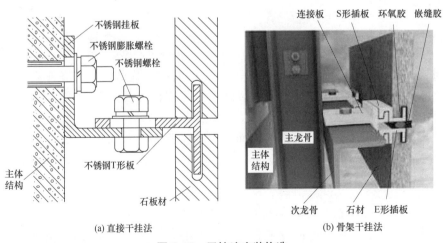

(a) 直接干挂法　　　　　　　　　(b) 骨架干挂法

图 8.13　干挂法安装构造

直接干挂法的施工工艺流程为：墙面修整、弹线、打孔→固定连接件→安装板材→固定板材→嵌缝处理→清理。

1）准备工作

板材安装前，对混凝土墙体表面应进行凿平修整，弹出板材安装的位置线。在板材的上、下顶面钻孔或开槽，孔或槽的深度为 21 ～ 25mm，孔径或槽宽为 6mm。其位置及数量如图 8.14 所示。

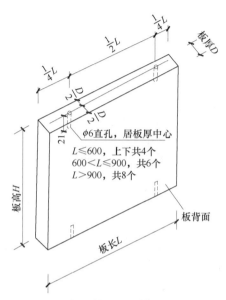

φ6直孔，居板厚中心
L≤600，上下共4个
600<L≤900，共6个
L>900，共8个

板背面

板高H   板长L   板厚D

图 8.14　板材钻孔或开槽位置及数量

2）固定连接件

按设计图纸及板材钻孔位置，准确地在结构墙上弹出水平线并做好标记，然后按点打孔。安放膨胀螺栓将连接件固定。挂板及连结板开有不同方向的槽形孔（图 8.15），以便于安装时调节位置。

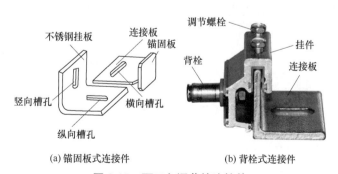

不锈钢挂板　连接板　锚固板　　调节螺栓　挂件　连接板　背栓

竖向槽孔　横向槽孔　纵向槽孔

(a) 锚固板式连接件　　　　　(b) 背栓式连接件

图 8.15　可三向调节的连接件

3）安装和固定板材

板材的安装应自下而上分层依次进行。先将板材下部孔、槽内涂抹胶黏剂，并套在下部 T 形板的立板上。调整对位后，向板上部的孔、槽内填胶，将锚固板插入板材上部槽内，调整垂直度、水平度和平整度，将各个螺栓紧固。锚固板进入槽的深度不小于20mm。

骨架干挂法是在主体结构埋件上固定竖向主龙骨，安装次龙骨后在其上临时固定连接板、安装插板和板材，经调整并紧固连接板螺栓将板材安装固定。

近年来，每块板材可单独拆卸的连接方法及相应挂件得到广泛应用。如背栓式连接件［图 8.15（b）］、ES 形插板［图 8.13（b）］等。背栓式连接件是在板材背面用柱锥式钻头钻孔，安装背栓和挂件（每块板 4 个点）后，再安装到与次龙骨临时固定的连接件上（图 8.16），它不仅可用于墙面，还易于悬吊安装或采用任意角度拼挂造型。板材单独连接，可避免应力积累和集中。当主体结构发生较大位移或温差较大时，不会在板材内部产生过大附加应力，特别适于高层和抗震建筑。此外也便于板材的更换。

板材骨架干挂法安装

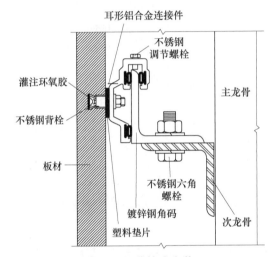

图 8.16　背栓式安装

4）嵌缝处理

每一施工段安装后经检查无误，可清扫拼接缝，填塞聚乙烯泡沫嵌条，随后用胶枪嵌注耐候硅酮密封胶，如图 8.17 所示。

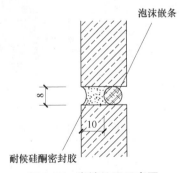

图 8.17　嵌缝处理示意图

8.3.3 建筑幕墙安装

建筑幕墙是指由金属构件与各种板材组成的悬挂在主体结构上的围护结构。它如同罩在建筑物外的一层薄薄的帷幕。建筑幕墙是现代科学技术的产物和象征，广泛用于各种大型、重要的高层建筑的外立面装饰和围护墙。

建筑幕墙按其面板种类可分为玻璃幕墙、金属幕墙、石材幕墙、人造板材幕墙等。幕墙一般均由骨架结构和幕墙构件两大部分组成（图 8.18）。骨架通过连接件悬挂于主体结构上，而幕墙构件则安装在骨架上。

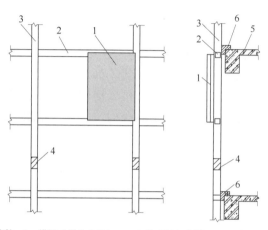

1—幕墙构件；2—横梁（横向龙骨）；3—立柱（竖向龙骨）；4—芯柱（活动接头）；
5—主体结构；6—立柱悬挂点。

图 8.18 幕墙的组成

金属幕墙、石材幕墙及人造板材幕墙一般均将骨架隐蔽起来，而玻璃幕墙则按结构特点和骨架的显露情况，可分为构件式（明框、隐框、半隐框）、单元式、点支承式和全玻璃幕墙等形式。单元式玻璃幕墙是在工厂将框架构件与玻璃板块等拼装成单元体，运到现场后整体安装。点支承式玻璃幕墙是将四角钻孔的玻璃，通过不锈钢四爪挂件与骨架或钢拉索连接而成。全玻璃幕墙则是采用大块钢化玻璃或夹层钢化玻璃竖立或悬挂（高大于 4m 者）而成，多用于建筑物首层较开阔的部位。

隐框构件式玻璃幕墙安装

幕墙的骨架是由竖向和横向龙骨通过连接件组成的承力结构，常用有防腐层的型钢或铝合金制作的专用龙骨和连接件，并通过不锈钢固定件与主体结构上的埋件连接。竖向龙骨采用悬挂安装，与下层通过芯柱套接，以适应结构层间变形的位移。

玻璃幕墙多采用中空玻璃作为幕墙构件。它是由两层或两层以上的玻璃构成，中间充入干燥气体，周边铝框内填充干燥剂，以保证玻璃间的干燥度，再用高强、高气密性复合黏结剂将玻璃与铝框黏结密封，如图 8.19所示。外层玻璃多为钢化或复合型安全玻璃，且在其里侧进行镀膜等功能性处理。

石材幕墙背栓点挂安装

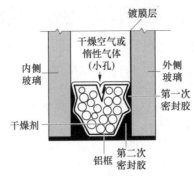

图 8.19 中空玻璃构造

各种幕墙的施工方法基本相同。一般均需在结构施工期间预埋防腐埋件或后植埋件，结构施工后进行幕墙骨架及幕墙构件安装。如对于有框架的幕墙，其安装工艺流程为：放线→框架立柱安装→框架横梁安装→幕墙构件安装→嵌缝及节点处理。框式幕墙也可将骨架与幕墙构件在工厂即组合为一体，构成单元式幕墙，以提高幕墙质量并简化现场安装程序。

8.4 门窗与吊顶工程

8.4.1 门窗工程

门窗是建筑物的重要组成部分。由于隔热、保温、密闭、隔音、防火、防盗等功能、装饰效果及保护环境等方面的要求越来越高，木窗、实腹及空腹钢窗的使用受到限制。目前，塑料门窗、断桥铝合金门窗、涂色镀锌钢板门窗、木门、不锈钢门、玻璃门等已成为主流。

门窗进场时应检验其产品合格证书、性能检验报告，并对人造木板门的甲醛释放量，外窗的气密、水密和抗风压性能等指标进行复验。特种门及其配件应有生产许可文件。

门窗安装在满足装饰效果及使用功能要求的同时，必须保证牢固。对于能通视的成排成列的门窗，安装时应拉通线，以减少偏差。

1. 塑料及铝合金门窗的安装

塑料门窗、铝合金门窗、涂色镀锌钢板门窗均为材质较软的成品门窗，施工工艺流程及安装方法类似。这类门窗装饰性、保温性、密闭性好，但强度较低、刚度差、易损伤，因而，必须采用后塞口施工。按其安装构造，这类门窗可分为带副框安装和不带副框安装两种。

其一般施工工艺流程为：检查洞口尺寸、抹底灰→框上安装连接件→立框、校正→连接件与墙体固定→框边缝填塞弹性闭孔材料→做洞口饰面面层→注密封胶→安装玻璃→安装五金件→清理→撕下面层保护膜。

1）施工准备

塑料及铝合金门窗的安装应在内外墙体湿作业（抹灰、贴砖等）完成后进行，否则应采取有效保护措施。带有副框的门窗，其副框可在湿作业前安装。

铝窗安装

（1）材料与工具。

按设计要求仔细核对门窗的型号、规格、开启形式与方向，组合门窗的组合件、附件是否齐全。拆除门窗的包装物，但不得撕去门窗的外保护膜，逐一检查有无损坏。准备好电锤、手枪钻、射钉枪等机具和其他所需安装工具。

（2）检查及处理洞口。

结构洞口与门窗框之间的间隙应根据墙面装饰做法而定：清水墙宜为 10mm；一般抹灰墙面为 15～20mm；面砖墙面为 20～25mm；石材墙面为 40～50mm。窗下框与洞口间隙还应考虑室内窗台做法，可根据设计要求确定。洞口尺寸合格后，在其周边抹 3～5mm 厚 1∶3 水泥砂浆底灰，用木抹子搓平并划毛。

（3）在洞口内按设计要求弹好门窗安装准线。准备好安装脚手架及安全设施。

2）安装施工

（1）安装连接件。

先在门窗框上用 ϕ3.2mm 的钻头钻孔，拧入 ϕ4mm×15mm 自攻螺钉将连接件固定。连接件应采用 1.5mm 厚、宽度不小于 15mm 的镀锌钢板。连接件及固定点的位置（图 8.20）应距门窗角、中横框、中竖框 150～200mm，中间固定点间距不大于 600mm。

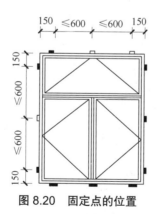

图 8.20　固定点的位置

（2）立框与固定。

把门窗框放进洞口的安装线上就位，用对打木楔临时固定。校正其正、侧面垂直度、水平度和对角线，合格后将木楔打紧。木楔应塞在边框、中竖框、中横框等能受力的部位。门窗框临时固定后，应及时开启门窗扇，反复开关检查灵活度。如有问题须及时调整。

混凝土墙洞口可采用膨胀螺栓或射钉固定连接件；砌体墙洞口应采用膨胀螺栓或塑料

胀管螺钉固定连接件（严禁用射钉固定），使用螺钉时每个连接件不宜少于 2 只，且应避开砖缝。固定点距结构边缘不得小于 50mm。平开窗的节点构造与安装固定如图 8.21 所示。

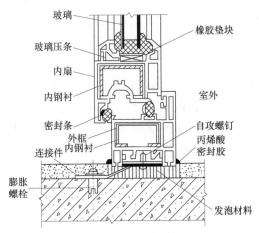

图 8.21　平开窗的节点构造与安装固定

（3）填缝与嵌胶。

门窗洞口面层抹灰前，在门窗周围缝隙内应挤入硬质聚氨酯发泡胶等闭孔弹性材料，使之形成柔性连接，以适应温度变形，并起到密闭、保温、防止连接件锈蚀的作用。洞口周边抹面层砂浆，硬化后，内外周边打耐候密封胶密封。

保温、隔声窗的洞口周边抹灰时，室外侧应采用 5mm 厚的片材，将抹灰层与窗框临时隔开，抹灰厚度应超出窗框（图 8.22）。待抹灰层硬化后，应撤去片材，并将嵌缝膏挤入抹灰层与窗框缝隙内。

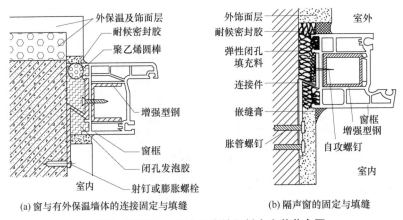

(a) 窗与有外保温墙体的连接固定与填缝　　(b) 隔声窗的固定与填缝

图 8.22　有保温、隔声要求的塑料窗安装节点图

（4）安装玻璃。

对可拆卸的门窗扇，可先在扇上装好玻璃，再把扇装到框上；对固定门窗，可在安装门窗框后，调正、调平再装玻璃。

玻璃不得与框扇的槽口直接接触，应在玻璃四边垫上不同厚度的橡胶垫块。在其下部靠近门窗扇的承重点应垫放承重垫块；其他部位的定位垫块，应采用聚氯乙烯胶粘贴固定。

（5）安装五金件。

安装五金件时，必须先在框上钻孔，然后用自攻螺钉拧入。严禁锤击钉入。

3）安装质量要求

门窗及附件质量应符合设计要求和有关标准的规定。门窗安装的位置、开启方向应符合设计要求。预埋件的数量、位量、埋设连接方法必须符合要求，固定点及间距正确，框、扇安装牢固，推拉门窗扇必须安装防脱落装置。门窗扇开关灵活（如塑料门窗平开扇开关力不大于 80N，推拉扇不大于 100N；金属门窗推拉扇开关力不应大于 50N），关闭严密，无倒翘。门窗与墙体间缝隙用闭孔材料填嵌饱满，表面密封胶黏结牢固、光滑、顺直、无裂纹。

2. 钢质防火门的安装

防火门是为满足建筑防火要求而大量使用的一种门，一般还具有防盗、保温、隔音等功能，广泛用于防火分区、楼梯间和电梯间、外门、住宅户门等。

按耐火极限，防火门分为甲、乙、丙三级。耐火极限分别为 1.2h、0.9h 和 0.6h。按材质分为钢质防火门、复合玻璃防火门和木质防火门，其中钢质防火门应用最广。

钢质防火门是采用优质冷轧钢板作为门扇、门框的结构材料，经冷加工成型。门扇内部填充耐火材料，其构造如图 8.23 所示。

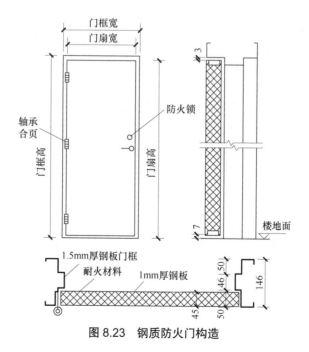

图 8.23 钢质防火门构造

1）施工工艺流程

弹线→立框→临时固定、找正→固定门框→门框填缝→安装门扇→五金安装→检查、清理。

2）施工要点

（1）安装连接件。

① 门洞两侧应预先做好预埋铁件或钻孔安装 $\phi 12$ 膨胀螺栓，其位置应与门框连接点相符，如图 8.24 所示。当门框宽度为 1.2m 以上时，在其顶部也应设置两个连接点。

② 在门框上安装"Z"形铁脚，以备与预埋铁件或膨胀螺栓焊接，如图 8.25 所示。

（2）安装门框。

按设计要求的尺寸、标高和方向，弹出门框位置线。

立框前，先拆掉门框下部的拉结板。洞口两侧地面应预留凹槽，门框要埋入地坪以下 20mm。将门框按线就位，用木楔在四角做临时固定，同时在框口内的中部和下部各放一水平木方撑紧。门框校正合格、检查无误后，将门框铁脚与预埋件焊牢，撤掉木楔和支撑。然后在门框两上角墙上开洞，向框内灌注 M10 水泥砂浆或 C20 细石混凝土，凝固后方可安装门扇。冬季施工应注意防冻。

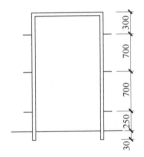

图 8.24 防火门连接点的位置

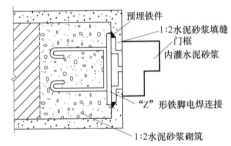

图 8.25 门框与预埋件的连接

（3）填缝。

门框周边缝隙，用 1∶2 水泥砂浆嵌塞牢固，应保证与墙体黏结成整体。凝固并有一定强度后，进行洞口、墙体及地面抹灰。

（4）安装门扇及五金配件。

抹灰干燥后，安装门扇、五金配件和有关防火装置。门扇关闭后，门缝应均匀平整，开启自由轻便，不得有过紧、过松或反弹现象；五金件和防火装置应灵活有效，满足各自功能要求。

8.4.2 吊顶工程

铝扣板吊顶安装

吊顶是现代室内装饰的重要组成部分，不仅直接影响整个建筑空间的装饰风格与效果，还具有保温、隔热、隔声、防火、照明、通风及协调设备与装饰关系的功能。吊顶按构造特点可分为固定式吊顶、活动式吊顶、开敞式吊顶和扣板式吊顶；按面层特点可分为整体式吊顶、板块式吊顶和格栅式吊顶。吊顶主要由吊杆、龙骨、罩面板三部分组成。轻钢龙骨石膏板吊顶构造如图 8.26 所示。

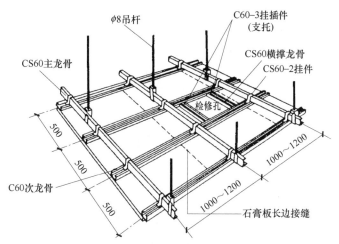

图 8.26　轻钢龙骨石膏板吊顶构造

1．吊顶施工

吊顶施工应在顶棚内的通风、空调、消防、电器线路等管线及设备已安装完毕，且墙、地湿作业项目均做完后进行。

吊顶施工工艺流程：弹线→固定吊杆→安装主龙骨→按水平标高线调整主龙骨→主龙骨底部弹线→安装次龙骨→固定边龙骨→安装罩面板。

1）弹线

根据吊顶的设计标高，在四周墙壁上弹出龙骨的水平控制线。再在水平控制线上划出主、次龙骨分档位置线，在顶板底面标出吊点位置。

2）固定吊杆

吊杆是吊顶的重要承重部件，可用钢筋或镀锌钢丝制作，现常用成品镀锌通丝吊杆。非上人吊顶吊杆的直径可为 4 ～ 6mm，而上人吊顶吊杆的直径不得小于 8mm。吊杆间距一般为 900 ～ 1200mm，并保证主龙骨距墙不大于 100mm，端部的悬挑长度不大于 300mm。吊杆的固定如图 8.27 所示。

3）安装龙骨

吊顶龙骨有轻钢龙骨、铝合金龙骨和木龙骨。龙骨一般有主次之分。主龙骨主要起承重作用，不但要承受其下部的吊顶荷载，对上人吊顶还需承受检修人员的荷载，因此必须满足强度、刚度要求。次龙骨的连接与布置间距必须满足面层安装和平整度的要求。

先将主龙骨通过吊挂件与吊杆连接，然后按标高线调整主龙骨标高，使之水平。固定时应拧紧吊挂件上下的两个螺母，将其锁固，如图 8.28 所示。对于较大的房间，主龙骨应按短跨长度的 1/300 ～ 1/200 起拱。

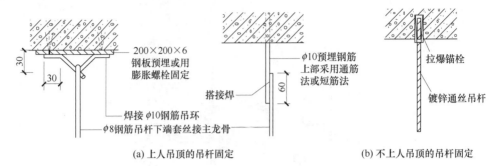

(a) 上人吊顶的吊杆固定　　　　　　　　(b) 不上人吊顶的吊杆固定

图 8.27　吊杆的固定

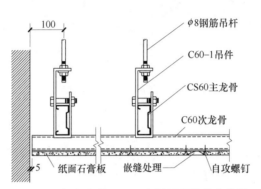

图 8.28　轻钢龙骨纸面石膏板吊顶的节点构造

次龙骨安装前，应先在主龙骨底部弹线，安装时用专用挂件与主龙骨固定牢固。次龙骨及横撑龙骨的间距应满足罩面板安装固定的构造要求。

主、次龙骨长度方向均应用接插件接长，但相邻龙骨的接头要错开。龙骨的安装，均需按照弹线位置，从一端依次安装到另一端。如果有高低跨，按先高后低的顺序安装。对于检修孔、上人孔、通风算子等部位，应及时留口并安装封边龙骨及加强龙骨。

4）安装罩面板

吊顶罩面板的作用因其材料或装饰要求不同而有所区别，有的是吊顶的面层，有的则作为另覆装饰层的基层。吊顶罩面板必须满足各种功能要求（如吸音、隔热、保温、防火等）和装饰效果要求。吊顶罩面板的种类繁多，常采用轻质材料拼装。

根据吊顶的类型及罩面板的种类，常用的安装方法有以下五种。

（1）搭装法。将装饰罩面板直接搭放在 T 形龙骨组成的格框内。罩面板与龙骨的搭接宽度不得小于龙骨受力面宽度的 2/3，以保证稳定。对于较轻罩面板，还需用压板或木条固定，以防被风掀起。矿棉吸声板平放搭装示意图，如图 8.29 所示。

▶
吊顶罩面板
安装

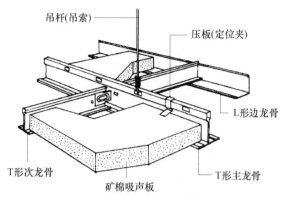

图 8.29　矿棉吸声板平放搭装示意图

（2）嵌入法。企口板带有企口暗缝，安装时将 T 形龙骨两肢嵌入板的企口缝内。矿棉吸声板的企口板嵌入安装示意图，如图 8.30 所示。

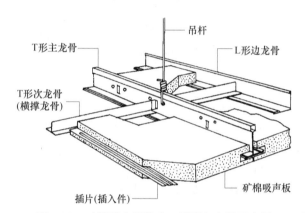

图 8.30　矿棉吸声板的企口板嵌入安装示意图

（3）粘贴法。将装饰罩面板用胶黏剂直接粘贴在龙骨上，如玻璃吊顶等。

（4）钉固法。将装饰罩面板用自攻螺丝固定在龙骨上，钉子应排列整齐。如纸面石膏板，钉距不大于 170mm，距板边 15mm，钉头略沉入板面，如图 8.28 所示。

（5）卡固法。多用于铝合金条板或扣板吊顶，板材与龙骨直接卡接固定，如图 8.31 所示。

2. 施工注意问题

（1）吊顶龙骨及罩面板在运输、储存及安装过程中应做好保护，防止变形、污损、划痕。

（2）吊顶龙骨不得悬吊在设备、管线上。较大灯具处应做加强龙骨，重型灯具（大于 3kg）、吊扇及有振动荷载的设备应单独悬挂，严禁安装在吊顶龙骨上。

（3）吊杆长度大于 1.5m 时，应设置反支撑。当吊杆与设备相遇时，应调整并增设吊杆或采用型钢支架。吊杆上部为网架、钢屋架或吊杆长度大于 2.5m 时，应设钢结构转换层。

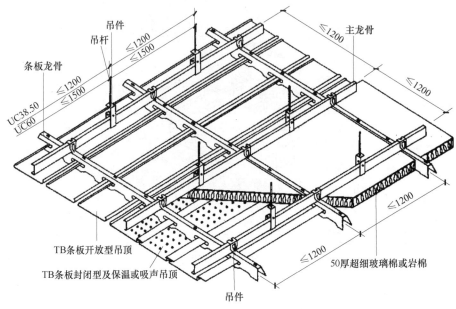

图 8.31　铝合金条板吊顶构造

（4）吊顶工程的预埋件、钢吊杆等均应进行防锈处理；木龙骨、木吊杆、木饰面板等必须进行防火处理，并满足规范规定。

（5）罩面板的安装，需在吊顶内的管线及设备安装、调试及验收完成，且龙骨安装完毕并通过隐检验收后进行。

（6）整体面层吊顶的石膏板、水泥纤维板的接缝应按要求进行板缝防裂处理。安装双层板时，面层板与基层板的接缝应错开，且不得在同一根龙骨上接缝。

8.5　涂饰与裱糊工程

8.5.1　涂饰工程

涂饰是将涂料涂敷于基体表面，且与基体有很好地黏结，干燥后形成完整的装饰、保护膜层。涂料涂饰是当今建筑饰面广泛采用的一种方式，它具有施工简便、装饰效果较好、较为耐用且便于更新等优点。

1. 施工条件

涂饰施工应在抹灰、吊顶、地砖、窗安装、固定式橱柜、水暖电等工程完工后进行。

在混凝土或抹灰基层上进行涂饰施工时，当涂刷溶剂型涂料时其含水率不得大于8%；当涂刷乳液型涂料时其含水率不得大于10%；木材制品基层的含水率不得大于12%，以免水分蒸发造成涂膜起泡、针眼或黏结不牢。

在常温下，抹灰面的龄期不得少于 14d、混凝土面龄期不得少于 30d，方可进行涂饰施工，以防止发生化学反应，造成涂料变色和流淌。

涂饰施工的环境温度宜在 5～35℃之间，湿度必须符合所用涂料的要求，以保证其正常成膜和硬化。室外涂饰施工过程中，应注意气候的变化，遇大风、雨、雪及风沙等天气时不应施工。

2. 涂饰施工

1）基层处理

根据涂料对基层的要求，包括基层材质特性、坚实程度、附着能力、清洁度、干燥程度、平整度、酸碱度等，做好基层处理。其主要工作内容包括基层清理和修补。下面主要介绍混凝土与砂浆基层、木材与金属基层的基层处理。

室内涂料

（1）混凝土与砂浆基层。

为保证涂膜能与基层牢固黏结，混凝土与砂浆基层表面必须干净、坚实，无酥松、脱皮、起壳、粉化等现象，基层表面应清扫干净。缺棱掉角处应用 1∶3 水泥砂浆（或聚合物水泥砂浆）修补，基层表面的麻面、缝隙及凹陷处应用腻子填补修平。新建筑物的混凝土或砂浆基层应涂刷抗碱封闭底漆，旧墙面应清除疏松的旧装饰层，并涂刷界面剂。

（2）木材与金属基层。

木材表面的灰尘、污垢和金属表面的油渍、锈斑、焊渣、毛刺等必须清除干净。木材表面的裂缝等用石膏腻子填补密实、刮平并用砂纸磨光。金属表面应刷防锈漆。

2）刮腻子与磨平

基层必须刮腻子数遍予以找平、填平孔眼和裂缝，并在每遍腻子干燥后用砂纸打磨，以保证基层表面平整光滑。

腻子的种类应根据基体材料、所处环境及涂料种类确定。如室外墙面常采用水泥类腻子，室内的厨房、卫生间墙面必须使用耐水性腻子，木材表面应使用石膏类腻子，金属表面应使用专用金属面腻子。刮腻子的遍数，应视涂饰工程的质量等级、基层表面的平整度和所用的涂料品种而定，但总厚度不得超过 5mm，否则应采取加固措施。

腻子层应平整、坚实、牢固，无粉化、起皮和裂缝。磨平后，基层表面用洁净潮布掸净。

3）涂饰要求与方法

（1）一般要求。

涂料的溶剂（稀释剂）、底层涂料、腻子等均应合理地配套使用。涂料使用前应调配好，在涂饰施工前及涂饰施工过程中，必须充分搅拌，以免沉淀。用于同一表面的涂料，应避免色差。涂料的黏度或稠度应调整合适，使其在涂饰施工时不流坠、不显刷纹。如需稀释，应使用该种涂料所规定的稀释剂。

涂饰遍数应根据工程的质量等级而定。涂饰溶剂型涂料时，后遍涂料必须在前一遍涂料干燥后进行；涂饰乳液型和水溶性涂料时，后遍涂料必须在前一遍涂料表干后进行。每遍涂层不宜过厚，应涂饰均匀，确保各层结合牢固。

（2）涂饰方法。

涂饰的基本方法有刷涂、滚涂、喷涂等。常用涂饰工具如图 8.32 所示。

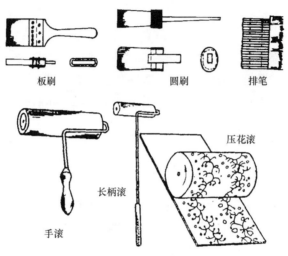

图 8.32　常用涂饰工具

① 刷涂。刷涂是用毛刷、排笔等涂饰涂料。其工具设备简单、操作方便、适应性广，涂料浪费少，不易污染环境和非涂饰部位，但其效率低、劳动强度大、装饰效果较差。

刷涂顺序是先左后右、先上后下、先难后易、先边后面。施工中一般分为开油、横油、斜油、竖油和理油五个步骤。对流平性差、挥发快的涂料，不可反复回刷。

② 滚涂。滚涂是利用涂料滚进行涂饰。其施工设备简单、操作方便、工效高，涂饰质量好，对环境污染小，但边角处仍需刷涂。常用的滚涂工具有长柄毛绒滚筒、橡胶滚筒或绒面压花滚筒。

滚涂施工时，蘸料要均匀，开始滚动要慢、轻，防止飞溅和流淌。滚涂的涂膜应厚薄均匀、平整光滑、不流挂、不漏底。

③ 喷涂。喷涂是利用压力或压缩空气将涂料分布于物体表面。涂层厚度均匀、外观质量好、工效高，适于大面积施工，并可以通过调整涂料黏度、喷嘴大小及排气量，获得不同质感的装饰效果。

喷涂作业时，手握喷枪要稳，涂料出口应与被涂面垂直（图 8.33）。喷枪（或喷斗）移动时应与喷涂面保持平行，运行速度适宜，运行路线如图 8.34 所示，不得走折线。每次直线喷涂长度为 70 ~ 80cm。相邻两行喷涂面的重叠宽度应控制在喷涂宽度的 1/3 ~ 1/2，以使涂层厚度均匀，色调基本一致。

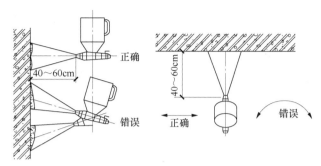

图 8.33　喷涂墙面示意图

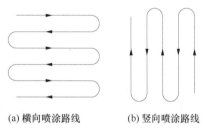

(a) 横向喷涂路线　　　(b) 竖向喷涂路线

图 8.34　喷涂行走路线

喷涂施工质量要求涂膜应厚度均匀、颜色一致、平整光滑，不应出现露底、皱纹、流挂、针孔、气泡和失光现象。

8.5.2　裱糊工程

一般将采用粘贴的方法，把可折卷的软质面材固定在墙、柱、顶棚上的施工称为裱糊。

1. 施工条件

裱糊工程属于室内精装修工程，应在除地毯、活动家具及表面饰物以外的所有工程均已完成后进行。裱糊工程要求混凝土和抹灰基体的含水率不大于 8%，木基层不大于 12%；环境温度宜在 5℃以上，空气湿度不得大于 85%，并防止温湿度剧烈变化；施工过程中和干燥前应无穿堂风。若电气和其他设备已安装完，则影响裱糊的设备或附件（如插座、开关盒盖等）应临时拆除。

2. 裱糊施工

裱糊工程的施工工艺流程为：基层处理→刮腻子→刷封底涂料→润纸刷胶→裱糊→清理修整。

1）基层处理

（1）基层表面及接缝处理。

墙上、顶棚上的钉帽应嵌入基层表面，并用腻子填平。外露的钢筋、铁丝等均应清除、打磨，并涂刷两道防锈漆。油污需用碱水清洗并用清水

壁纸裱糊

冲净。板块接缝及不同基体材料的对接处，应嵌填接缝材料并粘贴接缝带。混凝土及抹灰面应涂刷抗碱封闭底漆。粉化的旧墙面应先除去粉化层，并涂刷界面处理剂。

（2）刮腻子。

裱糊工程常用石膏类成品腻子。混凝土及抹灰面应满刮腻子，每遍应薄刮，待干燥、打磨后再刮另一层，直至平整光滑，阴阳角线通畅、顺直，无裂纹、崩角、砂眼和麻点。

（3）涂刷封闭底胶。

腻子干透后、裱糊前应喷刷封底涂料或基膜，其作用是强化、封闭基底，防止壁纸、墙布受潮而脱落，减少基层吸水率，并利于更换壁纸。封底涂料一般采用封闭乳胶漆，一遍成活，应均匀不漏底。

2）弹控制线

为保证裱糊时纸幅垂直、图案连贯端正，在底漆干燥后应在墙面弹出水平线和垂直线作为操作时的依据。线的颜色应与基层相近。

弹线时应从墙面阴角处开始，按壁纸的标准宽度找规矩，将窄条纸的裁切边留在阴角处，阳角处不得有接缝。遇有门窗洞口时，应以其立边分划，以便于折角贴出洞口侧立边，如图 8.35 所示。

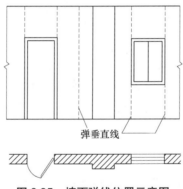

图 8.35　墙面弹线位置示意图

3）裁纸

对一般壁纸，按照墙顶（或挂镜线）到踢脚线上口的高度，并考虑两端各留出 30 ～ 50mm 修剪量来确定裁纸长度。对有图案的壁纸，应将图形自墙的上部开始对花，小心裁割并编号，以便按顺序粘贴。裁好的壁纸要卷起平放。

4）润纸

壁纸遇水会膨胀，干燥会收缩，但膨胀量远大于收缩量。如果未能让纸充分膨胀就涂胶上墙，纸会继续吸湿膨胀产生鼓泡，或边贴边胀产生皱折，不能成活。因此，需先进行浸泡或刷水、闷纸等处理。

塑料壁纸刷胶前可用排笔在纸背刷水，保持 10min 以达到充分膨胀的目的。复合纸质壁纸湿后强度差，可在其背面均匀刷胶后，将胶面对胶面折叠，放置 4 ～ 8min 后上墙。

5）涂刷胶黏剂

胶黏剂应据壁纸材料及基层部位选用。目前市场上有多种环保型成品胶粉、胶液（如糯米胶、土豆粉等），使用较方便。

PVC 壁纸在裱糊墙面时，可只在墙基层面上刷胶；在裱糊顶棚时则需在基层与纸背上都刷胶。无纺布壁纸可仅在壁纸上刷胶。刷胶时，基层表面涂胶宽度要比壁纸宽约30mm。纸背涂胶后，纸背与纸背反复对叠（图 8.36），可避免胶液污染正面和过快干燥。对于较厚的壁纸，如植物纤维壁纸，应对基层和纸背都刷胶。

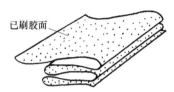

图 8.36　壁纸刷胶后的对叠法

6）裱糊壁纸

裱糊壁纸的顺序，原则上应先垂直面后水平面，先细部后大面。贴垂直面时，先上后下；贴水平面时，先高后低。从墙面所弹垂线开始至阴角处收口。每幅纸要先挂垂直，后对花纹拼缝，再用刮板用力抹压平整。

（1）裱贴。

先将壁纸上部对位粘贴，使边缘靠着垂直准线，轻轻压平，再由中间向外用刷子将上半截敷平，然后用壁纸刀将多余部分割去（图 8.37）。再粘贴下半截，修齐踢脚板与墙壁间的角落。壁纸基本贴平后，再用胶皮刮板由上而下、由中间向两边抹刮，使壁纸平整贴实，并排净气泡和多余的胶液。

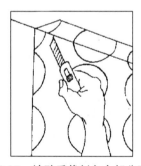

图 8.37　裱贴后裁割多余部分壁纸

（2）拼缝。

带有图案的壁纸，拼贴时应先对图案，后拼缝。从上至下图案吻合后，再用刮板斜向刮胶，将接缝挤紧严密，并用潮湿毛巾揩净挤出的胶液。对发泡壁纸、复合壁纸禁止使用刮板赶压，只可用毛巾或板刷赶压，以免损坏花型或出现死褶。

（3）阴阳角处理。

阳角处不可拼缝或搭接，应包角压实，接缝处距离阳角不得少于20mm。阴角处应顺光线方向搭接连接，搭接宽度不得小于3mm。搭接处，先贴的转角壁纸在里层，最后收口的壁纸不得转角，并要保持垂直无毛边，如图8.38所示。

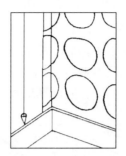

图8.38　阴角处裱贴

（4）压实。

当壁纸裱贴后40～60min，需用橡胶滚按顺序再压实一遍。以使墙纸与基面更好地贴合，缝口更紧密。

7）修整

壁纸裱糊后，应进行全面检查修补。表面的胶水、斑污应及时擦净；翘角、翘边应补胶压实；气泡处用注射针头排气，注入胶液后压实。

3. 质量要求

壁纸、墙布应粘贴牢固，不得有漏贴、补贴、脱层、空鼓和翘边。各幅拼接应横平竖直，花纹、图案吻合，无离缝和搭接，在距离墙面1.5m处正视不显拼缝。表面平整，色泽一致，不得有波纹起伏、气泡、裂缝、皱折及斑污，斜视应不见胶痕。

习　题

一、单项选择题

1. 以下做法中，不属于装饰抹灰的是（　　　）。
   A. 水磨石　　　　　B. 干挂石　　　　　C. 斩假石　　D. 水刷石
2. 为使墙面抹灰垂直平整，找平层需按标筋刮平，标筋的间距一般不得大于（　　　）。
   A. 1m　　　　　　B. 1.5m　　　　　　C. 2m　　　　D. 2.5m
3. 水刷石面层施工应在中层抹灰（　　　）。
   A. 抹完后立即进行　　　　　　　　B. 初凝后进行
   C. 终凝后进行　　　　　　　　　　D. 达到设计强度后进行
4. 对于塑料门窗的安装，下列要求错误的是（　　　）。
   A. 必须采用"后塞口"法施工

B. 在砖砌体上安装门窗应采用射钉固定

C. 固定位置应距门窗角 150 ～ 200mm，固定点间距不大于 600mm

D. 门窗框与墙体间的缝隙应采用闭孔弹性材料嵌填，表面用密封胶密封

5. 墙面石材直接干挂法所用的挂件，其制作材料宜为（　　　）。

A. 钢材　　　　　　B. 塑料　　　　　　C. 铝合金　　D. 不锈钢

6. 地面大理石或花岗石施工中，不正确的做法是（　　　）。

A. 先铺若干条干线作标筋　　　　　B. 板材浸水湿润，阴干或擦干备用

C. 四角同时下落，皮锤敲击平实　　D. 随铺随灌缝、擦缝

二、填空题

1. 抹灰层一般由_____、_____及_____等层次组成。

2. 一般抹灰施工中，内墙抹灰层的总厚度：普通抹灰不得大于_____mm，高级抹灰不得大于_____mm。

3. 楼地面水泥砂浆铺抹后，压光至少_____遍，养护时间不得少于_____天。

4. 内墙釉面砖镶贴前，除应进行挑选、套方外，还应进行_____和_____处理。

5. 涂料施涂时，混凝土或抹灰基体涂刷溶剂型涂料的含水率不得大于_____％，涂刷乳液型涂料的含水率不得大于_____％。

6. 壁纸需在阳角附近接缝时，接缝位置距阳角不得少于_____mm。在阴角处接缝时应采用_____形式。

三、术语解释题

1. 墙面标筋

2. 干挂法

3. 后塞口

4. 吊顶板搭装法

5. 裱糊

四、简答题

1. 对抹灰所用材料有何要求？

2. 试述水磨石的施工工艺及要点。

3. 墙面石材安装方法有哪些？各有何特点及利弊？

4. 吊顶工程施工应重点注意哪些问题？

5. 裱糊工程施工的作业条件有哪些？

在线答题

拓展习题

参 考 文 献

［1］穆静波.土木工程施工：含移动端助学视频［M］.2 版.北京：机械工业出版社，2023.

［2］郭正兴.土木工程施工［M］.3 版.南京：东南大学出版社，2020.

［3］应惠清.建筑施工技术［M］.2 版.上海：同济大学出版社，2011.

［4］穆静波，王亮，候敬峰，等.建筑施工技术［M］.北京：清华大学出版社，2012.

［5］《建筑施工手册》（第五版）编委会.建筑施工手册［M］.5 版.北京：中国建筑工业出版社，2012.

［6］中国建筑第八工程局.建筑工程施工技术标准［M］.北京：中国建筑工业出版社，2005.

［7］穆静波.土木工程施工习题集［M］.3 版.北京：中国建筑工业出版社，2019.

［8］刘津明.土木工程施工动画演示［Z/CD］.重庆：全国高校建筑施工学科研究会，2010.

［9］黄文广.砖瓦工、抹灰工、油工操作技能［Z/CD］.北京：时代传播音像出版社，2006.

后　　记

经全国高等教育自学考试指导委员会同意，由土木水利矿业环境类专业委员会负责高等教育自学考试《建筑施工》教材的审定工作。

本教材由北京建筑大学穆静波教授编写。福建理工大学蔡雪峰教授担任主审，华南理工大学张原教授、青岛理工大学曲成平教授参加审稿，提出修改意见，谨向他们表示诚挚的谢意！

全国高等教育自学考试指导委员会土木水利矿业环境类专业委员会最后审定通过了本教材。

全国高等教育自学考试指导委员会

土木水利矿业环境类专业委员会

2023 年 5 月